试验设计与统计方法

主　编	尚文艳	河北旅游职业学院
	瞿宏杰	襄阳职业技术学院
	李菊艳	黑龙江农业职业技术学院
副主编	柯尊伟	汉江师范学院
	张新燕	河北旅游职业学院
	崔海明	河北旅游职业学院
参　编	赵劲松	襄阳职业技术学院
	龙耀辉	襄阳职业技术学院
	刘桂兰	河北旅游职业学院
主　审	霍志军	黑龙江农业职业技术学院
顾　问	李青松	中种集团承德长城种子有限公司

U0333756

华中科技大学出版社
中国·武汉

内 容 提 要

编写本书是为了满足高职高专生物类专业的人才培养和高职高专院校课程改革的需要。在编写过程中，破除传统的教材编写体例，以职业能力培养为核心，以现代农业科学试验的工作全过程为主线，从植物生产、育种等岗位的典型工作任务入手，打破学科的系统性与完整性，按照由简单到复杂，循序渐进的认知过程，进行教材内容的选取和设计，体现出"教、学、做"合一。同时将农作物种子繁育员国家职业标准有机地融入教材体系中，增加教材的职业性和实用性。

本教材设置试验设计与统计方法概论、试验设计与实施、试验资料整理与统计假设检验、试验结果分析、试验总结（科技论文）撰写等5个学习项目共16个学习性工作任务和16个技能性工作任务，各学习项目的学习性工作任务和技能性工作任务高度融合，体现"教、学、做"合一的特点，各项目均包括教学目标、项目描述、学习性工作任务（或技能性工作任务）、项目回顾和自测训练等内容。

本书除可作为高职高专院校设施农业科学与工程、中草药、园林、园艺、草业、食药用菌、生物技术、植物保护等生物类相关专业教学用书外，也可作为中等职业技术学校及各类成人教育相关专业的教学用书，还可供广大农业科研人员、现代农业技术推广人员等生物技术科技工作者及爱好者参考。

图书在版编目(CIP)数据

试验设计与统计方法/尚文艳，瞿宏杰，李菊艳主编.—武汉：华中科技大学出版社，2012.6（2023.9重印）

ISBN 978-7-5609-7870-3

Ⅰ.①试… Ⅱ.①尚… ②瞿… ③李… Ⅲ.①试验设计(数学)-高等学校-教材 ②统计分析(数学)-高等学校-教材 Ⅳ.①O212

中国版本图书馆 CIP 数据核字(2012)第 068835 号

试验设计与统计方法	尚文艳 瞿宏杰 李菊艳 主编

策划编辑：王新华

责任编辑：熊　彦

封面设计：刘　卉

责任校对：张　琳

责任监印：周治超

出版发行：华中科技大学出版社(中国·武汉)	电话：(027)81321913
武汉市东湖新技术开发区华工科技园	邮编：430223

录　　排：华中科技大学惠友文印中心

印　　刷：武汉邮科印务有限公司

开　　本：787mm×1092mm　1/16

印　　张：13.75

字　　数：330 千字

版　　次：2023 年 9 月第 1 版第 5 次印刷

定　　价：28.00 元

全国高职高专生物类课程"十二五"规划教材编委会

主 任 闫丽霞

副主任 王德芝　翁鸿珍

编 委（按姓氏拼音排序）

陈 芬	陈红霞	陈丽霞	陈美霞	崔爱萍	杜护华	高荣华	高 爽	公维庶	郝涤非
何 敏	胡斌杰	胡莉娟	黄彦芳	霍志军	金 鹏	黎八保	李 慧	李永文	林向群
刘瑞芳	鲁国荣	马 辉	瞿宏杰	尚文艳	宋冶萍	苏敬红	孙勇民	涂庆华	王锋尖
王 娟	王俊平	王永芬	王玉亭	许立奎	杨 捷	杨清香	杨玉红	杨玉珍	杨月华
俞启平	袁 仲	张虎成	张税丽	张新红	周光姣				

全国高职高专生物类课程"十二五"规划教材建设单位名单

（排名不分先后）

天津现代职业技术学院	山东畜牧兽医职业学院	广东新安职业技术学院
信阳农业高等专科学校	山东职业学院	汉中职业技术学院
包头轻工职业技术学院	阜阳职业技术学院	河北化工医药职业技术学院
武汉职业技术学院	抚州职业技术学院	黑龙江农业经济职业学院
泉州医学高等专科学校	汉江师范学院	黑龙江生态工程职业学院
济宁职业技术学院	贵州轻工职业技术学院	湖北轻工职业技术学院
潍坊职业学院	沈阳医学院	湖南生物机电职业技术学院
山西林业职业技术学院	郑州牧业工程高等专科学校	江苏农林职业技术学院
黑龙江生物科技职业学院	广东食品药品职业学院	荆州职业技术学院
威海职业学院	温州科技职业学院	辽宁卫生职业技术学院
辽宁经济职业技术学院	黑龙江农垦科技职业学院	聊城职业技术学院
黑龙江林业职业技术学院	新疆轻工职业技术学院	内江职业技术学院
江苏食品职业技术学院	鹤壁职业技术学院	内蒙古农业大学职业技术学院
广东科贸职业学院	郑州师范学院	南充职业技术学院
开封大学	烟台工程职业技术学院	南通职业大学
杨凌职业技术学院	江苏建康职业学院	濮阳职业技术学院
北京农业职业学院	商丘职业技术学院	七台河制药厂
黑龙江农业职业技术学院	北京电子科技职业学院	青岛职业技术学院
襄阳职业技术学院	平顶山工业职业技术学院	三门峡职业技术学院
咸宁职业技术学院	亳州职业技术学院	山西运城农业职业技术学院
天津开发区职业技术学院	北京科技职业学院	上海农林职业技术学院
江苏联合职业技术学院淮安	沧州职业技术学院	沈阳药科大学高等职业技术学院
生物工程分院	长沙环境保护职业技术学院	四川工商职业技术学院
保定职业技术学院	常州工程职业技术学院	渭南职业技术学院
云南林业职业技术学院	成都农业科技职业学院	武汉软件工程职业学院
河南城建学院	大连职业技术学院	咸阳职业技术学院
许昌职业技术学院	福建生物工程职业技术学院	云南国防工业职业技术学院
宁夏工商职业技术学院	甘肃农业职业技术学院	重庆三峡职业学院
河北旅游职业学院		

前言

　　"试验设计与统计方法"是生物类专业的专业基础课程,也是一门实践性较强的专业拓展课程。根据《教育部关于加强高职高专教育人才培养工作的意见》《关于全面提高高等职业教育教学质量的若干意见》和《关于加强高职高专教材建设的若干意见》的精神,本着高等职业教育必须坚持以培养高技能型与应用型人才为主要目标的宗旨,以理论知识必需够用、实践技能适用为原则,以职业岗位能力的要求为核心,经多所高职高专院校教学经验丰富的专职教师和农业企业专家认真讨论,在华中科技大学出版社的组织下编写了本书。

　　在编写本书的过程中,借鉴了相关高职高专院校教学改革和各类教材编写的经验,广泛收集有关试验设计与统计方法的相关资料,力求把握高职高专学生层次所需教材的深度和广度。根据高职高专生物类专业的人才培养目标和高职高专院校课程改革的需要,在本书结构与内容上进行了重新构想与编排,删除数学公式中的推导部分,减少原理论证,引入该学科发展的新知识、新成果。此外,在编写过程中还破除了传统的教材编写体例,以职业能力培养为核心,以现代农业科学试验的试验方案和计划的拟定、设计、实施、资料的整理与假设检验、结果分析及试验总结撰写的工作全过程为主线,从植物生产、育种等岗位的典型工作任务入手,依照工作过程导向,打破学科的系统性与完整性,注重知识的科学性与实用性,紧密结合生产实际和岗位需求,按照对知识理解由简单到复杂的认知过程及循序渐进的总体思想来构建全书内容,选取目前科学研究中常用、基本、重要的试验设计与统计方法,体现出"教、学、做"合一,增加 Excel 在生物统计中的应用,加强统计分析与计算机科学的结合,使得统计方法简单化。同时,将农作物种子繁育员和农作物植保员的国家职业标准有机地融入教材体系中,增加教材的职业性和实用性,有利于学生的实践、就业等能力的提高。

　　全书设置 5 个学习项目,即试验设计与统计方法概论、试验设

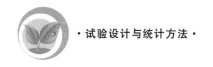

计与实施、试验资料整理与统计假设检验、试验结果分析和试验总结(科技论文)撰写。每个学习项目包括教学目标、项目描述、学习性工作任务(或技能性工作任务)、项目回顾和自测训练。书中每一个学习项目就是一个完整的工作过程,通过本书的学习,最终达到掌握从事现代农业试验所必需的基本知识、技能与职业素质的目的。

本书是由全国部分高职高专院校的专职教师和生物类专家及一线的技术人员合作编写的,尚文艳编写项目二试验设计与实施、前言、目录等;瞿宏杰编写项目一试验设计与统计方法概论、项目五试验总结(科技论文)撰写和项目三试验资料整理与统计假设检验学习性工作任务 2 的 2.2.5 小节;李菊艳编写项目三试验资料整理与统计假设检验学习性工作任务 1;柯尊伟编写项目三试验资料整理与统计假设检验学习性工作任务 2 的 2.1 节和 2.2.1、2.2.2、2.2.3 小节;张新燕编写项目三试验资料整理与统计假设检验学习性工作任务 2 的 2.2.4 小节;赵劲松编写项目三试验资料整理与统计假设检验学习性工作任务 2 的 2.2.6 小节;崔海明编写项目四试验结果分析;尚文艳、瞿宏杰、李菊艳、柯尊伟、刘桂兰编写各项目的项目回顾与自测训练,龙耀辉编写附录和主要参考文献。初稿完成后由尚文艳进行统稿。本书由霍志军教授担任主审,由李青松研究员担任顾问,他们从农业科学研究的实际情况出发,提出许多宝贵意见。

在编写本书的过程中得到了有关职业技术学院的大力支持和帮助,广泛参阅、引用了许多单位及各位专家、学者的著作、论文,在此谨向提供支持和帮助的有关单位和个人表示最诚挚的谢意!

由于编者水平有限,时间仓促,书中难免有不足、疏漏之处,恳请广大读者和同仁批评指正,以利于今后修订、补充和完善。

编　者

目 录

项目一

试验设计与统计方法概论

教 学 目 标

知识目标

☆ 了解农业科学试验的任务、要求及种类。

☆ 理解试验误差的概念、来源及其控制途径。

☆ 掌握常用的统计概念。

☆ 掌握常用的试验设计方法和统计分析方法。

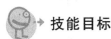

技能目标

☆ 能够正确区分系统误差与随机误差。

☆ 理解农业科学试验的任务、要求与误差的来源。

☆ 能够根据误差的来源,采取相应的措施降低误差。

素质目标

☆ 具备良好的职业道德和严谨的工作作风。

☆ 养成耐心、细致的习惯。

☆ 具有实事求是的科学态度和团结协作的团队精神。

项 目 描 述

试验设计与统计方法是运用数理统计理论与方法来解释生物界中的各种数量现象,是涉农类专业的专业基础课,是农业科学研究和生产中必不可少的。本项目主要介绍统计的基本概念和基本原理,讲解农业科学试验的基本要求、误差来源与控制途径以及生物

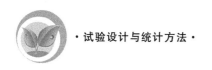

统计在农业科学试验中的作用。本项目的重点是让学生理解试验误差的概念、来源及其控制途径，掌握常用的统计概念；难点是区别误差与错误、随机误差与系统误差的概念。

任务1　农业科学试验

1.1　农业科学试验的任务与要求

科学研究是人类认识自然、改造自然、服务社会的原动力。农业和生物学科学研究推动人们认识生物界的各种规律，促进人们发掘新的农业技术和措施，从而不断提高农业生产水平，改进人类生存环境。简单地说，农业科学试验就是回答农业生产和科研所提出的问题。

1.1.1　农业科学试验的任务

农业科学试验的任务首先在于解决农业生产中急需解决的问题。例如，某地区水稻白叶枯病发生严重，为了解决这个问题，就需要进行多方面的农业试验。诸如：搜集本地与外地现有的防病栽培措施，从而对各种防病措施作出鉴定，为生产提供指导；征集国内外现有的抗病品种，通过比较试验，供生产上择优选用；以抗病品种为亲本，通过育种试验，筛选出抗病高产的新品种，以取代生产上的感病品种。无论采取哪种途径解决，都必须通过田间试验进行比较鉴定，从中选择最优方案供生产利用。

农业科学研究的根本任务是提高农作物的产量和品质，增加经济效益。产量和品质需要在大田生产中观测，因此农业科学研究的主体是田间的研究，田间试验是解决农业科学研究中一些理论问题的有效手段，是农业科学试验的主要形式。有时即便研究的直接对象不是植物本身，但也要在田间通过植物的反应来检测其与研究对象相对应的效应。例如，杀虫剂、杀菌剂、除草剂等的效果可以直接从害虫、病菌及杂草的反应检测，但在应用到生产前还必须观察植物的反应。又例如，通过检测土壤的肥力水平可以直接分析各种有效成分的含量，但最终还需看植物的产量或品质。当然，并不是所有的农业科学试验一定要看植物的反应，但所要观察或搜集试验数据的对象往往是田间自然条件下的生物体。例如，研究昆虫、病菌、杂草本身的生长、发育及其影响因子。因此，田间试验不仅是进行探索研究的主要工具，还是联系农业科学与农业生产的桥梁。田间试验的基本任务是在大田自然环境条件下研究新的品种和新的生产技术，客观地评定具有各种优良特性的高产品种及其适应区域，正确地鉴定最有效的增产技术措施及其适应范围，使研究成果能够合理地推广和应用，发挥其在农业增产上的作用。

1.1.2 农业科学试验的要求

农业科学试验种类繁多,试验条件复杂多变,而且难以控制,为保证农业科学试验达到预定要求,使试验结果能在提高农业生产和科学研究的水平上发挥作用,农业科学试验必须达到以下几项基本要求。

(1)试验目的要明确。

在大量阅读文献与社会调查的基础上,明确选题,制订合理的试验方案。对试验的预期结果及其在农业生产和科学试验中的作用要做到心中有数。试验项目首先应抓住当时的生产实践和科学试验中急需解决的问题;并照顾到长远的和在不久的将来可能突出的问题。

(2)试验条件要有代表性。

试验条件应能代表将来准备推广试验结果的地区的自然条件(如试验地土壤种类、地势、土壤肥力、气象条件等)与农业条件(如轮作制度、农业结构、施肥水平等)。这样,新品种或新技术在试验中的表现才能真正反映今后拟推广地区实际生产中的表现。同时,既要考虑当前的条件,还应注意到将来可能被广泛采用的条件,使试验结果既能符合当前的需要,又不落后于生产发展的要求。

(3)试验结果要有可靠性。

试验结果的可靠性包括试验的准确度和精确度两个方面。在田间试验中,准确度是指试验中某一性状(小区产量或其他性状)的观察值与其理论真值的接近程度;越是接近,则试验越准确。在一般试验中,真值为未知数,准确度不易确定,故常设置对照处理,通过与对照相比以了解结果的相对准确程度。精确度是指试验中同一性状的重复观察值彼此接近的程度,即试验误差的大小,它是可以计算的。试验误差越小,则处理间的比较越为精确。因此,在进行试验时,必须遵循唯一差异原则,准确地执行各项试验技术,避免发生人为的错误和系统误差,提高试验结果的可靠性。

(4)试验结果要有重演性。

试验结果的重演性是指在相同或相似的条件下,重复进行同一试验,能获得相同或相似的结果。这对于在生产实际中推广农业科学研究成果极为重要。田间试验中不仅植物本身有变异性,环境条件更是复杂多变,要保证试验结果能够重演,首先要准确地选择具有代表性的试验条件,其次为保证试验结果能重演,可在多种试验条件下重复进行2~3年试验,以得到相应于各种可能条件的结果。例如,品种区域试验,须在多个地点进行2~3年试验,以明确品种的适应范围,确保该品种在适宜的地区和条件下推广应用。

1.2 农业科学试验的种类

农业科学试验的种类可按照试验小区的大小、试验的期限、试验的地点、试验项目的性质、试验场所和试验因素等分为若干种类,但最基本的是按照试验因素的多少分为3种。

1.2.1 单因素试验

单因素试验(single-factor experiment)是指只研究某一个因素不同水平的试验。这

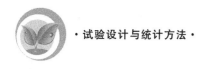

是一种最基本的、最简单的试验方案。例如,在育种试验中,将新育成的若干品种与原有品种进行比较以测定其改良的程度,此时,品种是试验的唯一因素,在试验过程中,除品种不同外,其他环境条件和栽培管理措施都应严格控制一致。

1.2.2 多因素试验

多因素试验(multiple-factor or factorial experiment)是指在同一试验中同时研究 2 个或 2 个以上因素的试验。例如,黄芩密度与施肥量试验,密度与施肥量是试验研究的 2 个因素。这样的试验,既可以明确 2 个试验因素的单独效应,还可以探究两者的相互作用,能够较全面地说明问题,试验效率常高于单因素试验。

1.2.3 综合性试验

综合性试验(comprehensive experiment)也是一种多因素试验,但与上述多因素试验不同。综合性试验中各因素的各水平不构成平衡的处理组合,而是将若干因素的某些水平结合在一起形成少数几个水平组合。这种试验方案的目的在于探讨一系列供试因素某些水平组合的综合作用,而不在于检测因素的单独效应和相互作用。

单因素试验和多因素试验是分析性的试验;综合性试验则是在对于起主导作用的那些因素及其相互关系已基本清楚的基础上设置的试验,它的处理(水平组合)就是一系列经过实践初步证实的优良水平的配套。例如,选择一种或几种适合当地条件的综合性丰产技术作为试验处理与当地常规技术作比较,从中选出较优的综合性处理。综合性试验对于推广丰产经验,提高植物产量,是一种迅速有效的方法。

任务 2　试验误差及其控制

为了提高试验的准确性,必须想方设法减少试验误差。因此,在试验过程中,尽量排除非试验因素的干扰是科学试验的主要任务。现就误差的概念、来源及控制途径加以介绍。

2.1　试验误差的概念

任何科学试验的结果都应该有其真实的效应。试验处理的真实效果称为试验的真值。然而,在农业科学试验尤其是田间试验中,试验条件是复杂多变的,而且难以控制,因此,在试验过程中所获得的试验数据往往会受到许多非处理因素的干扰和影响。这些非处理因素的干扰和影响会造成试验处理结果偏离试验的真值,这种偏差称为试验误差。这就好比打靶,靶心代表真值,射击的结果一般不可能正好击中靶心,击中点与靶心的偏差便是误差。

试验中发生的误差一般可分为两类。一类是系统误差(systematic error)。系统误差是由于试验处理以外的其他非试验条件明显不一致所产生的带有倾向性或定向性的偏差,也叫片面误差。比如,土壤肥力梯度、测量工具的误差,管理操作不一致及某人的观察习惯等产生的误差。另一类是偶然误差(random error)。偶然误差是指在严格控制非试验条件相对一致后仍不能消除的偶发性误差,它具有随机性质,所以也叫随机误差(random error)。比如,病虫害侵袭,土壤、管理、试材等方面存在的微小差异以及人畜对植物的损坏等属于此类。对于系统误差,通过适当的控制措施可以消除,但无法估计;而随机误差是不可避免的,只能尽可能降低,可以通过适当的方法进行无偏的估计。

试验误差影响试验的准确度和精确度。准确度是指试验结果与真值接近的程度;精确度是指重复同一试验各次试验结果之间彼此接近的程度。科学试验只有做到既精确又准确才可靠。因此,在农业科学试验的设计与实施过程中,必须注意合理估计和降低试验误差的问题。

 ## 2.2　试验误差的来源

在农业科学试验中,特别是田间试验,所用的材料是有机体,而试验又是在难以控制的自然环境条件下进行的,误差是不可避免的。为了有效降低试验误差,提高试验精确度,有必要了解试验误差的来源。

2.2.1　试验材料本身固有的差异

试验所用的材料(种子、种苗、动物等)在其遗传和生长发育上或多或少存在差异,如试验材料遗传背景不纯,种子大小有差异,种苗、砧木的大小、壮弱等不一致,都会导致试验误差。

2.2.2　试验过程中操作质量不一致所引起的差异

在试验实施过程中,对各处理的栽培管理措施,如整地、播种、移栽、施肥、浇灌、中耕除草、病虫害防治等农事操作管理措施,在质量上不能完全一致,以及各处理的观察、测定时间、标准、人员和所用工具或仪器也不能完全一致,都会导致试验误差。

2.2.3　外界环境条件的差异

试验实施过程中自然环境的差异,如田间试验的土壤质地和肥力水平的差异是最主要的环境条件,还有试验过程中一些无法预见的原因,如偶然发生的病虫害及鸟兽灾害的差异,风雨冰雹等自然灾害以及田间小气候的差异等,使各个处理所处的实际环境有这样或那样的不一致,这些也是难以控制的。

上述各项差异在不同程度上影响各处理,构成误差。必须指出,试验误差不包括人为因素所引起的差错,如播错、量错、收错、称错、写错、看错等,这些差错是可以避免的,也是不允许发生的。

 ## 2.3　试验误差的控制途径

为保证试验结果的正确性,必须针对误差的来源采取相应的措施,使误差降低到最小。

2.3.1　选择同质一致的试验材料

必须严格要求试验材料的基因型同质一致;至于生长发育上的一致性,如秧苗大小、壮弱不一致时,则可先按大小、壮弱分档,再将同一规格的安排在同一区组的各处理小区,或将各档秧苗按比例混合分配于各处理小区,从而减少试验的差异。

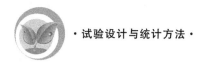

2.3.2 改进操作和管理技术,使之标准化

总的原则是:除操作要仔细,一丝不苟,把各种操作尽可能做到完全一致外,一切管理操作、观察测量和数据收集都应以区组为单位进行,减少可能发生的差异。这就是后面要讨论的"局部控制"原理。在试验实施过程中,某种操作要求一天内完成,如不能在一天内完成,则至少要完成一个区组内所有小区的工作。另外,数人同时进行操作,最好一人完成一个或若干个区组,不宜分配两人到同一区组。

2.3.3 控制引起差异的主要外界因素

试验过程中引起差异的外界因素中,如田间试验的土壤差异是最主要的又是较难控制的。如果能控制土壤差异而减少土壤差异对处理的影响,就可以有效地降低误差,增加试验的精确度。为了减少、排除和估计因土壤差异而产生的误差,除了严格选择试验环境(试验地)之外,主要是采用正确的试验单元设计技术,应用良好的试验设计及相应的统计分析,从而排除、减少和估计误差。通过这几种措施,不但可以有效地降低外界主要因素(土壤差异)引起的误差,同时还可以控制其他来源所引起的误差。

 想一想

在进行科学试验时,如果不存在试验误差,结果如何?

任务 3   生物统计

生物统计(biometrics)是数理统计在生物学研究中的应用,它是应用数理统计的原理和方法来认识、分析和解释生物科学中的各种数量现象的一门科学,属于生物数学的范畴,是应用统计学的一个分支,与农业科学试验有着密切的联系。

 ## 3.1 常用的部分统计概念

3.1.1 总体、个体与样本

(1) 个体。

个体(individual)是试验研究中的最基本的统计单位,可以是一株植株、一个麦穗或一个小区等。通过对一个个体的研究,便可以获得一个观察值。

(2) 总体。

总体(population)指试验研究的全部个体,是指具有共同性质的所有个体组成的集合,可以是一定范围内的所有植株、麦穗等。如果总体所包含的个体数目是有限的,称为有限总体。例如,河北旅游职业学院 2010 年大豆品比试验中所有承豆 6 号共 720 株的株高,这 720 株的株高便构成了一个有限总体。如果总体所包含的个体数目是无限的,称为无限总体。例如,上述承豆 6 号从推广到现在所有植株的株高是无限的,便构成了一个无限总体。

(3) 样本。

样本(sample)是从总体中抽出有代表性的个体,即总体的一部分所构成的集合。样本中所包含的个体数目叫样本容量或样本大小(sample size),用 n 表示。例如,从上述 720 株大豆中随机抽取 10 株测定其株高,则样本容量 n 为 10。通常把样本容量 $n<30$ 的样本叫小样本,样本容量 $n \geqslant 30$ 的样本叫大样本。

(4) 随机样本。

随机样本(random sample)是从总体中随机抽取的个体组成的样本。

3.1.2 观察值与变量

(1) 观察值。

观察值指每一个体的某一性状的测定值。观察值是一个具体的数值,如上述 10 株大豆各自的株高。

(2) 变量。

变量(variable)指同一性状或同类个体观察值的集合。变量不是一个或几个具体的数值,而是有多种可能取值的数组。

3.1.3 参数与统计数

为了表示总体和样本的数量特征,需要计算出几个特征数。

(1) 参数。

由总体的所有个体的观察值计算的特征数叫参数(parameter)。常用希腊字母表示参数,例如,用 μ 表示总体平均数,用 σ 表示总体标准差。

(2) 统计数。

由样本所有个体的观察值计算的特征数叫统计数(statistic)。常用拉丁字母表示统计数,例如,用 $\overline{x}$ 表示样本平均数,用 S 表示样本标准差。

总体参数由相应的统计数来估计,例如,用 $\overline{x}$ 估计 μ,用 S 估计 σ 等。

3.2 生物统计在农业科学试验中的作用

生物统计是在数理统计以及农业和生物学试验方法基础上形成的综合学科。在农业试验中,为了深刻认识研究对象或过程的表现和规律,往往都要进行系统的观察和测定。而观察测定的项目,大多表现为一定的数量,因而统计方法就成为农业科学试验中的一种必不可少的工具。生物统计在农业科学试验中的作用主要有以下几方面。

3.2.1 为农业科学试验设计提供重要的原则

按照统计学的原则进行试验设计,就能以较少的人力、物力、财力获得精确的试验结果和大量的试验信息,并提供科学的统计分析方法。

3.2.2 提供整理和描述数据资料的科学方法

通常由试验观察所得到的数据都是杂乱无章的,表面看来不能说明任何问题。应用统计方法对数据进行整理,便可化繁为简,显现出数据的变化规律,再通过统计计算求得描述数据特征的统计数,从而为进一步分析数据奠定基础。这样使试验者能够从少数的特征数或一些简单的图表了解数据中蕴藏的信息。

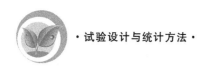

3.2.3 通过统计分析对试验结果作出科学的结论

农业试验的条件比较复杂,除了被研究的因素具有不同水平(这种不同水平叫处理)外,其余因素都作为试验条件而要求保持常量,这样就能精确地测定处理的效应。但实际上,无论试验条件控制得如何严格,试验处理所处的试验条件绝不可能完全相同。因而,一个结果究竟是处理的不同造成的还是由误差造成的有待"检验",这样才能使我们的判断建立在科学的基础上。统计方法提供了做出这种判断的科学程序,它通过估计试验误差的量值,将观察效应与误差的量值相比较,为试验者提供了所需要的回答。要是没有这种检验,就难以判断观察效应的真实性。比方说欲比较甲、乙两个品种产量的高低,而土壤管理和田间措施等不可能做到绝对一致,那么甲、乙两个品种在产量上的差异究竟是由于品种本身存在本质差异,还是由于土壤肥力或其他因素引起的差异,只要试验的设计符合统计的原则,经过统计分析就可以得出科学的结论。

3.2.4 提供由样本推论总体的科学方法

试验研究的目的在于揭示总体的表现和规律,但总体极为庞大,即使是有限总体,通常也难以得到其参数,因而在实践上几乎都是通过样本的观察来研究总体的。这就产生了如何才能由样本科学地推论总体的问题。例如,在一个试验当中测定玉米品种 A 比当地推广品种每公顷增产 0.5 kg,那么如何推知品种 A 推广后的总体将会比当地品种总体每公顷增产多少呢? 通过生物统计研究弄清楚了样本和总体数量关系的若干规律,也就提供了解决这个问题的科学方法。

统计方法对于试验研究的全过程都是十分有用的,为了提高农业科学的水平,促进农业生产的发展,就必须掌握好试验设计与统计的方法。

任务4 学习本课程的目的与意义

生物科学离不开试验研究。生物科学研究的对象是复杂的生物有机体(作物、中药材、蔬菜、果树、昆虫等),很多生物试验都是在田间进行的,然而,生物有机体的生长发育、生理活动、生长变化及有机体受外界环境因素(光照、温度、水分、土壤条件等)的影响,使生物科学研究的试验结果有较大的差异性,这种差异性往往会掩盖该生物体本身的特殊规律。同时,我们得到的结果往往是一堆杂乱无章的数据。如何通过这些数据,找出试验资料内在的规律性呢? 实践证明,只有正确地应用生物统计的原理和分析方法对试验进行合理设计,对数据进行客观分析,才能得到科学的结论。那么如何进行合理的试验设计和科学客观的统计分析呢? 这就是"试验设计与统计方法"这门课程要介绍的内容。

学习本课程的目的首先是培养学生用统计的原理和方法来定量地处理和分析生物科学试验中数据的变异性、不确定性和复杂性,从而得出最令人信服的结论;其次是培养学生进行科学试验的设计能力;再次是培养学生学会用统计的方法来处理科研工作中的数据资料,使学生初步具有独立处理和分析农业和生物学试验数据的能力,为进一步学习各专业课程奠定坚实的基础。本门课程除了讲授一般的统计方法外,在培养学生的思维能力和思维方式上起着至关重要的作用,从另外一个角度对学生进行思维训练。

"试验设计与统计方法"已渗透医学、教育、经济等各行业领域,并相互融会贯通,是各行各业科学研究的重要工具之一,它能帮助研究工作者发现隐藏在纷繁复杂的表面现象下面的客观规律。学好本课程具有重要的意义,生物统计使我们可以用最少的人力、物力、财力和时间,获得尽可能多的和可靠的信息与资料进行统计分析,得到可信的科学结论。

任务5 试验设计与统计方法的主要内容

本课程的基本内容包括试验设计与统计方法两部分。其中试验设计有广义、狭义之分。广义的试验设计(experiment design)是指整个试验研究课题的设计,包括确定试验处理的方案,试验单元设计以及相应的资料搜集、整理和统计分析的方法、经济效益或社会效益的估计,已具备的条件,需要购置的仪器设备,参加研究人员的分工,试验时间、地点、进度安排和经费预算,成果鉴定,学术论文撰写等内容。狭义的试验设计专指试验单元设计,特别是重复和试验单元的排列方法。生物统计中的试验设计主要指狭义的试验设计,包括设计的基本概念、试验设计的基本原则、试验方案的制订、常用的试验设计方法。

合理的试验设计能控制和降低试验误差,提高试验的精确性,为统计分析获得试验处理效应和试验误差的无偏估计提供必要的数据。统计方法主要包括数据资料的搜集、整理和特征数的计算、统计推断、方差分析、回归和相关分析等。

本课程划分为5个项目,包括16个学习性工作任务和16个技能性工作任务。项目一在介绍农业科学试验的任务与要求的基础上,进一步介绍试验误差及其控制。项目二在介绍试验设计的基本原则的基础上,进一步讲解常用的试验设计方法、实施规则以及试验数据的获取。项目三介绍研究对象总体的理论分布、统计数的抽样分布及其概率计算,然后在误差理论的基础上引入通过假设检验进行统计推断的基本方法,主要介绍用于平均数比较的 u 检验、t 检验和 F 检验,计数资料的 χ^2 检验及其应用、直线回归与相关分析等。项目四承上启下介绍常用的试验结果统计分析方法。项目五主要介绍试验总结的撰写方法。

本教材在编排上尽量将以往的"试验设计"、"统计推断"和"统计分析"等内容贯穿在一起,联系农业和生物学的研究形成一个整体。5个项目的内容可按课程要求和学时数灵活安排,给主讲教师留有充分的选择余地。

项 目 回 顾

本项目主要介绍农业科学试验的任务与要求、试验误差的概念、来源及其控制途径以

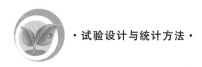
及常用的统计概念。

农业科学试验以解决农业生产中急需解决的问题,寻求提高植物产量和品质,增加经济效益的理论、方法和技术为己任。同时要求试验目的要明确、试验条件要有代表性、结果要有可靠性和重演性。

试验误差来源包括试验材料本身固有的差异、试验过程中操作质量不一致所引起的差异及外界环境条件的差异;针对误差来源,应选择同质一致的试验材料,改进操作和管理技术及控制引起差异的主要外界因素,达到有效降低误差的目的,以提高试验的准确度和精确度。

自 测 训 练

一、概念题

农业科学试验、准确度、精确度、唯一差异原则、试验重演性、单因素试验、多因素试验、综合性试验、试验误差、系统误差、随机误差、生物统计、总体、有限总体、无限总体、个体、样本、样本容量、小样本、大样本、随机样本、观察值、变量、参数、统计数

二、填空题

1. 进行农业科学试验必须达到( )、( )、( )和( )四个要求。

2. 农业科学试验类型很多,按照试验因素的多少可分为( )、( )和( )三种。

3. 试验误差影响试验的( )度和( )度。

4. 在试验实施过程中,某种操作要求在( )内完成,如不能在一天内完成,则至少要完成一个( )内所有小区的工作。

5. 生物统计学属于( )的范畴,是应用统计学的一个分支。

三、判断题

1. 农业科学试验的任务首先在于解决农业生产中急需解决的问题。 ( )

2. 农业科学研究的根本任务是寻求提高植物产量和品质,增加经济效益的理论、方法和技术。 ( )

3. 随机误差是指在严格控制非试验条件相对一致后仍不能消除的偶发性误差。 ( )

4. 试验误差包括人为因素所引起的差错。 ( )

5. 样本容量 $n \leqslant 30$ 的样本叫小样本。 ( )

四、选择题

1. 有限总体包含的个体数目( )。

A. 有限　　　　　　B. 无限　　　　　　C. 不可数　　　　　　D. 多于100

2. 系统误差具有( )的特点。

A. 可以降低,又能估计　　　　　　B. 不能降低,也无法估计

C. 可以消除,但无法估计　　　　　　D. 不能降低,但可以估计

五、简答题

1. 农业和生物学领域中进行科学研究的目的是什么？

2. 为什么要学习试验设计与统计方法？

3. 什么是试验误差？试验误差有哪两种类型？

4. 试验误差与试验的准确度、精确度有什么关系？

5. 试验误差的来源有哪些？如何控制？

项目二

试验设计与实施

教学目标

知识目标

☆ 掌握试验相关术语。
☆ 掌握试验设计的基本原则。
☆ 掌握试验单元的设计。
☆ 掌握试验区的田间区划方法。
☆ 掌握田间取样技术、田间调查、收获与计产的方法。

技能目标

☆ 具有正确选择试验地的能力。
☆ 能够正确进行试验单元设计,有效控制试验误差。
☆ 能够独立进行对比法、间比法、随机区组、裂区等试验设计。
☆ 能够进行田间区划、试验管理与实施。
☆ 学会田间调查、收获与计产方法。

素质目标

☆ 具备良好的职业道德和严谨的学习风气,热爱本专业。
☆ 具有高度的敬业精神和顾全大局、团结协作的集体主义精神。

项目描述

进行科学试验时,首要任务是在明确试验目的和要求的基础上,制订出适宜的试验方案,进行合理的试验设计,制订切实可行的试验计划,按计划具体落实与操作。本项目主要介绍试验环境的选择、试验设计、试验准备和试验实施。让学生围绕试验实施的全过程,学会试验方案和试验计划的拟定,掌握试验的实施等工作的内容、方法与要求。

学习性工作任务

任务1 试验环境的选择

试验环境选择的好坏,直接影响试验的精确度。因此,在试验实施之前,首先要做好试验环境的选择。下面以田间试验为例进行说明。

1.1 试验地要有代表性

试验地应选择能代表将来推广地区的土壤类型、气候条件、土壤肥力、栽培管理水平等自然条件和农业条件的地区,以便使试验结果能在该地区推广应用。

1.2 试验地肥力要均匀

试验地肥力均匀是提高试验精确性的首要条件,肥力差异会掩盖处理效应,甚至出现假象。要求试验地的土壤肥力、前茬、耕种历史等均匀一致,最低限度要求在一次重复内条件一致,方可获得准确的结果。对于有较严重斑块状肥力差异或最近做过试验的田块,最好不选为试验地。

1.3 试验地地势要平坦

试验地高低不平,影响田间作业和加大土壤温度、水分、养分的差异,会增大试验误差。应尽量选择地势平坦的地块,如果必须在坡地上进行试验,可选择向阳的缓坡地段。但同一重复的各小区应设置在同一等高线上,以便试验时能局部控制。

1.4 试验地位置要适当

试验地要方便管理与照顾,而且要考虑安全因素。尽量避开树木、建筑物、池塘、肥坑、道路、村庄等,以免造成家禽、家畜危害。

1.5 试验地要有足够的面积和适宜的形状

条件允许时,要尽量保证试验地的面积和形状,以便合理安排整个试验。

1.6 试验地要有土地利用历史记录

通过查阅试验地的土地利用历史记录,可以了解土壤的肥力情况,通过试验单元的妥善设置和排列作适当补救,有利于提高试验精确性。

 ## 1.7 试验地要匀地播种

对于要求严格的试验,在试验地选定后,正式试验前先要进行1~3年匀地播种。在整个试验地上种植(密植)单一品种的植物,采用同样的栽培管理措施,避免产生新的土壤误差。长期定位试验在匀地播种基础上还要作空白试验。

 ## 1.8 试验地要合理轮作

试验地采用轮换制,使每年的试验能设置在较均匀的地块上。

任务 2 试验设计

合理的试验设计对科学试验是非常重要的。它不仅能够节省人力、物力、财力和时间,更重要的是能够减少试验误差,无偏估计误差,提高试验的精确度,取得真实可靠的试验资料,为统计分析做出正确的判断和结论打下基础。

 ## 2.1 试验设计常用术语

2.1.1 试验指标

度量试验结果的标志,称为试验指标,简称为指标。如黄芩品种比较试验,常用黄芩入药部位的各种性状作为试验指标。考察的指标常因试验不同而异,通常一个试验不止一个指标,如黄芩品种比较试验,在选择优良品种时,不仅需要测量根鲜重、根干重、根粗、根长、侧根数等产量及其构成因子,还要测定其有效成分——黄芩苷的含量,只有在多个指标上比较各品种的优劣,才有可能选出高产优质的新品种。

2.1.2 试验因素

在试验中,凡对试验指标可能产生影响的原因或要素,均称为因素。如植物生产受到品种、密度、肥水、栽培措施及自然环境等方面的影响,这些因素有主有次,有的因素人为能控制,有的则无法控制。同时,因客观条件的限制,不可能通过一次试验将影响试验指标的全部因素都进行研究,通常只对一个或几个对试验指标影响较大的重要因素进行试验。把试验中对试验指标影响重大的因素称为试验因素;除试验因素以外,其他所有对试验指标有影响的因素,称为非试验因素。试验中只考虑试验因素,一般简称为因素。如黄芩品种比较试验,品种就是本试验的试验因素,其他栽培措施或环境条件均为非试验因素。品种是试验研究的唯一对象。

2.1.3　试验水平

在试验中,为了考察试验因素对试验指标的影响,通常把试验因素划分为不同级别或状态,称为试验水平,简称为水平。试验因素划分为几个等级水平或设定几种状态,就有几个水平。如玉米不同播种期试验,采用 25/4、30/4、5/5 号 3 种播种期进行比较,每一个播种期就是一个水平,则播种期因素具有 3 个水平。再如黄芩品种比较试验,用 5 个品种进行比较,每一个品种就是一个水平,则品种因素具有 5 个水平。试验水平可以是定量的,用数值表示,表现为因素的不同数量等级,具有量的差异,称为数量水平,如黄芩不同播种量试验;有的是定性的,无法用数值表示,表现为因素的不同状态,具有质的区别,称为质量水平,如黄芩不同品种比较试验。

2.1.4　试验处理

试验因素的各级水平或各因素不同水平的相互组合,称为试验处理,简称为处理。在单因素试验中,试验因素的每一个水平就是一个试验处理,例如 5 个品种参加的黄芩品种比较试验,就有 5 个处理。而在复因素试验中,不同因素的水平相互组合即水平组合,构成一个试验处理,又如有 3 个播种期 4 种施肥量的玉米播种期与施肥量试验,就有 12 个处理。

2.1.5　试验单元

试验中能够接受不同处理的试验载体,称为试验单元。试验单元因试验种类、方法、环境条件不同,有很多形式,可以是一个小区、一株植物、一盆植物、一个分枝、一片叶子或一粒种子等。在统计时,通常一个试验单元均有一个观察值参与统计计算。

 ## 2.2　试验设计的基本原则

试验设计的主要目的是减少试验误差,提高试验精确度,使研究人员能从试验结果中获得正确的观测值,对试验误差进行正确的估计。为达到此目的,试验设计应遵循以下三条基本原则。

2.2.1　设置重复

试验中同一处理设置的单元数即为重复(replication)次数。田间试验的重复是指同一处理种植的小区数。如同一处理种植一个小区,称为一次重复;种植两个小区,称为二次重复,其余类推。

设置重复最主要的作用是估计试验误差。如果不设置重复,同一个处理只有一个观测值,那么同一处理内的差异则无法表现和获取,误差也就无法估计。若设置重复,就可以通过同一处理不同重复间的差异估计试验误差,从而判断试验处理间差异的显著性。

设置重复的另一个主要作用是降低试验误差,提高试验的精确度。数理统计学已经证明试验误差与重复次数的平方根成反比。因此,重复次数增多,试验误差减小,试验精确度提高。但重复过多,会增加财力、人力的投入,增加管理难度和增大土地占地量。因此,试验的重复次数应根据具体情况而定,一般以 3～6 次为宜。

2.2.2　随机排列

随机排列(random assortment)是指试验中的每个处理都有同等的机会设置在同一

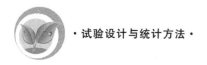

重复中的任何一个试验单元上,而不带有任何的主观成见。进行随机排列,可用抽签法、计算器(机)产生随机数字法或利用随机数字表。随机数字表的用法结合例子在后面说明。设置重复可以为误差的估计提供条件,随机排列可以获得无偏的试验误差估计值,因此随机排列与设置重复相结合,就能够提供无偏的试验误差估计值。

2.2.3 局部控制

局部控制(local control)就是将整个试验环境分成若干个相对最为一致的小环境,再在小环境内设置一套完整的处理,每一个小环境就是一个区组。在田间试验中,就是分范围、分地段地控制土壤差异等非试验因素(试验条件),使之对各试验处理的影响达到最大限度的一致。具体方法是将试验地按重复次数划分为数目相等的区组。如试验地有较为明确的土壤差异,最好按肥力梯度划分为区组,使区组内相对均匀一致,每一区组再按处理数目划分小区,安排一套完整的处理。这样,试验误差的来源只限于区组内较小块地段的微小土壤差异,而与因增加重复而扩大试验田面积所增大的土壤差异无关。这种布置就是田间试验的局部控制原则。

综上所述,遵循设置重复、随机排列、局部控制这三个基本原则而作出的试验设计,才能在试验中得到最小的试验误差,获得真实的处理效应和无偏的试验误差估计。

试验设计的三个基本原则的关系及其作用见图 2-1。

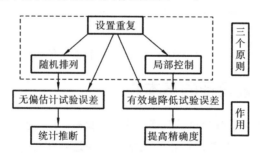

图 2-1　试验设计的三个基本原则的关系与作用

 小资料

费歇尔(Ronald A. Fisher)于 1923 年与梅克齐(Makezie)合作发表了第一个试验设计的实例,1926 年提出了试验设计的基本思想,1935 年出版了他的名著《试验设计法》,其中提出了试验设计应遵守三个原则:随机排列、局部控制和设置重复。费歇尔最早提出的设计是随机区组法和拉丁方方法,两者都体现了上述原则。

 ## 2.3　试验单元设计

试验单元泛指可获得一个试验观察值的试验处理单位。试验单元的形式很多,可以是一小块地、一盆植物、一棵树等。试验单元的设计应根据具体情况而定。下面以田间试验为例,介绍试验单元设计。田间试验的试验单元是小区(plot)。小区设计是指小区面积、形状与方向、重复次数、对照区、保护行设置以及重复和小区的排列等。小区是田间试验的实施单位。因此，小区面积、形状、方向和排列的合理与否对于提高试验的精确度、控制试验误差有着重要的作用。

2.3.1 试验小区面积

在田间试验中，试验小区的面积是不固定的，一般而言，较大面积的小区能更全面地包含试验地的复杂性。因此，在一定范围内，适当增大小区面积可以有效降低试验误差。但增大小区面积对降低误差的效果是有限的。小区面积的大小无硬性规定，一般研究性试验小区的面积变动范围为 $6 \sim 60 \ m^2$，示范性试验小区的面积通常不小于 $300 \ m^2$。在具体确定小区面积时，应考虑以下几个方面。

（1）试验种类。

除品种试验的小区面积可以较小外，其他如机械化栽培试验、灌溉试验、病虫害试验等的小区面积均应大些。

（2）植物类别。

种植密度大的小株植物（谷、稻、麦等）的试验小区面积可小些；相反，种植密度小的大株植物（高粱、棉花、甘蔗、玉米等）的试验小区面积应大些。

（3）试验地土壤差异。

土壤差异大，小区面积应大些；相反，小区面积应小些。当土壤差异呈斑块状时，则应设置较大面积的小区。

（4）处理数与试验地的面积。

处理数较多时，小区面积可适当小些，相反，小区面积可大些。试验地面积较充足时，小区面积可适当大些，相反，小区面积可小些。

（5）育种工作的不同阶段。

在整个新品种选育过程中，品系数由多到少，种子数量由少到多，对试验精确度的要求由低到高。因此，在育种过程中所采用的小区面积应从小到大。

（6）试验过程中取样的需要。

在试验过程中根据取样的需要，若取量样大，则应适当增大小区面积，相反，小区面积可小些。

（7）边际效应和生长竞争。

边际效应（marginal effect）是指小区两边或两端的植株，因占较大空间和土地而表现的差异。生长竞争（growth competition）是指当相邻小区种植不同品种的植物或施用不同的肥料时，由于株高、分蘖力或生长期的不同，通常有一行或更多行受到影响而带来的差异。一般来说，消除边际效应和生长竞争的有效办法，就是适当增大小区种植面积，收获时将小区的每一边除去 $1 \sim 2$ 行，两端各除去 $0.3 \sim 0.5 \ m$，以减少误差。留下的面积是准备收获的面积（称为计产面积），以便计产分析。

试验小区面积的大小，在考虑上述因素的情况下，可参考表 2-1。

表 2-1   常用田间试验小区参考面积

试验地条件和试验性质	作物类型	小区面积/m²	
		最低限值	一般范围
土壤肥力均匀	大株作物	30	60～130
	小株作物	20	30～100
土壤肥力不均匀	谷类作物	60～70	130～300
生产性示范试验	谷类作物	300～350	600～700
微型小区试验	稻麦类作物	1	4～8

2.3.2 试验小区的形状与方向

（1）试验小区的形状。

小区形状是指小区长度与宽度的比例。适当的小区形状在控制土壤差异,降低试验误差方面有着重要的作用。通常采用长方形小区,尤其是狭长形小区,因狭长形小区相对于正方形小区能更好地包含不同肥力的土壤,相应减少小区间的土壤差异,提高试验精确性。

小区的长宽比一般依据试验地的形状、面积以及小区的大小和多少等统筹决定。在人工操作时,长宽比可为(3～10)∶1,甚至可达 20∶1。采用播种机、插秧机或其他机具时,小区的宽度应是机具的作业宽度或相应倍数的宽度。此外,边际效应明显的试验,如肥料试验、灌水试验,最好采用方形或近方形小区,因为方形小区具有最小的周长。

（2）试验小区的方向。

若试验地的土壤有肥力梯度变化时,小区长边应与肥力梯度变化方向平行,而区组方向则与肥力梯度变化方向垂直(图 2-2)。

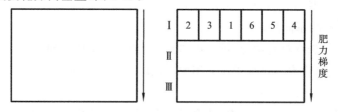

图 2-2   按土壤肥力变异趋势确定小区排列方向

注:Ⅰ、Ⅱ、Ⅲ代表区组;1、2…6代表小区。

当试验地具有不同的前茬时,小区的长边应与不同茬口的分界线垂直(图 2-3)。

当试验地为缓坡时,由于坡上与坡下的土壤水分和养分存在差异,小区的长边应与缓坡倾斜的方向平行(图 2-4)。

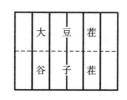

图 2-3   按茬口确定小区排列方向

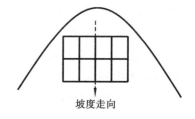

图 2-4   按坡度走向确定小区排列方向

2.3.3 重复的设置

在一定范围内,适当增加重复可以有效降低试验误差。重复次数的多少,一般应根据试验所要求的精确度、试验地土壤差异大小、试验材料数量、试验地面积以及小区大小等具体情况来确定。试验精确度要求高的,重复次数应多些;土壤差异较大的,重复次数应多些;试验材料多的,重复次数应少些;试验地面积大的,允许较多重复。一般来说,通常可设置 3～6 次重复,常见的是 3 次重复;当进行大面积对比试验或生产示范试验时,设置 1～2 次重复即可。

2.3.4 对照区设置

田间试验应设置对照区(check,符号为 CK),作为处理比较的标准。对照应是当地推广的优良品种或最广泛应用的技术措施。设置对照的目的是既可以作为衡量处理优劣的标准,还能用以估计和矫正试验地的土壤差异。一般田间试验设置一个对照,但有时为了适应某种要求,可以同时设置两个或多个对照。

2.3.5 区组及小区的排列方法

将试验的全部处理小区安置在具有环境条件相对一致的一块土地上,称为一个区组,即一个区组便是一次重复,田间试验的全部重复(区组)可以排成单排、双排或多排(图2-5),甚至也可以与其他试验排在一起,排成双排或者多排,这要根据试验地的形状以及整个试验地的布局来确定,但重复(区组)排列必须遵循局部控制的原则。

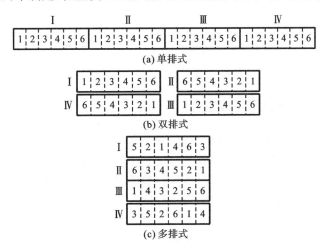

图 2-5 区组和小区的排列方式

小区在各重复(区组)内的排列方式一般分为顺序排列和随机排列两种,顺序排列就是将各处理在一次重复内按一定顺序排列。顺序排列易产生系统误差,不能无偏地估计误差,如图 2-5 中的单排式和双排式中的小区排列方式。随机排列则是各处理在一次重复内的位置完全随机决定,可避免系统误差的产生,提高试验精确性。如图 2-5 中的多排式中的小区排列方式。

2.3.6 保护行(区)与田间走道的设置

为了试验能在较为均匀的试验条件下进行,在试验地周围应设置保护行(图 2-6),通常用 G 表示,试验地周围保护行一般宽 1～2 m,不少于供试品种的平均株高。最好种植

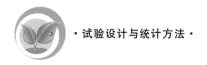

比供试品种略为早熟、外形易于识别的品种,以便在供试品种成熟前收割,可以避免与试验小区植物发生混杂,减少鸟兽等对试验区植物(农作物、中药材、蔬菜、花卉、果树、林木、草坪等)的危害,设置保护行的作用是保护试验材料不受人畜等外来因素的践踏和损坏,防止靠近试验地四周小区受到空旷地的特殊环境的影响即边际效应,使处理间能有正确的比较。

另外,便于观察记载与田间管理等作业,通常在区组之间或区组与两端保护行之间设置 0.5～1.0 m 宽的田间走道(图 2-6)。

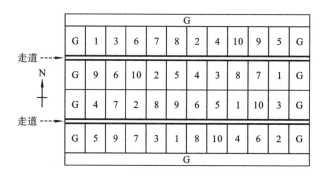

图 2-6 试验区组与田间道路

 想一想

在实际的田间试验过程中,对田间试验的布置和管理有什么样的要求?要达到什么样的目的?

 ## 2.4 常用试验设计

试验设计是指如何将各处理安排在各试验单元中。下面以田间试验设计为例说明常用的试验设计方法。常用的田间试验设计按试验小区排列方式分为顺序排列试验设计和随机排列试验设计两类。一般不进行显著性检验的试验,常采用顺序排列的试验设计;凡进行显著性检验的试验,必须采用随机排列的试验设计。

2.4.1 顺序排列的试验设计

顺序排列的试验设计的各处理顺序排列,其优点是设计简单,操作方便,不易发生差错。但小区排列不随机,不能无偏估计试验误差和处理效应。因此,不宜对试验结果进行方差分析,主要采用百分比法进行统计分析。常用的顺序排列试验设计主要有对比法设计和间比法设计两种。

(1) 对比法设计。

对比法设计(contrast design)是一种最简单的试验设计方法,一般用于处理数目不多(10 个以内)的单因素试验,如品种比较试验及生产示范试验。

在田间试验中,其设计特点是:每隔两个处理小区设置一个对照区,即每个处理小区的某一侧都设置一个对照区,使每个处理都能直接与邻近对照进行比较。在同一重复内,各小区按顺序排列。但各重复排成多排式时,处理小区可以是阶梯式或逆向式排列,以避免不同重复内的相同小区排列在同一条直线上(图 2-7)。

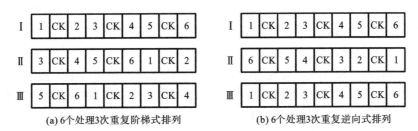

(a) 6个处理3次重复阶梯式排列　　　　　(b) 6个处理3次重复逆向式排列

图 2-7　对比法设计

对比法设计由于各处理小区与对照区相邻种植,土壤肥力相似,具有设计简单,播种、观察、收获等操作方便等优点。但对照区过多,约占试验田面积的 1/3,降低了土地利用率;一个试验仅有一个对照,各处理与对照相比较的精确度较高,而处理间相比较的精确度则较低;各重复的处理均为顺序排列,不能无偏估计试验误差。

(2)间比法设计。

间比法设计(interval contrast design)一般用于供试品系较多,试验要求较低的育种前、中期阶段的试验,如株行、株系与品系鉴定等单因素试验。

在田间试验中,其设计特点是:每两个对照区之间设置同等数目的处理小区,一般设置 4 个、9 个甚至 19 个处理小区;各重复的第一个和最后一个小区必须是对照区(CK);全部处理顺序排列;重复一般为 2~4 次,各重复可以排成一排或多排;当各重复排成多排时,处理可采用阶梯式或逆向式排列(图 2-8);如果一块地内不能安排下整个重复的小区,可以在第二块地上接下去,但开始时必须种植一个对照区,这个对照区称为额外对照区(Ex.CK)(图 2-9)。

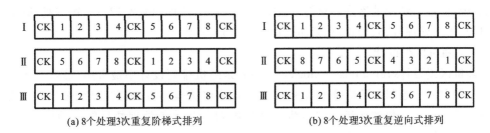

(a) 8个处理3次重复阶梯式排列　　　　　(b) 8个处理3次重复逆向式排列

图 2-8　间比法设计

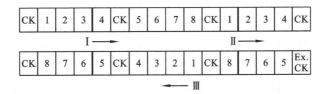

图 2-9　8 个处理 3 次重复的间比法排列

注:Ⅰ、Ⅱ、Ⅲ代表重复;1、2、3…8 代表处理;CK 代表对照区;Ex.CK 代表额外对照区。

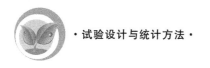

间比法设计具有设计简单,操作方便,可按品种的不同特性排列,能降低边际效应和生长竞争的影响等优点。虽然增设了对照,但各处理在小区内的排列并非随机排列,因此,估计的试验误差有偏差,理论上不进行差异显著性检验。

2.4.2 随机排列的试验设计

随机排列的试验设计的各处理随机排列,各试验处理的排列可采用抽签法或随机数字法。例如,有一个包括 6 个处理的随机区组设计,如采用随机数字法进行处理,各处理的排列方法是:首先将 6 个处理给以 1、2、3、4、5、6 的编号,然后从附表 C-1 随机数字表中任意一点起,横向、纵向或斜向读一个数,该数在 1~6 之间即可。如第一个数确定为随机数字表(附表 C-1)的第 2 列第 7 行,这个数是 4,依次横向向右查起,分别为 8、5、1、3、9、6、6、0、7、2、1…去掉 0、7、8、9 以及重复的数字,4、5、1、3、6、2 即为 6 个处理在区组内的排列。完成一个区组的排列后,再按上述方法排列第二区组、第三区组……直至完成所有区组的排列。若处理数是多于 9 的两位数时,将随机数字表中连续的两个数看作两位数,采用大于处理数的两位数除以处理数所得的余数,将重复数字去掉,即可得到各处理在区组内的排列。

常用的随机排列试验设计主要有完全随机设计、随机区组设计、裂区设计、拉丁方设计、条区设计和正交设计等方法。

(1)完全随机设计。

完全随机设计是将各处理完全随机地分配到不同的试验单元(如试验小区)中,使得每一试验单元都有均等机会接受任何一个处理。各处理的重复数可以不相等,结果分析简便,单因素或多因素试验均可采用。但设计时未进行局部控制,因此该设计的试验环境必须相当均匀,所以一般用于土壤条件均匀一致的田间试验、实验室培养试验及网室或温室的盆钵试验等。例如,要研究相同剂量的三种生长调节素对百合苗高的影响,包括对照(清水)在内,共四个处理,若用盆栽试验,每处理种植 4 盆,共 16 盆。首先将 16 盆标号为1、2、3…16,然后利用抽签法或查随机数字表得到第一处理(14、2、12、1),第二处理(8、9、11、16),第三处理(7、3、10、5)和第四处理(4、6、13、15)。

(2)随机区组设计。

随机区组设计(randomized blocks design)是随机排列设计中最常用、最基本的设计方法。根据局部控制和随机排列这两个原则,首先将试验环境(或试验地)按差异程度等划分为等于重复次数的区组,然后,将每个区组划分为等于处理数目的试验单元(或小区),最后在每个区组内随机排列各个处理。

下面以 6 个处理 4 次重复的田间试验为例,说明设计方法。首先按区组划分要求,将试验地划分为 4 个区组,再把每一区组划分为面积相等的 6 个小区(图 2-10),小区长边方向与肥力梯度方向平行;最后分别给以 6 个处理 1、2、3、4、5、6 的编号,用抽签法或随机数字法确定随机数字的顺序为 2、5、1、6、3、4,按此顺序自左而右把这 6 个处理随机分配到该区组的 6 个小区。对于剩余区组,按上述方法进行即可(图 2-10)。

随机区组设计既适用于单因素试验,也适用于多因素试验。多因素试验与单因素试验类似,不同之处是单因素试验的处理就是该因素的每个水平,而多因素试验的各处理则是各因素不同水平的相互组合。例如,黄芩播深(A)与施肥(B)二因素试验,A 因素有 A_1、A_2、A_3、A_4、A_5 5 个水平,B 因素有 B_1、B_2 2 个水平,共有 10 个水平组合(处理),即

A_1B_1、A_1B_2、A_2B_1、A_2B_2、A_3B_1、A_3B_2、A_4B_1、A_4B_2、A_5B_1、A_5B_2，分别用 1、2、3…10 代表，随机区组设计，重复 4 次，如图 2-11 所示。当处理数较多，土壤又无明显趋势变化时，为避免第一小区与最末小区距离过远，可将每一重复的全部小区布置成两排(图 2-12)。

Ⅰ	2	5	1	6	3	4
Ⅱ	3	6	2	5	4	1
Ⅲ	4	1	3	2	5	6
Ⅳ	5	3	1	4	6	2

图 2-10　6 个处理 4 次重复随机区组设计

Ⅰ	2	6	4	10	8	3	5	9	1	7	肥
Ⅱ	5	3	1	7	9	2	8	6	10	4	↓
Ⅲ	4	7	8	5	10	1	2	3	9	6	↓
Ⅳ	10	4	9	6	3	8	7	1	2	5	瘦

图 2-11　二因素 10 个处理 4 次重复随机区组设计

Ⅰ					Ⅱ				
1	7	3	9	5	4	1	10	5	8
2	6	8	4	10	9	2	7	3	6
3	2	9	10	7	4	6	10	2	8
5	8	6	1	4	5	3	1	7	9
Ⅳ					Ⅲ				

图 2-12　无明显趋势变化的 10 个处理 4 次重复随机区组设计

随机区组设计在完全随机设计的基础上，增加了局部控制原则。具有设计简单，容易掌握；应用灵活，富于伸缩性，常用于育种、栽培、植物保护等单因素、复因素以及综合试验等；能够提供无偏的误差估计，对试验条件要求不严等优点。该设计只对每个区组内的非处理因素等试验条件要求尽量一致，尤其是环境差异较大的试验，可以大大提高试验结果的精确度。但是，这种设计方法不允许处理数太多。因为处理数太多，区组必然增大，局部控制的效率降低，所以，处理数一般不要超过 20 个，最好在 10 个左右。

(3) 裂区设计。

裂区设计(split plot design)是复因素试验的一种设计方法。在复因素试验中，如果处理数(水平组合)较少，而各个因素的效应同等重要，多采用随机区组设计。如果处理数太多，而又有些特殊的要求，往往采用裂区设计。

裂区设计是随机区组设计的一种特殊形式，先将试验区划分为若干个区组，每一区组划分为若干个小区(主区或整区)，在主区内随机安排第一因素的各个水平(主处理)；然后再将每一主区划分为若干个小小区(副区或裂区)，在副区内随机安排第二因素的各个水平(副处理)。

在裂区设计里，对第二因素来讲，每个主区就是一个区组；但是从整个试验所有处理(水平组合)来讲，每个主区只是一个不完全的区组。由于在设计过程中将主区分裂为副

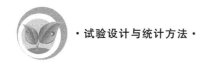

区,因此这种设计方法被称为裂区设计。

裂区设计通常在下列情况下应用。①试验因素对小区面积大小要求不同的多因素试验,为了实施和管理上的方便,一般将要求面积较大的因素作为第一因素,第一因素的各个水平作为主处理,设在主区;要求面积较小的因素作为第二因素,第二因素的各个水平作为副处理,设置在副区。②试验因素效应大小有明显区别的多因素试验,效应明显的因素作为第一因素,设置在主区。③试验因素的精确度要求不同的多因素试验,精确度要求高的因素作为第二因素,设置在副区。④试验因素的重要性不同的多因素试验,较重要的因素作为第二因素,设置在副区。⑤试验设计中,新增的试验因素,可在原来已设计的小区(主区)中再划分小区(副区)。因此,增加了一个试验因素,就成了裂区设计。值得注意的是:试验设计强调事先的周密设计,这种临时改变设计的做法仅是一种在可能情况下的补救,而不能作为常规设计。

下面以黄芩播种期与密度两个因素的试验为例,来说明裂区设计的具体步骤。

如有三个播种期,即 A_1、A_2 和 A_3,三种密度水平 B_1、B_2 和 B_3,三次重复。播种期为第一因素,各水平安排在主区,密度为第二因素,各水平安排在副区,具体设计步骤如下。

第一步:根据随机区组的设计原理,将试验地按重复次数 $n=3$ 划分为 3 个区组。

第二步:按播种期的水平数 $a=3$,将每个区组划分为 3 个主区,随机排列各个主处理。

第三步:按密度的水平数 $b=3$,将每个主区再划分为 3 个副区,随机排列各个副处理。

黄芩播种期与密度二因素裂区设计见图 2-13。

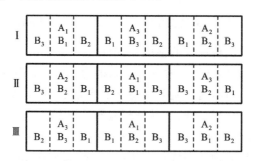

图 2-13 黄芩播种期与密度二因素裂区设计

裂区设计,有主区与副区之分,副处理的重复次数多于主处理的重复次数,因此,副处理比主处理的精确度高,试验误差小;但设计复杂,不同因素具有不同的试验精确度,结果分析比多因素随机区组设计的麻烦。

 想一想

若有一个三因素试验,A 因素有 2 水平,B 因素有 2 水平,C 因素有 3 水平,采用裂区设计,如何进行?

随机排列的试验设计除上述三种试验设计外,还有拉丁方设计、条区设计、正交设计等试验设计方法,可参考相关书籍进行。

小资料

由费歇尔于 20 世纪 20 年代创立的田间试验设计可以大大地提高田间试验的效率。随机排列的试验设计强调有合理的试验误差估计,以便通过试验的表面效应与试验误差相比较后作出推论,常用于精确度要求较高的试验。

任务 3 试验准备工作

试验实施之前需做好一切试验准备工作。试验准备工作包括根据试验目的、要求设计试验方案、制订切实可行的试验计划,选择试验环境(试验地)、进行田间区划、准备试验材料等。

3.1 试验方案设计

我们知道在农业与生物学研究中,不论是植物还是微生物,其生长、发育以及最终所表现的各个性状(如产量等)受多种因素的影响,其中有些是属于自然的因素,如光、温、湿、气、土、病、虫等,有些是属于栽培条件的因素,如肥料、水分、生长素、农药、除草剂等。进行科学试验时,必须在固定大多数因素的条件下才能研究一个或几个因素的作用,从变动这一个或几个因素的不同处理中比较鉴别出最佳的一个或几个处理。我们把一个试验的全部处理或水平组合,称为试验方案(experiment scheme)。试验方案是整个试验的核心部分,是保证试验成功的基础。

3.1.1 试验方案设计原则

一个正确有效的试验方案,能有效提高试验效率,得出可靠的结果,因此设计试验方案时,一般要考虑以下几方面的内容。

(1)根据试验目的、任务和条件选准试验因素。

拟订试验方案前首先回顾过去的研究成果与研究进展,通过文献检索、调查访谈、交流等抓住研究任务的问题关键,进行细致深入的分析,选准试验因素,根据试验的目的、任务和条件,形成对所研究课题及其外延的设想,使拟订的试验方案能针对研究课题确切而有效地解决问题。

(2)水平间差异适当。

根据试验目的确定供试因素及其水平。供试因素不宜过多,可通过抓住 1～2 个或少数几个主要因素解决关键性问题。各因素的水平数目也不宜过多,且各水平间距要适当,使各水平能有明确区分,并把最佳水平范围包括在内。若涉及试验因素多,一时难以取舍,或者对各因素最佳水平的可能范围难以作出估计,可将试验分阶段进行,一般在研究的初期抓住关键因素进行单因素的预备试验。随着研究的深入,了解因素之间的相互关系,再精细选取因素和水平进行正规的多因素试验。

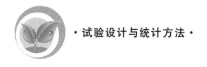

（3）设置对照。

各试验处理通过比较，才能鉴别其优劣，在拟订试验方案时，一般要设置标准处理，称为对照。对照为衡量各处理优劣的基准，一般根据试验目的和内容，选择不同的对照形式和数量。栽培试验中常以当地常规的栽培措施为对照；喷施微量元素试验，一般设置两个对照，一个不喷为空白对照，一个喷施等量清水对照。品种比较试验中常以上级种子管理部门统一规定的标准品种作为对照，以便作为各试验单位共同的比较标准。

（4）贯彻唯一差异原则。

在试验中，除了要研究的处理不同以外，其余所有因素必须保持相对的一致，以排除非处理因素的干扰，正确地解析出试验因素的效应。如比较新育成的品种与原有品种的优劣时，在试验过程中，除品种不同外，其他环境条件和栽培管理措施都应严格控制一致。又如大豆根外喷施钼酸铵的试验方案中如果设喷钼酸铵（A）与不喷钼酸铵（B）两个处理，则两者间的差异含有钼酸铵的作用，也有水的作用，这时钼酸铵和水的作用混杂在一起无法解析出来，若加入喷水（C）的处理，则钼酸铵和水的作用可分别从 A 与 C 及 B 与 C 的比较中解析出来，因而可进一步明确钼酸铵和水的相对重要性。

（5）尽量排除非试验因素的限制。

一个试验中只有供试因素的水平在变动，其他因素都保持一致，固定在某一个水平上。根据交互作用的概念，在一种条件下某试验因素为最优水平，若条件改变，可能不再是最优水平，反之亦然。因此，在拟订试验方案时必须做好试验条件的安排，例如品种比较试验时要安排好密度、肥料水平等一系列试验条件，使之具有代表性和典型性。由于单因素试验时试验条件必然有局限性，可以考虑将某些与试验因素可能有互作（特别是负互作）的条件作为试验因素一起进行多因素试验，或者同一单因素试验在多种条件下分别进行试验。

（6）对方案所预期得到的试验结果有所估计。

多因素试验提供了比单因素试验更多的效应估计，具有单因素试验无可比拟的优越性。但当试验因素增多时，处理（水平组合）数迅速增加，要对全部处理（水平组合）进行全面试验（称为全面实施）规模过大，往往难以实施，因而多因素试验的应用常受到限制。解决这一难题的方法就是利用正交试验法，通过抽取部分处理（水平组合），用以代表全部处理（水平组合）进行试验（称为部分实施）以缩小试验规模，因而促进多因素试验的应用。

3.1.2 试验方案设计方法

试验方案按其供试因素数的多少可以区分为单因素试验方案、复因素试验方案和综合性试验方案三类。

（1）单因素试验方案。

单因素试验方案设计一般由试验因素的若干水平加适当对照处理即可。其设计要点是确定因素的水平范围和水平间距。水平范围是指试验因素水平的上、下限范围，其大小取决于研究目的、条件及试验研究的深入程度。水平间距是指试验因素相邻水平间的级差，水平间距要适当。水平间距过大，超出实际范围，没有意义；水平间距过小，试验效果易被误差所掩盖，试验结果不能说明问题。例如，为了明确马铃薯某一品种对磷肥的耐肥程度，可设计一个单因素试验，磷肥施用量就是试验因素，不同的施用量就是处理（水平），品种及其他栽培管理措施都相同。根据马铃薯栽培的特点,水平范围为 $0 \sim 120 \ kg/hm^2$,以 0 水平即磷肥施用量 $0 \ kg/hm^2$ 作对照。水平间距为 $40 \ kg/hm^2$ 的马铃薯磷肥施用量试验方案的设计见表 2-2。

表 2-2 马铃薯磷肥施用量试验方案

处 理 号	处 理 名 称	磷肥用量/（kg/hm^2）
1	对照	0
2	低磷	40
3	中磷	80
4	高磷	120

（2）复因素试验方案。

生物体生长发育受到许多因素的单独影响,要想全面了解诸因素对生物体的综合影响,可以采用复因素试验,这样有利于了解不同因素的单独效应及其相互作用,选出最优水平组合。复因素试验的效率常高于单因素试验。复因素试验的一个处理即为一个水平组合,处理数是各因素水平数的乘积。其方案设计常有两种类型:一是全面实施方案;二是不完全实施方案。

① 全面实施方案。其设计要点是:所有试验因素在试验中处于完全平等的地位,每个因素的每个水平都与另外因素的所有水平相互配合构成试验水平组合（处理）。全面实施方案是最常用、较简单的复因素试验方案,其优点是因素水平能均衡搭配。下面以马铃薯播种期和磷肥用量的二因素为例说明全面实施方案的设计方法与步骤。根据马铃薯栽培特点,播种期为 A 因素,设有三个水平,分别为 A_1、A_2 和 A_3;磷肥用量设有两个水平,分别为 B_1 和 B_2。对播种期与磷肥用量这两个试验因素分别划分水平,见表 2-3。

表 2-3 马铃薯播种期和磷肥用量两个试验因素的水平

试 验 水 平	试 验 因 素	
	播种期（A）	磷肥用量（B）/（kg/hm^2）
1	5 月 1 日	40
2	5 月 6 日	80
3	5 月 11 日	—

对播种期与磷肥用量这两个试验因素进行组合,得到 $3 \times 2 = 6$ 个水平组合（处理）,见表 2-4。

表 2-4 马铃薯播种期与磷肥用量的两因素全面实施试验方案

处 理 号	播 种 期	磷肥用量/（kg/hm^2）	处理（水平组合）
1	5 月 1 日	40	A_1B_1
2	5 月 1 日	80	A_1B_2
3	5 月 6 日	40	A_2B_1
4	5 月 6 日	80	A_2B_2
5	5 月 11 日	40	A_3B_1
6	5 月 11 日	80	A_3B_2

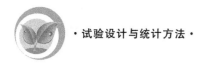

在表 2-4 试验方案中,处理(水平组合)的确定方法是,先由播种期的 1 水平(5 月 1 日)分别与磷肥用量的 2 个水平配合,得到 1、2 两个处理(水平组合);同样再由播种期的 2 水平(5 月 6 日)分别与磷肥用量的 2 个水平配合,得到 3、4 两个处理(水平组合);最后由播种期的 3 水平(5 月 11 日)分别与磷肥用量的 2 个水平配合,得到 5、6 两个处理(水平组合)。这样就得到上述 $3 \times 2 = 6$ 个处理(水平组合)的全面实施试验方案。

 想一想

进行全面实施方案时,若三因素分别为 A、B、C,其中 A、C 因素均有 2 个水平,B 因素有 3 个水平,又如何确定呢?

② 不完全实施方案。对于单因素或两因素试验,因其因素少,试验的设计、实施与分析都比较简单。但在实际工作中,常常需要同时研究较多因素间的综合作用,由于试验涉及的因素过多,处理(水平组合)相应增加,试验规模扩大,工作量和试验误差增大,往往因试验条件的限制而难以实施全面试验方案,常采用不完全实施方案。由全面实施方案的一部分处理构成的试验方案,称为不完全实施方案。不完全实施方案多采用正交设计、正交回归设计、旋转回归设计、最优设计等,其设计方法可看相关书籍。

(3)综合性试验方案。

综合性试验是在进行复因素研究之后,将所有丰产重要因素重新组合,进行试验分析,各因素的水平不需要构成平衡处理。其设计一般由所有适合当地丰产栽培措施(因素)的最优水平组合(处理)加上当地常规丰产栽培措施为对照即可。其优点是处理数目少,简单易行,试验效率最高;缺点是不能分析哪些措施适宜,哪些措施不适宜,哪些措施需要改进。如大豆模式化高产栽培技术研究。

 ## 3.2 试验计划的拟订

试验计划是试验方案确定后,在进行试验之前制订的文字计划。试验计划是试验实施的依据,是参试人员在试验过程中严格遵守的规定,是试验成功的关键。因此,在进行试验之前,必须慎重考虑,认真制订试验计划,以便试验的各项工作按计划进行,保证试验任务的顺利完成。

3.2.1 试验计划书的内容

试验课题来源不同,其试验计划书的格式有所不同,但要说明的内容基本相似,一般试验计划应包含以下项目。

(1)试验课题名称、时间与地点。

课题名称要求能反映出该试验研究的主要内容,具有实用性、先进性、创新性和可行性,如"马铃薯抗旱栽培模式试验"。有时也常在课题名称中反映出试验的时间、进行试验的单位与地点,如"2010 年承德坡地大豆种植方式试验"。或将时间、单位与地点写在题目下面。

(2)试验目的、依据及预期的试验结果。

试验必须有明确的目的,丰产栽培试验的主要目的是要达到一定的产量指标;对比试验,就要写上进行这项试验要解决什么问题。有的试验在编制试验目的的同时,还要提出试验的根据、试验目前的研究成果、发展趋势及预期的试验成果。如"马铃薯抗旱栽培模式试验"的试验目的为"马铃薯是承德地区经济价值较高的优势农作物之一,种植面积大,对促进全区农业和农村经济发展贡献突出。为了提高马铃薯生产水平,增加马铃薯种植效益,在承德东部地区不同区域进行了这一试验,筛选出适宜承德东部地区不同区域的抗旱栽培模式,为今后指导马铃薯大田生产提供理论依据"。试验目的一定要写得明确,能真实地反映对试验的具体要求,使大家一看就知道为什么做这一试验,预期能达到什么结果。文字要求简明扼要,可以分条说明。

（3）试验的基本条件。

试验的基本条件是为了准确反映试验的可行性、代表性。室内试验的基本条件主要包括室内环境和与试验有关的仪器设备。田间试验的基本条件包括试验地点、位置、地形、地势、土壤类型、肥力状况、排灌条件、轮作方式和前茬等内容。

（4）试验材料。

试验材料选择正确与否,直接关系到试验结果的正确性。尽量避免个体间的差异,以减少对试验结果的影响。

（5）试验方案。

试验方案是全部试验工作的核心,主要包括研究的因素、水平的确定等。它是根据试验目的和要求,经过精密考虑,仔细讨论后确定的。本试验要采用几个处理和是否有对照处理,要在试验计划中注明。

（6）试验设计。

试验设计包括采用的试验设计方法,试验单元的大小、重复次数与重复的排列等内容。室内试验设计包括每个单元包含的花盆数（或培养皿、试管、三角瓶、袋……）,每个花盆的植株数（或苗数、种子数、组织数……）;田间试验设计包括小区面积、长宽比例、重复次数、种植行数、走道、保护行、小区及重复的排列方法等。

（7）主要管理措施。

主要管理措施涉及对供试材料的培养或栽培措施、组织培养或菌类栽培等。室内试验主要介绍培养基的准备、消毒措施、接种方法、室内温（湿）度及光照控制等内容;田间试验主要介绍供试植物的主要栽培管理措施,包括整地方法、时间、耕翻深度,施肥的数量、种类、时期和方法,播种或移栽时期、方法和密度,育秧方式、灌溉次数、时期,中耕除草、防治病虫害以及其他管理等内容。

（8）观察记载、分析测定项目及方法。

观察记载、分析测定是获得试验数据的主要手段,直接影响试验结果的分析。田间试验主要包括温度、光照、降水、风、灾害性天气等气象条件,生育期形态特征、生物学特性、经济性状、病虫害发生情况等植物发育动态,播种、中耕除草、施肥等田间农事操作;籽粒性状及其他室内考种与测定项目的观察记载。一般根据试验目的,以表格的形式列出需要观测的指标与要求,详细地记录各方面资料。

（9）收获计产方法。

包括收获时间、方法、要求、删除面积、计产面积及产量计算等内容。

（10）试验资料的统计分析方法和要求。

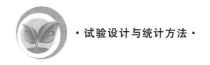

试验结束后,对各阶段取得的资料进行整理与分析,明确采用统计分析的具体方法。

(11)试验进度安排与所需经费。

试验进度安排包括试验起止时间和各阶段的工作任务安排。在不影响完成试验课题的前提下,充分利用现有仪器设备。对于必须增添的仪器设备、人力、材料,应将需要开支项目的名称、数量、要求、金额和研究技术人员及协作条件等详细列出,早作准备,保证试验的顺利进行。

(12)项目负责人、执行人。

写清楚项目负责人、执行人的姓名、单位及负责的任务。

(13)附试验环境规划图及各种记载表。

根据试验方案的具体要求,绘制试验环境规划图,制作各种观察记载表。田间试验一般根据试验方案的具体要求,结合供试验使用的土地形状及土壤肥力趋向,具体设计小区面积、长宽比例、重复次数及排列方法等,把这些要素设计绘制成图纸即成为田间试验布置图。在田间试验布置图上按实际比例尺绘制试验区各个重复、小区、走道和保护行等内容,标明各处理排列的位置以及试验区周围的环境、方位和边界,以便田间区划、播种管理和田间观测记载时能按图行事。大豆品种比较试验田间布置图如图 2-14 所示。

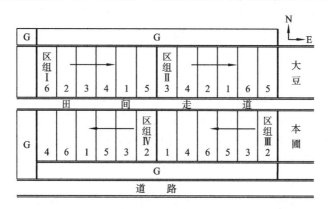

图 2-14　大豆品种比较试验田间试验布置图(单位:米,比例尺 1∶500)

注:Ⅰ、Ⅱ、Ⅲ、Ⅳ表示重复;1、2、3……6 表示品种。

3.2.2　试验计划书的编写

一份试验计划除包括以上各项主要内容外,有时为了说明与本试验有关的基本情况,说明提出试验根据和进行本项试验的意义,还可以在试验计划开头加上一段类似序言的说明文字。有些试验所用的方法比较特殊,应在计划中加上一项试验方法。有些试验还包括一些辅助性试验,如盆栽试验、室内分析等,应在计划上列出有关项目。有些试验不只是在一个地方进行,应当在计划上列出试验地点,以及各试验点供试地段的基本情况。如果同一试验由几个单位、几个人共同负责,同时又有明确的分工,也应当在试验计划上写明这些情况,或者在计划上加上组织领导一项。总之,为保证试验顺利进行,各项规定都应写在计划上。但也要求简明扼要,条理清晰,可写可不写的就不要写,能够用表格形式表达的,尽量采用表格。

3.2.3 试验计划书格式

（1）封面。

写明试验名称、计划书编制者或编制小组的名称以及设计时间等。

（2）试验目的及选题依据。

写明为什么要做这项试验及试验的要求等。

（3）试验的基本条件。

写明试验的环境以及所需仪器、设备等。

（4）试验处理。

写明供试材料、因素、水平及其试验方案。

（5）试验设计。

写明设计方法、重复次数等。

（6）主要管理措施。

写明管理方法、次数、数量与要求等。

（7）观测记载的项目、标准和方法。

写明直接影响试验结果的项目、标准等。

（8）试验年限。

写明试验的起止时间。

（9）主持单位和协作单位的人员及其分工。

写明项目负责人、执行人的姓名、单位及负责的任务等。

（10）仪器设备及用工等经费的预算。

写明试验所需的各种开支项目的名称、数量、要求、金额等。

下面以"种植密度对糯玉米鲜穗产量的影响研究"为例说明试验计划书的写法。

种植密度对糯玉米鲜穗产量的影响研究

一、试验目的

糯玉米鲜穗在我区六月底以前收获，能有效弥补市场蔬果的淡季，具有较好的经济收益。但以收获鲜穗为主的糯玉米与收获籽粒的普通玉米在植株高度、全生育期、生长特点等方面有较大的差异，而大部分种植者仍采用普通玉米的种植方式，在一定程度上制约了糯玉米鲜穗产量，影响了经济效益。尤其是在糯玉米种植密度安排上，对早春低温条件下地膜植株生长缓慢、株高降低等特点下的适宜密度尚未有充分的研究。本试验拟通过对鲜穗极早熟糯玉米不同种植密度的研究，以期寻找到早春地膜早熟糯玉米的最适种植密度，为进一步提高糯玉米鲜穗产量、增加种植者经济效益提供依据。

二、试验地基本情况

试验地位于学院实习农场。地势平坦，肥力中等，砂壤土，排灌方便，前茬为大豆，收获后耕翻晒田。

三、试验方案

供试品种为生育期85天的黑珍珠糯玉米。

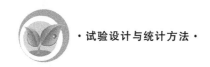

试验共设置 5 个不同的密度,不设对照,见表 1。

表 1　试验处理(方案)

处理编号	1	2	3	4	5
处理名称	56800 株/hm² (株距 0.32 m)	60600 株/hm² (株距 0.30 m)	64900 株/hm² (株距 0.28 m)	69900 株/hm² (株距 0.26 m)	75700 株/hm² (株距 0.24 m)

四、试验设计

试验采用随机区组设计,3 次重复,小区宽 3.3 m,长 10 m,小区面积为 33 m²,六行区。田间布置如图 1 所示。

图 1　糯玉米不同密度试验田间布置

五、主要栽培管理措施

试验于 2009 年 4 月初播种,双行单株种植,大行距 0.7 m,小行距 0.4 m,起畦种植,基肥以土杂肥为主,混施复合肥 525 kg/hm²,播后覆盖地膜。拔节前追施磷肥 450 kg/hm²、钾肥 150 kg/hm²,并结合中耕培土。孕穗期追施钾肥 150 kg/hm² 及尿素 75 kg/hm²。

六、观察记载项目

主要调查糯玉米各生育时期的株高、穗位高、双穗率、空秆率等,收获时以小区为单位累计各小区鲜穗产量并进行穗长、穗粗、穗粒数、穗鲜重等室内考种。另外,在全生育期间,还应注意记录气温的变化情况。填写田间调查表、室内考种表(略)。

七、试验进度安排及经费概算

试验于 2009 年 4 月开始,2009 年 6 月 30 日前结束。共需试验经费 450.00 元,其中人工工资 200.00 元,肥料开支 100.00 元,机耕、水电及地租 150.00 元。

试验负责人:×××

试验执行人:×××、×××、×××

 ## 3.3　试验准备

在进行试验之前,应做好充分的准备,以保证各处理有较为一致的环境条件,否则会影响试验的精确度和准确度。

3.3.1　室内试验的准备

试验实施之前,按试验要求选择试验场所、布置试验单元和准备供试材料。

(1)试验场所的准备。

试验场所的准备主要是对室内环境及仪器设备、用具等进行彻底的清洁、消毒,同时检查试验相关仪器设备是否能正常运转。

(2)试验单元的设置。

室内试验的试验单元可根据试验计划要求按一定顺序或随机摆放。若需要对试验进行局部控制,要注意同一区组内各试验单元之间的环境条件差异应尽可能小。

(3)供试材料的准备。

供试材料的准备包括试验所需的生物材料及非生物材料的准备。如植物组织培养试验中,需要准备的供试材料不仅包括用于培养的植株或相应部分的器官、组织、细胞等生物材料,还有进行组织培养所用培养基的各种营养成分、固定物等非生物材料。

3.3.2　田间试验的准备

(1)试验地准备。

试验地在进行区划前,应按试验要求进行选地、整地与施用基肥。

①选地。

选择试验用地,首先观察前茬作物的长势,作为土壤肥力均匀度的参考。坚持"三要三避开"的原则:要前茬一致、肥力均匀,避开上年做过栽培试验及斑块状肥力的地块;要位置适当,避开树木、高大建筑物、道路、池塘等障碍物的地块;要地势平坦,避开坡度较大的地块。选地后及时测量其长、宽度和电线杆等障碍物的位置,为田间布置提供依据。

②整地。

整地的目的是消除试验田的不平整状况,确保肥力均匀,灌水一致,最终使试验田各处理之间生长发育的条件一致。一般试验地在试验前,需进行整地,要求耕深一致,耙匀耙平,要求在一天内完成;整地方向应与将来作为小区的长边方向垂直,使每一区组内各小区的整地质量最为相似;整地范围需延伸到将来试验区边界外 $1\sim2$ m,保证试验区域内的耕层相似;整地后应及时开好排水沟,做到沟沟相通,保证田面雨后不积水。

③施基肥。

结合整地施入基肥,按要求施用质量一致的基肥,若为厩肥,则必须是充分腐熟的并充分混合,最好采用分格分量方法施用,以达到均匀施肥。总之要尽力设法避免施基肥不当而造成土壤肥力上的差异,尽量在较短时间内施完。试验地切忌堆放肥料,以免造成新的土壤肥力差异。在病虫害比较严重的地方需进行土壤消毒处理,处理措施要一致并于当日完成。

(2)田间区划。

试验地准备工作初步完成后,按试验方案和试验计划进行试验地的田间区划。田间区划就是根据田间试验布置图在田间实际"放大样"(按比例放大到试验地上)。区划的目的是确定区组、小区、保护行、走道等在田间的位置。通常先计算好试验区的总长度和总宽度,然后再根据土壤肥力差异划分区组、小区、走道和保护行。田间区划的具体步骤如下。

① 认真阅读田间试验布置图。

首先弄清比例和小区、区组的布置,换算好有关长度数据,记录在图纸反面。然后实际勘察试验地的地势、地貌,确定田间实际布置朝向。

② 划出试验区的四条边界线,确定试验区的轮廓。

(A)拉一条标准线。标准线的位置根据试验地块的实际情况而定,当肥力均匀时,标准线应与试验地的长边平行,并离长边至少要有 2 m,以供设置保护行和走道之用,两端用木桩定点,第一条标准线就可确定下来。图 2-15 所示为试验区的标准线、垂直标准线、区组、走道的位置,标准线位于试验地北端,东西走向。

(B)划出两条垂直标准线。以标准线为基准,在两端定点处按照勾股定理各划出一直角。在此直角处,分别拉直线,延长到宽边的长度,用木桩定点,即为试验区的两条垂直标准线(第二边和第三边)。垂直标准线一般为以后试验小区的起始行(或终止行)的位置,亦应离田边 2 m 以上。

(C)划出试验区的第四条边。连接两条垂直标准线的末端,若长度与标准线(第一条边)等长,即为试验区的第四条边,否则,重新区划。

③ 划分区组与走道,确定区组、走道的位置。

试验区的四条边确定好之后,根据试验设计的小区长度和走道宽度,以垂直标准线与标准线的交点为起点,沿着垂直标准线按小区长度和走道宽度依次丈量,打桩定点。在两条垂直标准线的对应木桩上系绳拉直,确定区组、走道和两端保护行的位置。

④ 划分小区,确定小区位置和面积。

区组、走道确定之后,按试验设计的小区宽度,以标准线与垂直标准线的交点为起点,沿着标准线和第四条边按小区的宽度,打桩定点。在标准线和第四条边的对应木桩上系绳拉直,确定小区的位置与面积。

区划完毕,按试验要求作田埂、水沟等,并按田间布置图将标牌插在每个小区的第一行的行头,也可在播种时再插标牌。标牌的正、反两面按试验计划的小区或行号用记号笔写明区组号(用罗马数字表示)、小区号和处理名称(或编号)。图 2-16 的标牌表示为第二区组第 5 个小区,处理的名称或代号为 3。标牌插下后,直到收获,一直保留于田间。

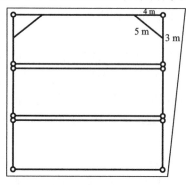

图 2-15　田间区划示意图

图 2-16　标牌

(3)试验材料的准备。

作为供试材料的种子或幼苗,必须是同一来源、质量优良的种子或幼苗。试验前应先准备好播种或移栽的种子或幼苗等试验材料,一般按照种植计划书的顺序准备试验材料,避免发生差错。现以种子准备为例说明试验材料准备的方法与步骤。

① 种子检验。

在试验前,事先测定各品种种子的千粒重、发芽率和净度。保证各小区(或各行)的可发芽种子数应基本相同,避免植株营养面积与光照条件的不一致,增大试验误差。但是育种试验初期,供试材料较多,而每一材料的种子数又较少,不可能进行发芽试验,则应要求每个小区(或各行)播种粒数相同。品种比较试验由于不同品种的种子在千粒重、发芽率和净度等各方面存在差异,不能采用同一播种量,而应分品种测出千粒重、发芽率和净度,计算出每一品种的播种量。移栽作物的秧苗也应按这一原则来计算。

② 计算小区或每行播种量。

密度大的小株植物的小粒种子,可根据种子检验的结果和每公顷的计划株数,计算各小区播种量,计算公式为

$$X = \frac{A \times B \times C}{10000 \times 1000 \times u \times v \times (1-w)}$$

式中:X 为小区播种量(g);A 为每公顷计划株数;B 为千粒重(g);C 为小区面积(m^2);u 为发芽率(%);v 为种子净度(%);w 为田间损失率(%)。

例如,某一大豆试验计划密度为每公顷 27 万株基本苗,测定百粒重为 20 g,发芽率为 95%,种子净度为 98%,田间损失率为 10%,小区面积为 10 m^2。试求小区播种量。

根据题意得

$$X = \frac{A \times B \times C}{10000 \times 1000 \times u \times v \times (1-w)} = \frac{270000 \times 200 \times 10}{10000 \times 1000 \times 0.95 \times 0.98 \times (1-0.1)} \text{ g} = 64.5 \text{ g}$$

若每小区种 4 行,则每行的播种量为

$$\frac{64.5}{4} \text{ g} = 16.1 \text{ g}$$

密度低的大株作物,常用穴播。可根据每公顷的计划株数(穴数)和每穴粒数,直接计算各小区或每行播种粒数,计算公式为

$$X = \frac{A \times B \times C}{10000}$$

式中:X 为小区播种粒数;A 为每公顷计划株数(穴数);B 为每穴粒数(粒);C 为小区面积(m^2)。

例如,某一玉米试验计划密度为每公顷 6 万株基本苗,穴播,每穴 2 粒,小区面积为 20 m^2。试求小区播种量。

根据题意得

$$X = \frac{60000 \times 2 \times 20}{10000} \text{ 粒} = 240 \text{ 粒}$$

若每小区计划种 4 行,则每行播种量为

$$\frac{240}{4} \text{ 粒} = 60 \text{ 粒}$$

③ 称取或数取每小区或每行播种量。

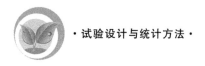

大密度的小粒种子用粗天平称取每小区或每行的播种量;密度低的大株植物的大粒种子,直接数取每小区或每行播种粒数。

④ 装袋。

以小区为单位称取或数取种子的,按小区装袋,袋面上写明试验名称、重复号、小区号、材料(处理)编号和材料(处理)名称。若以行为单位称取或数取种子的,按行装入小纸袋内,袋面上写明区组号、小区号、处理名称或代号和行号,再将同一小区各行的小种子袋合并在一起,装入大种子袋内,大袋面上写明试验名称、重复号、小区号。

⑤ 捆捆装箱。

按照田间试验布置图的各区组的小区排列顺序捆捆,装在种子箱内,以备播种。

值得注意的是:水稻种子的准备,可把每小区(或每行)的种子装入尼龙丝网袋里,挂上编号标牌,以便进行浸种催芽。需要药剂拌种的,应在准备种子时作好拌种。准备好当季播种材料的同时,必须留同样材料按次序存放仓库,以便遇到灾害后补种时备用。除此之外,还需要准备调查记载表(正、副两本)和化肥、农药等。

想一想

若播种材料是种球、块茎等繁殖器官,则播种材料应如何准备?

任务4 试验实施

试验实施是对试验计划的具体落实与操作。在试验实施过程中,必须注意控制误差,力求使不同试验单元间的各项技术操作尽可能一致。因此,在试验实施中,必须以认真、仔细、精益求精、严谨的态度进行每项工作。

4.1 田间试验实施

田间试验实施主要包括播种或移栽、田间管理、观察记载与测定、收获和测产等环节。

4.1.1 播种或移栽

播种或移栽是做好田间试验的重要环节,应做到准确无误,切忌发生差错。一旦出现差错,将会使试验失败而重做。

(1)播种。

播种是保证苗全的措施之一,切忌发生差错。播种之前需做好播前准备。首先按田间布置图核对每个小区的标牌。经查对无误后再按田间布置图将每个小区(或行号)的种子发放在小区的标牌处,发放完毕,再将标牌上区号与种子袋上的区号核对一次,当标牌上区号(行号)、种子袋上区号(行号)和记载本上区号(行号)三者一致时,准确无误后,方可播种。

播种一般分为人工播种和机械播种两种,目前田间试验的播种常采用人工播种的方法。

人工播种,播种前须按预定行距开好播种沟,进行播种。要求沟直底平,深浅一致,撒种均匀,或株(穴)距一致,严防漏播。尤其要注意各处理同时播种,播完一区(行)后,种子袋仍放回原处,然后覆土镇压;播完一次重复后,经核对无误,收回种子袋,如检查发现错误,应立即在记载本上注明,并作相应改正。

若机械播种,小区形状要符合机械播种的要求。先按规定的播种量调节好播种机,开始播种。播种机的速度要均匀一致,而且种子必须播在一条直线上,播种时,不允许中途停机,特殊时要退回0.5 m。

无论人工或机械播种后,都要进行全面检查有无露子,并及时覆盖。播种按重复进行,播完一次重复再播另一次重复,同一试验最好在一天内完成,如遇特殊情况,至少同一重复要在一天内播完,全试验播种时间不能超过两天,以保证处理间的可比性。

整个试验区全部播完后,再播保护行,并根据实际播种情况按一定比例在田间记载本上绘出田间种植图,图上应详细记下重复的位置、小区面积、形状、每条田块上的起止行号、走道与保护行设置等,以便日后查对。

(2)移栽。

需进行育苗移栽的试验,根据实际育苗数量应增加30%的育苗面积。移栽步骤与播种步骤相似,同样在移栽前插标牌、施基肥及农药等。移栽时按田间布置图进行取苗、运苗、分苗、核对、移栽等步骤。取苗时要力求挑选大小均匀、强弱一致的秧苗,以减少试验材料的不一致,若秧苗不能完全一致,差异较大的,则可分等级按比例分配不同等级的秧苗,以减少差异。运苗时要求秧苗与标签一起运到试验地;分苗时按秧苗上的标签名称分别发放到小区的标牌处;核对秧苗上的标签与小区的插牌是否一致,核对无误后按预定的密度(株行距)移栽,要求株行距准确,深浅一致,保证密度,使所有秧苗保持相等的营养面积;多余的秧苗可留栽在小区(行)一端,以备补栽之用。

移栽完毕,同样将实际情况按一定比例在记载本上绘出田间栽植图,并详细记载重复、小区、走道和保护行的位置,以备日后查对。

4.1.2 田间管理

试验区栽培管理措施是指植物从播种或移栽到收获的整个栽培过程所进行的各种管理措施的总称。试验管理工作应遵循唯一差异的原则,除了试验设计所规定的处理间差异外,其他管理措施应保持一致,最大限度地减少试验误差。田间管理的措施主要包括补苗、间苗、中耕除草、追肥、防治病虫害、灌溉排水等措施。

(1)补苗、间苗。

播种或移栽后及时仔细检查所有小区的出苗或成活情况,本着多间少补的原则。如有缺苗断垄或过密的地段,根据情况及时采取补救措施。一般对于个体协调能力强的(分蘖性或分枝性强的),相差不足10%,或个体调节能力差(分蘖或分枝性弱的),相差不足5%,且无明显缺苗断垄,可不进行补苗、间苗。相差超过此范围,多间少补。补种或补栽的地段应详细标记清楚,不作以后计产和其他农艺性状考察的样株。

(2)中耕除草、追肥和防治病虫害等措施。

播种或移栽后,除进行查苗、补苗、间苗之外,在植物生育期间,要及时进行中耕除草、培土、追肥、灌溉排水和防治病虫害等措施,标准达到或略高于当地丰产田的管理标准,同

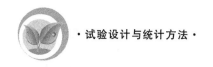

一措施的时间、方法、次数和质量等应力求一致,如追肥,每一小区的肥料种类一样,质量一致,数量相等,而且均匀分布,追肥的时间、方法相同。同时每项措施应在同一天内完成,如遇到特殊情况,至少同一重复在一天内完成。总之,栽培管理的各项措施贯穿唯一差异的原则,尽量避免或减少人为的差异,最大限度减小试验误差,提高试验的精确度。

4.1.3 观察记载和测定

进行田间试验的目的是通过科学研究的实践活动,获得试验数据,借助统计分析,得出科学的试验结果,运用试验结果指导和发展农业生产。而田间试验的观察记载与测定是分析试验结果和说明试验结论的主要依据,为了全面解释田间试验的结果,有根据地分析增(减)产原因,确定各项措施的效果,得出明确的结论,在植物生长发育期间需对其相关项目进行详细的观察记载,并在收获时进行室内考种和测定。

(1)观察记载项目。

田间试验观察记载的项目,因试验的目的和内容不同而有差别,但有一些观察记载项目在任何试验中都需观察记载,一般包括以下几个方面的内容。

① 气候条件的观察记载。

气候条件与植物的生长发育有着密切的联系,气候条件的任何变化都会对植物生长发育产生相应的影响。因此,正确记载气候条件,注意植物的生长动态,研究两者之间的关系,就可以进一步探明植物的产量、品质的变化原因,得出正确的结论。一般观察记载的气候资料包括日平均气温、月平均气温、活动积温、有效积温、最高和最低气温等温度资料,日照时数、晴天日数、辐射等光照资料,降水量及其分布、雨天日数、蒸发量等降水资料,风速、风向、持续时间等风资料和旱、涝、雹、雪、冰等灾害性天气。

气候资料可在试验田内定点观测,也可以查阅当地气象部门的观测资料。对于有关试验地的小气候,则由试验人员随时观察记载;对于特殊的灾害性天气以及由此引起的植物反应,必须及时观察记载,供分析试验结果时参考。

② 试验地情况和田间农事操作记载。

试验地土壤和田间农事操作与植物的生长发育也有密切的关系,应及时进行记载,供试验总结时参考。对于试验地的土壤情况,要记载土壤类型、地势、土壤肥力和均匀程度、前茬植物、排灌条件、土壤养分含量等内容。试验过程中的一切农事操作,如整地、施肥、播种、中耕除草、防治病虫害等,都要详细记载操作的时间、次数、工具、方法和质量等内容。

③ 植物生长发育状况的记载和测定。

植物的生长发育状况是分析植物增产规律的重要依据,是田间试验观察记载的主要内容。进行田间试验时,要根据试验目的和内容确定详细的调查记载项目,在整个植物生长发育期间进行记载,作为分析试验结果的重要依据。观察记载的主要内容一般有以下几个方面。

(A)植物的生育期。

如播种期、出苗期、分蘖期、拔节期、抽穗期、开花期、成熟期、收获期、生育日数等。各种植物都有各自相应的调查标准,可参考有关书籍。

(B)形态特征。

育种试验经常调查不同品种和材料的形态特征,如株型、叶色、叶形等作为识别品种和材料的依据。

(C) 植物的生长发育状况。

为了观察不同处理对植物生长发育的影响,经常定期调查植物株高、分蘖、穗长、穗粗、分枝数、节数、空秕粒数、鲜重、干物重、叶面积、植株整齐度等内容,了解植物的生长发育规律。

(D) 植物的经济性状。

经济性状是指与产量和产品品质密切相关的性状。如单位面积株数、单位面积穗数、分蘖数、穗粒数、穗粒重、粒重、单株荚数、单株粒数、荚粒数、单株块茎数及产量、千粒重(百粒重)、蛋白质、油分、糖分的含量等。

(E) 不良环境条件和病虫害的情况。

如旱、涝、雹、低温以及引起的旱害、涝害、倒伏、冻害、风灾和病虫危害的情况等,记载发生的时间和危害程度。

(F) 意外情况或损害。

如发生偷盗、禽畜或灌水危害等,记载发生的时间和危害程度。

调查记载项目要根据试验目的来确定调查项目的多少、种类,力求简单,关系密切的要详细记载下来。

④ 室内考种及测定。

对于植物的某些性状,不便于或不能在田间进行调查和记载,收获后方能在室内进行观察和测定,如千粒重、单株粒重、谷秕率等。因为室内观察和测定的内容一般属籽粒性状,因此称为室内考种。

室内考种的材料要在植物成熟后收获前采取。室内考种的项目可因植物种类、试验目的和内容不同而做不同的选择,主要有三个方面。一是植物经济(产量结构)性状测定,如千粒重、穗粒数等,这是室内考种的主要内容。二是植物形态的观察,如粒形、粒色、脐色等。三是收获物重要品质的鉴定,如蛋白质、脂肪、油分及糖分的含量等。

为了使观察记载能够全面准确地反映植物生长发育的实际情况,进行田间试验观察记载时应注意以下事项:观察记载的样本要有代表性,一般采用随机的方法进行抽样;观察记载要及时,否则错过时机就无从调查;观察记载和测定的项目必须具有统一的评定标准和方法(国家标准、行业标准或地方标准),要求真实、准确、可靠,便于试验总结和交流;观察记载应有专人负责,同一试验的同一调查项目应由同一个人来完成,不宜中途换人,以免评定标准不一致,产生误差;观察记载时要用铅笔进行记录,防止被雨淋字迹模糊,数据丢失;观察记载必须细致准确,记载的数据要及时进行备份。

(2) 取样技术。

调查记载是进行科学试验的核心环节,有些项目是以小区为单位进行观察记载的,如出苗期、成熟期、倒伏度等;但有些项目,限于人力和时间,不可能或很难将试验区的所有植株进行逐一调查,如株高、分蘖数、穗粒数等,一般是通过取样的方式进行调查。选取小区中有代表性的部分植株,进行调查,这部分植株称为样本。样本是各处理的代表,因此,利用样本得到的数据能否反映出各处理的真实情况,很大程度上取决于取样技术的正确

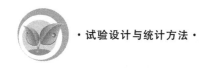

与否,正确的取样技术应考虑取样方法和样本数量。

① 取样方法。

取样时,应根据小区大小及植物生长状况确定取样方法,力求取样点具有代表性和均匀分布。选取样本的过程称为取样,采取样本的地点称为取样点。确定取样点的方法很多,一般用典型取样法、机械取样法和随机取样法。

(A) 典型取样法(代表性取样法)。

按调查研究的目的,采用目测的方法从试验小区内选取一定数量有代表性的地段作为取样点,可以选一点,也可以选几点。选几个取样点和每个取样点的取样数目需要根据调查的项目来确定。

(B) 机械取样法(顺序取样法或系统取样法)。

机械取样法是每间隔一定的距离随机确定一个取样点,常用的方法有以下几种。

一点机械取样 一般采用预先确定在小区的第几行第几株开始连续调查若干株,多用于小区试验,简单、方便。

对角线取样 在每个试验小区内沿小区的一条或两条对角线,间隔一定的距离随机确定一个取样点。一般一条对角线取 3 点,多用于面积较小的方形地块;两条对角线取 5 点,多用于面积较大的方形地块。具体取多少根据对角线的长度而定。

棋盘式取样 在每个试验小区内沿两条或几条平行线,间隔一定的距离随机确定一个取样点,多用于面积较大的地块。

另外,还有平行线式与 Z 字(蛇形)式多种取样方法(图 2-17)。

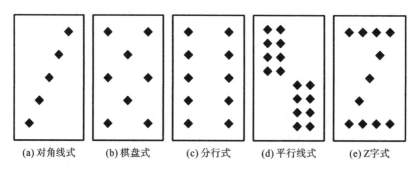

| (a) 对角线式 | (b) 棋盘式 | (c) 分行式 | (d) 平行线式 | (e) Z字式 |

图 2-17　常用的机械取样方式

(C) 随机取样法(等概率取样法)。

随机取样是完全依照机会均等的原则进行取样加以调查的方法。一般可采用抽签法、摇码或查随机数字表等方法选取样本。如以小麦田为例,随机决定测框位置时,可先步测田块的长(宽)度,然后由随机数字法决定各点的方位。某田块长 300 m,宽 170 m,取 5 个点,各点的长、宽位置分别随机决为(125,88),(169,24),(38,53),(80,94),(238,120)等,然后逐点布设测框调查。

取样调查有固定观察点与不固定观察点两种。如植物的生育动态观察,就可以在试验的每个小区内选择有代表性的固定地方,做上标记,每次观察都在点内进行。不固定点可在调查时随时取样。

② 样本数量(容量)。

样本数量指样本中含有个体的数目,即样本的大小。样本中的个体也称为取样单位,可以是一定的植株数,也可以是一定的器官数,根据具体情况和调查项目而定。一般调查记载株高、穗长、粒数等项目,要按每个植物、每个项目的调查标准来取样,不随意增减。如玉米株高,选有代表性的植株 10 株平均即可。观察记载幼穗分化进程或测定叶面积等,工作量大,样本可少些,一般 3~5 株即可。植物生长整齐一致,样本数可少些,反之则应多些。

4.1.4 收获脱粒与计产

有些试验进行到植物某一生育阶段即可完成,但大多数试验,均进行到植物成熟,必须测定各小区产量,作为对试验处理的评价。因此,试验地的收获非常重要,绝对不能发生差错,否则就得不到完整的试验结果,影响试验的总结,甚至前功尽弃。

(1)试验田的收获。

收获是田间试验数据收集的关键环节,必须严格把关,要及时、细致、准确,一定严格按小区单收、单运、单放、单脱、单晒,严防混杂。

收获之前,如保护行已成熟,可先行收割。如为了减少边际效应与生长竞争,设计时预定要割去小区边行及两端一定长度的植株,应按照计划先收割,核对无误后,将其运走。然后在小区中按计划采取考种或作其他测定之用的样本,挂上标牌,核对无误后,运入贮藏室,按类别或不同处理分别挂好,待干时进行考种或测定。最后按小区收获,如各小区的成熟期不同,则应先熟先收,未成熟小区以后再收(边行、两端也要在以后割)。

(2)脱粒。

待试验材料能脱粒时,及时严格按小区分别脱粒,如品种试验,则每一品种脱粒完毕后,必须仔细扫清脱粒机及容器,避免品种间的机械混杂。脱粒后把秸秆捆上的标牌转到种子袋上,内、外各挂一个,以备随时检查核对,避免发生差错,注意在收获、运输、脱粒、考种、晾晒、贮藏等工作中,必须专人负责,建立验收制度。

(3)计算产量。

脱粒后分别晒干,再将考种取样部分的籽粒加到各相应小区中,称重,即为小区计产面积的实际产量。因为不同小区计产面积不一致,所以一般要换算成小区或每公顷产量进行比较和分析。

例如:小麦品种比较试验的小区为 12 行,行长为 10 m,行距为 0.15 m,两边各 1 行和两端各 0.5 m 作为不计产部分,小区计产面积的籽粒产量为 6.5 kg,计算其小区产量和每公顷产量。

$$小区面积=小区长度\times小区宽度=10\times12\times0.15 \text{ m}^2=18 \text{ m}^2$$

$$小区不计产面积=小区两边不计产面积+小区两端不计产面积$$

$$=[2\times10\times0.15+2\times(12-2)\times0.15\times0.5] \text{ m}^2=4.5 \text{ m}^2$$

$$小区计产面积=小区面积-小区不计产面积=(18-4.5) \text{ m}^2=13.5 \text{ m}^2$$

$$平方米产量=\frac{小区计产面积产量}{小区计产面积}=\frac{6.5}{13.5} \text{ kg/m}^2=0.4815 \text{ kg/m}^2$$

$$小区产量=平方米产量\times小区面积=0.4815\times18 \text{ kg}=8.667 \text{ kg}$$

$$公顷产量=平方米产量\times公顷面积=0.4815\times10000 \text{ kg}=4815 \text{ kg}$$

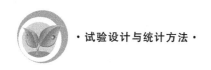

田间试验通过观察记载、收获、脱粒、计产等一系列步骤,取得了大量试验资料。试验人员下一步对这些资料进行整理、分析,对试验作出科学的结论。

 4.2 室内试验的实施

室内试验相对田间试验要简单一些,如室内发芽试验主要包括种子摆放、检查、补水、记载发芽种子数和霉变种子数等内容。

 想一想

室内试验种类很多,如温室或温棚的栽培试验、食用菌栽培试验、培养皿发芽试验、含量测定试验等。根据种类不同,实施方法有何异同?

技 能 性 工 作 任 务

技能任务1 试验计划的拟订

试验课题确定后,在进行科学试验之前,必须制订试验计划书,明确试验的目的、意义、要求、内容、方法、操作标准、进展、预期效果等,以便在试验过程中检查执行情况,保证试验任务的顺利完成。

一、目的要求

了解试验计划的内容,掌握拟定试验计划的方法和步骤,学会查阅资料,能熟练拟定出一份内容全面具体、重点突出的科学合理的试验计划书。

二、场所与用具

1. 场所

微机室、教室、实验实训室或其他地方。

2. 用具

电脑、Word软件、A4纸、文献检索工具及试验计划书范例等。

三、资料

可根据当地生产中存在的实际问题,学生自己选题;或在教师指导下由学生自己立题进行设计和拟定试验计划书;也可选用下列资料。

(1)"马铃薯膨大素"是一种新型植物生长调节剂的复配剂,对马铃薯块茎具有促进细胞分裂分化、增强光合作用,加速光合产物向块茎转移,促进地下块茎快速生长和膨大,增大增重,提高块茎淀粉含量,改善品质,增加产量,使马铃薯提早成熟和上市的作用。为探索膨大素对马铃薯产量的影响,进行相关试验,试验方案如表2-5所示。拟设计一个马铃薯喷施"马铃薯膨大素"试验。

表 2-5　马铃薯喷施"马铃薯膨大素"试验方案

处 理 代 号	处 理 内 容
1	盛花期开始,每隔7 d喷施一次600倍"马铃薯膨大素",共喷3次
2	盛花期开始,每隔7 d喷施一次800倍"马铃薯膨大素",共喷3次
3	盛花期开始,每隔7 d喷施一次1000倍"马铃薯膨大素",共喷3次
4(CK)	盛花期开始,每隔7 d喷施一次等量清水,共喷3次

(2)扑草净花生除草剂是一种复配型花生田芽前除草剂。其主要机理是被杂草吸收后,传导到叶部,干扰杂草的光合作用,导致杂草死亡。为探索扑草净花生除草剂的除草效果,进行播后喷施不同浓度的扑草净的除草效果试验,试验方案如表2-6所示。拟设计一个花生播后喷施"不同浓度的扑草净"试验。

表 2-6　花生播后喷施"不同浓度的扑草净"试验方案

处 理 代 号	处 理 内 容
1	花生播种后,取扑草净100 g,兑水50 kg,立即均匀喷于地表
2	花生播种后,取扑草净150 g,兑水50 kg,立即均匀喷于地表
3	花生播种后,取扑草净200 g,兑水50 kg,立即均匀喷于地表
4	花生播种后,取扑草净250 g,兑水50 kg,立即均匀喷于地表
5	花生播种后,取扑草净300 g,兑水50 kg,立即均匀喷于地表
6(CK)	花生播种后,取50 kg清水,立即均匀喷于地表

(3)为了寻找人工栽培黄芩的适宜覆土厚度,提高出苗率,进行不同覆土厚度对出苗率的影响试验,覆土厚度分别为0.5 cm、1 cm、1.5 cm、2.0 cm、2.5 cm、3.0 cm共6个处理,拟设计一个覆土厚度试验。

(4)为筛选适于承德地区种植的优质大豆品种,承德地区引进6个品种,分别为开育12、黑农40、抚豆2、丹豆11、铁丰33、辽豆15,对照品种为承豆6,拟设计一个大豆品种比较试验。

四、方法与步骤

教师布置任务,讲解一份较完整的试验计划的内容、格式与要求。试验计划的内容包括试验名称;试验目的要求、依据及预期效果;试验材料和试验条件;试验处理方案;试验设计;观测记载的项目、标准和方法、观测记载表格;进度安排及起止年限;主持单位和协作单位的人员及其分工;仪器设备、农资及用工等经费的预算等。

五、作业

(1)利用所给资料或结合生产中存在的实际问题,学生自己选题,拟定一份试验计

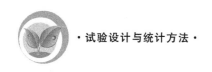

划。要求内容充分、结构完整,行文流畅、措辞严谨、设计合理,具有可行性。交电子稿(Word 文档)及纸质稿(A4 纸,标题宋体三号,其他宋体小四号,单倍行距)。

(2)讨论一份完整的试验计划应包括哪些内容,哪些内容可以省略?分析为什么进行科学试验之前,必须制订试验计划?

技能任务 2 田间试验设计

试验设计是科学试验的基础,试验要符合试验设计的基本原则和试验单元设计的要求。

一、目的要求

通过训练,学生应掌握田间试验设计的技术,能绘出田间布置图。

二、场所与用具

1. 场所
教室、实验实训室。

2. 用具
直尺、铅笔、橡皮、绘图纸、报告纸及必要的参考资料等。

三、资料

(1)有一玉米品种比较试验,8 个品种(不包括对照),采用对比法设计,重复 3 次,画出小区田间排列图。

(2)有一玉米品系鉴定试验,有 12 个处理(不包括对照),采用间比法设计,重复 2 次,画出小区田间排列图。

(3)有一玉米品种比较试验,7 个品种(不包括对照),采用随机区组设计,重复 4 次,画出小区田间排列图。

(4)有一棉花播种期和密度的二因素试验,播种期为 A_1、A_2、A_3 3 个水平,密度为 B_1、B_2 2 个水平,分别采用:①随机区组设计,重复 4 次,画出小区田间排列图;②裂区设计,播种期作为研究的主要因素,重复 3 次,画出小区田间排列图。

(5)有一黄芩苷含量测定试验,6 个黄芩样品(包括对照),每一样品分成 4 份进行测定,采用完全随机设计,说明设计过程。

四、方法与步骤

教师讲解常用设计方法的设计要点,设计要符合试验设计的基本原则和田间小区技术的要求;绘制清晰,并力求美观、整洁;图形中的长度与实际长度要符合比例。

五、作业

（1）利用有关资料或教师提供的资料，进行独立设计，用铅笔或电脑绘制出小区田间布置图。注明试验地位置、小区的长和宽、占地面积和土壤肥力的变化特点。

（2）用文字叙述随机区组设计、裂区设计的方法与步骤。

（3）试验设计包括哪些内容并应注意哪些问题？讨论各种设计方法的优、缺点及其适用对象。

技能任务 3 田间区划

田间区划是田间试验的重要工作项目，要求学生按试验设计对试验地进行区划。

一、目的要求

学生应掌握田间试验区划技术，根据试验设计按步骤进行区划，并能够绘制小区田间分布图。

二、场所与用具

1. 场所

试验实训田。

2. 用具

皮尺、测绳、铁锹、锄头、划印器、直尺、铅笔、绘图纸、计算器及必要的参考资料。

三、资料

（1）有一大豆品种与密度试验，4 个品种（A_1、A_2、A_3、A_4），3 种栽培密度（B_1、B_2、B_3），共 12 个处理，4 次重复，走道 0.5 m，保护行 1~2 m，试验田长 76 m，宽 40 m，无肥力变化，分别采用：①随机区组设计，小区面积 24 m²，试进行区划；②裂区设计，副区面积 8 m²，试进行区划。

（2）有一大豆品种比较试验，大豆品种分别为 A、B、C、D、E、F、G，其中 D 为对照，3 次重复，小区面积 18 m²，走道 0.5 m，保护行 1~2 m，试验田长 45 m，宽 25 m。采用对比法设计，试进行区划。

四、方法与步骤

将学生分组，每组 3~5 人，每组选取上述资料进行区划，分三步进行。

1. 试验区的位置确定

（1）在选好的地块上先量出试验区的一个长边的总长度（包括小区长度、区组间走道宽、两端保护行长等），并在两端钉上木桩作为标记。

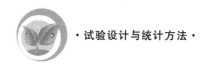

（2）以这个固定边作为基本线,于一端拉一条与基本线垂直的线,定为宽度基本线。依据勾股定律确定直角,即先在长边的基本线上量 3 m 为 AB 边,以 B 为基点再拐向宽边量出 4 m 长的一段为 BC 边,用 5 m 长的一段连接成 AC 边作为三角形的斜边。如果斜边的长度恰好是 5 m,证明是直角。如果不是 5 m 说明不是直角,应重新测量直到准确为止。

（3）沿着已确定的直角线将宽边延长到需要的长度,在终点处做出标记。采用同样的方法确定其他三个直角,并把两个宽边与另一条长边都区划出来,这样试验区总的位置及轮廓就确定了。

2. 区组确定

沿着试验区的宽边将保护行、走道、小区行长的长度区划出来,要求在两个宽边上同时进行,钉上木桩,用细绳将两端连接起来,使区组间的走道平直,用铁锹、锄头、镐或划印器做出标记。

3. 小区确定

沿着每个重复的长边将小区的宽度区划出来,按田间种植图将各小区标牌插在每个小区的第一行的行头。

五、作业

（1）根据上述资料,按要求绘制田间试验设计区划平面图。注明试验地位置、小区的长和宽,占地面积和土壤肥力、小气候等条件的变化特点。并简要说明设计区划的依据。

（2）按照田间区划平面图,依据区划的要求与方法在田间试验地进行区划。

技能任务 4　种子准备

种子准备为田间试验苗齐、苗全奠定基础,是获得可靠资料的保障。

一、目的要求

学生能够熟练地对当年试验的各试验材料进行准备,确保准确无误,为苗全、苗壮奠定基础。

二、场所与用具

1. 场所
实验室。

2. 用具
发芽箱、培养皿、滤纸、消毒沙子、种子袋、撕裂绳、种子箱、铅笔、橡皮擦、纸、天平等。

三、资料

可根据当年各指导教师的试验项目及学生自拟的试验项目所需的种子进行准备。

四、方法与步骤

教师根据指导教师的试验计划,讲解种子准备的方法、步骤、注意事项及布置任务。

将学生每 2 人分为一组,每组选取一个试验项目,按试验计划要求进行种子准备。

准备好的种子,按田间布置图中的规定,按小区装袋,种子袋的右下角标明试验名称、重复号、小区号、材料(处理)编号及材料(处理)名称。

每一试验的种子准备结束,核对无误,按田间布置图中每一区组(重复)的小区排列顺序捆捆,再按试验需求放入种子箱。

五、作业

(1)根据上述资料,每组按要求写一份实训报告,简要说明种子准备的注意事项。
(2)讨论试验不同或植物不同时,种子准备有何异同?

技能任务 5 播种

播种是做好田间试验的重要环节,应做到准确、无误,切忌发生差错。

一、目的要求

掌握试验区的播种方法、步骤与要求。

二、场所与用具

1. 场所
学院试验实训基地的大豆、玉米、小麦、谷子及其他各种试验实训田。

2. 用具
各种植物播种材料或种子、肥料、皮尺、镐头、天平、调查表、纸、笔、标牌、计算器、卷尺等。

三、资料

可根据当年各指导教师的试验项目及学生自拟的试验项目进行播种。

四、方法与步骤

教师布置,讲解播种的方法与标准;每 5～6 人一组。
播种步骤包括种子发放与核对、播种、核对与检查等。

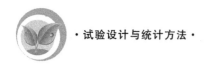

五、作业

（1）按要求进行播种，每组写一份实训报告，简要说明播种方法、步骤及注意事项。

（2）讨论田间试验的播种方法、步骤及注意事项，田间试验播种与大田播种有何异同？

技能任务6　田间调查与取样

田间调查是获取试验数据的基本手段，是分析试验结果和说明试验结论的主要依据，应做到准确、无误，切忌发生差错。

一、目的要求

了解田间调查的重要性；熟悉田间取样的方法；掌握各种植物田间调查的项目、标准、方法和注意事项，能独立进行试验区的整个生育期间的田间调查、取样与记载，为获得正确的试验资料奠定基础。

二、场所与用具

1. 场所

学院试验实训基地的大豆、玉米、小麦、谷子及其他各种试验实训田。

2. 用具

调查表、尺子、铅笔、计算器、卷尺等。

三、资料

可根据当年各指导教师的试验项目及学生自拟的试验项目进行调查与取样。

四、方法与步骤

教师布置，讲解田间试验调查项目的确定、调查方法、调查标准与注意事项；每2人一组，每组选取一个试验项目；根据各试验项目的要求及各调查项目的要求，决定是否取样；按各调查项目的标准，对需要观察的项目逐一观察记载。

五、作业

（1）在整个生育期间，主要性状出现时，按要求进行取样，及时调查所有项目并做好记录，正确填写调查记载表。

（2）讨论田间试验的调查情况，哪些项目需要进行取样调查？为什么？分析取样方法与数量对试验结果的影响，总结调查取样应注意哪些问题。

（3）讨论试验项目不同或植物不同时，调查的标准是否相同？

<h1 align="center">项 目 回 顾</h1>

本项目主要学习田间试验设计的基本原则,控制土壤差异的小区技术和常用的田间试验设计方法,试验准备、试验实施的步骤与试验的观测记载和测定。

田间试验的基本原则是设置重复、随机排列和局部控制。控制土壤差异以减少误差。常用的田间试验设计分为顺序排列设计和随机排列设计。顺序排列设计主要包括对比法设计和间比法设计。对比法设计是一种最简单的试验设计方法,常用于处理数较少的品种比较试验及示范试验。间比法设计主要用在育种试验的前期阶段,供试品种较多,试验要求较低时可采用此试验设计方法。随机排列设计主要包括完全随机设计、随机区组设计、裂区设计和拉丁方设计、再裂区设计和条区设计。但各处理在小区内的排列为随机排列,有利于估计试验误差和降低试验误差。随机区组设计是随机排列设计中最常用、最基本的设计。裂区设计和拉丁方设计也应用较多。

试验准备主要包括试验方案的制订、试验地的选择、田间区划、试验材料的准备。试验方案的制订是在明确试验目的和要求的基础上,根据试验目的、任务和条件选准试验因素,要求水平间差异适当,设置对照,贯彻唯一差异原则,尽量排除非试验因素的限制和对方案所预期得到的试验结果有所估计。单因素试验方案设计一般由试验因素的若干水平加适当对照处理即可,复因素试验方案设计常有全面实施方案和不完全实施方案两种。其中全面实施方案是由各因素水平的相互组合构成试验方案,不完全实施方案由全面实施方案的一部分处理构成试验方案。试验地在进行区划前,按试验要求进行选地、整地与施用基肥等准备工作;然后按试验方案和试验计划进行区组、小区、走道和保护行的划分。试验前应先进行种子检验,计算小区(行)播种量,称取或数取种子,装袋,按布置图捆捆,装箱。

试验实施的步骤主要包括播种或移栽及田间管理。播种或移栽时按布置图发放播种(或移栽)材料,核对无误后,按规定播种或移栽。并及时按试验方案进行查、补、定、间苗、中耕除草、施肥、防治病虫害等田间管理,自始至终贯彻唯一差异的原则,以保证田间供试植物的正常生长,获得可靠的试验数据。为了对田间试验结果进行全部的解释,还需在植物生长期进行相关项目的观察记载与测定,主要包含观察记载项目、取样技术和收获脱粒与计产。观察记载项目,因试验目的和内容的不同而有差别,但一般都需要观察记载气候条件、试验地情况、农事操作、作物生长发育状况和室内考种及含量测定项目。有些项目是以小区为单位进行观察记载的,有些项目是通过取样的方式选取小区中有代表性的部分植株(样本)进行调查的。样本能否反映出各处理的真实情况,取决于取样技术的正确与否,正确的取样技术包括取样数量(样本容量)适当和取样方法(包括典型取样法、机械取样法和随机取样法)可靠,有代表性。同时试验田要按规定及时收获与测产,要求单收、单运、单晒、单脱、单独计产,以获得可靠的试验数据,为科研成果的转化与推广提供保障。

自测训练

一、概念题

广义试验设计、狭义试验设计、重复次数、随机排列、局部控制、试验单元、边际效应、生长竞争、试验方案、单因素试验、水平范围、水平间距、多因素试验、综合性试验、样本容量

二、填空题

1. 试验设计应遵循（　　）、（　　）、（　　）三条基本原则。

2. 设置重复最主要的作用有（　　）、（　　）。

3. 小区形状是指小区（　　）与（　　）的比例。

4. 边际效应明显的试验,采用（　　）形小区最好。

5. 当试验地的土壤有肥力梯度变化时,小区长边应与肥力梯度变化方向（　　）,而区组方向则与肥力梯度变化方向（　　）。

6. 在一定的范围内,适当增加重复,可以有效（　　）试验误差。

7. 区组可以排列成（　　）、（　　）或（　　）。

8. 试验单元(小区)在区组内的排列方式有（　　）和（　　）两种。

9. 常用的顺序排列试验设计主要有（　　）设计和（　　）设计两种。

10. 常用的随机排列试验设计主要有（　　）设计、（　　）设计、（　　）设计、拉丁方设计、条区设计和正交设计等方法。

11. 试验方案按其供试因素的多少可以区分为（　　）试验、（　　）试验和（　　）试验3类。

12. 田间区划就是根据田间试验布置图在田间实际"（　　）"。

13. 试验计划是整个试验活动的（　　）。

14. 机械取样法有（　　）、（　　）和（　　）。

15. 取样调查有（　　）观察点与（　　）观察点两种。

三、选择题

1. 当试验地为缓坡时,小区的长边应与缓坡倾斜的方向（　　）。

A. 平行　　　　B. 垂直　　　　C. 平行或垂直　　　　D. 随机

2. 田间试验的顺序排列设计包括（　　）设计。

A. 间比法　　　　B. 对比法　　　　C. 间比法、对比法　　　　D. 拉丁方设计

3. 有一施肥量与密度试验:A 是施肥量,设有 A_1、A_2、A_3 3 个水平;B 是密度,设有 B_1、B_2 2 个水平,则这样的试验共有（　　）个处理。

A. 12　　　　B. 6　　　　C. 8　　　　D. 5

4. 区划的目的是确定（　　）等在田间的位置。

A. 区组、小区　　　　　　　　B. 小区、保护行

C. 区组、小区、保护行、走道　　　　D. 小区、保护行、走道

5. 确定取样点的方法很多,一般用（　　）。

A.典型取样法和随机取样法

B.典型取样法、机械取样法和随机取样法

C.典型取样法、机械取样法和棋盘式取样

D.典型取样法、随机取样法和对角线取样法

四、判断题

1.当试验地具有不同的前茬时,小区的长边应与不同茬口的分界线垂直。　（　）

2.常用的田间试验设计按试验小区排列方式分为顺序排列试验设计和随机排列试验设计两类。　（　）

3.凡进行显著性检验的试验必须采用随机排列的试验设计。　（　）

4.唯一差异指仅允许处理不同,其他非处理因素必须保持不变。　（　）

5.单因素试验是只能研究一个因素不同水平的试验。　（　）

6.同时研究三个或三个以上因素的试验,才能叫综合试验。　（　）

7.试验小区的面积越大,误差就越小,因此应尽可能地扩大小区的面积。　（　）

8.试验地的肥力差异大,小区也应大些,肥力差异小,小区可以小些。　（　）

9.长方形小区的试验误差小于正方形小区的试验误差。　（　）

10.小区的长边一般应与土壤肥力方向平行。　（　）

11.试验地的茬口不同,耕作方法不同,不影响试验效果。　（　）

12.试验地最好应该选择靠近树林的地方,可避免人畜危害。　（　）

13.试验地经过一次试验后,由于处理不同可引起新的土壤差异。　（　）

14.田间试验实施主要包括播种或移栽、田间管理、观察记载与测定、收获和测产等环节。　（　）

15.田间管理的措施主要包括补苗、间苗、中耕除草、施肥、防治病虫害、排灌水等措施。　（　）

五、简答题

1.作为试验用地的田块,应该具备哪些条件?

2.试验设计的基本原则是什么?它们对试验起什么作用?

3.小区的面积和形状对减少土壤差异有什么作用?如何确定小区的面积和形状?

4.重复次数在降低试验误差上有什么作用?如何确定重复次数?

5.在试验设计中,设置对照和保护区有何意义?

6.常用的试验设计有哪些?

7.对比法设计和间比法设计有何区别?各在何种情况下应用?

8.完全随机设计、随机区组设计和裂区设计有何特点?各在何种情况下应用?

9.有一供试材料为5个(包括一个对照品种)的小麦品种比较试验,采用随机区组设计,试说明设计步骤,并绘出田间布置图。

10.有一大豆品种和施肥量的二因素试验,品种为 A_1、A_2、A_3 3个水平,施肥量为 B_1、B_2 2个水平,采用裂区设计,3次重复,试说明设计步骤,并绘出田间布置图。

11.常用的田间试验观察记载项目有哪些?

12.试验计划主要包括哪些内容?

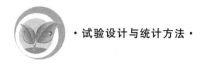

六、技能训练题

1. 有一大豆品种与密度的二因素试验,品种为 A_1、A_2、A_3 3 个水平,密度为 B_1、B_2、B_3、B_4 4 个水平,共有多少个处理? 若进行全面实施方案,如何进行试验方案的设计?

2. 利用上述资料,拟定一份试验计划(内容包括试验名称、试验目的及其依据、试验的年限和地点、试验地的基本情况、试验材料、试验处理方案、试验设计方法和内容、整地、播种、施肥及田间管理措施、田间观察记载和室内考种、分析测定项目及方法、试验资料的统计分析方法和要求、收获计产方法、试验地的土地面积、需要经费、人力及主要仪器设备、项目负责人、执行人)。

3. 若第 1 题的试验方案采用随机区组设计,4 次重复,走道 0.5 m,小区面积 20 m²,根据试验设计,进行试验田的实地考察,绘出田间试验布置图,按照布置图,根据区划的要求与方法在试验田进行具体区划。

4. 利用校内的试验实训基地,学生参与的试验课题,根据试验内容,确定调查记载项目,分析哪些项目以小区为单位进行观察? 哪些项目需要进行取样调查? 如何取样? 按试验方案的要求,对整个试验期间的调查项目全部记载并备份。

5. 利用校内的试验实训基地,学生参与的试验课题,根据试验内容,确定室内考种项目和标准,对各项目进行严格考种,并填写考种表。

6. 利用校内的试验实训基地,学生参与的试验课题,根据试验要求,应如何进行收获与计产?

项目三

试验资料整理与统计假设检验

教 学 目 标

知识目标

☆ 了解试验资料的类别；二项分布、正态分布的概念及概率的计算方法。

☆ 掌握资料的整理方法、平均数与变异数的计算方法。

☆ 理解小概率实际不可能原理及其应用。

☆ 掌握单个、两个和多个平均数的统计假设检验方法。

☆ 掌握适合性与独立性检验的方法。

☆ 掌握简单直线相关与回归分析的方法与步骤。

技能目标

☆ 熟练进行试验资料的整理，学会统计图表的绘制。

☆ 运用公式正确计算平均数与变异数等特征数。

☆ 学会二项分布、正态分布概率的计算。

☆ 能熟练进行单个、两个和多个平均数的统计假设检验。

☆ 学会适合性与独立性检验的方法。

☆ 学会简单直线相关与回归分析的方法。

素质目标

☆ 具备严谨、细心的工作作风。

☆ 养成耐心、细致的习惯。

☆ 具有实事求是的科学态度和团结协作的团队精神。

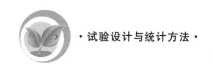

项 目 描 述

在科学试验的实施与调查过程中,通过一系列观察、测定与记载,可以获得大量的数据,这些数据表面上好像杂乱无章,没有规律性,无法反映事物的本质,但根据不同的资料,对这些数据进行科学的整理与分析,则可找出其内在的规律、特征。资料整理包括资料的搜集和整理、资料特征数的计算等。试验资料经过整理,得出的结论,往往还不能反映试验的真实结论,需要借助概率的相关知识,进行统计推断,判断其真伪,同时当样本较多时需要采用方差分析的方法进行分析。本项目包括概率与概率分布、统计假设检验、方差分析、χ^2 检验及直线相关与回归分析。重点掌握连续性变数资料的整理、平均数和变异数的计算,学会多个平均数相比较的假设检验、χ^2 检验及直线相关与回归分析方法;难点是直线相关与回归分析的方法与步骤。

学 习 性 工 作 任 务

任务 1   试验资料整理与特征数

在试验中,通过观察、测量获得大量的试验数据,往往是凌乱的,必须对其进行初步整理,找出内在的规律、特征,从中获得有价值的信息,以便一目了然地看出资料集中与变异的情况,这对试验结果的统计分析具有重要的意义。

1.1 资料整理方法

1.1.1 试验资料类别

试验中观察记载所得的数据,因所研究的性状不同而有不同的类别,一般可以分为数量性状资料和质量性状资料两大类。

(1)数量性状资料。

能够以测量、称量、度量或计数的方法所获得的资料,称为数量性状资料。这类资料又可分为两种。

① 连续性变数资料:由称量、度量或测量等方法得到的资料。各个观察值不限于整数,在两个相邻数值之间可以有微小的差异。例如穗长、株高、产量、千粒重等。

② 非连续性变数资料:也称间断性变数资料,指用计数的方法得到的资料,各个观察值必须以整数方式来表示,如小区株数、每穗籽粒数、每株叶片数等。

(2)质量性状资料。

能观察的但不能测量的性状,称为质量性状,又称属性性状,如花色、叶色、芒的有无等。对这类性状进行观察获得的资料,称为质量性状资料。一般可采用以下两种方法统计。

① 分组统计次数法:在一个总体或样本中,按属性性状分成相对性状的两组或多组,统计具有某性状的个体数目及具有相对性状的个体数目,按类别统计其次数或相对次数。例如,在 100 株大豆中,有 73 株紫花,占 73%;有 27 株白花,占 27%。

② 分级统计次数法:在一个总体或样本中,将某种属性按差异程度分成许多级别,每一个级别用一个适当的数值表示,再分别统计各级别出现的次数。例如,观察富士苹果果实的色泽,按着色面积的大小分为 5、4、3、2、1 级。

1.1.2 次数分布表及其制作

将观察值按大小进行分组,统计次数,编制成表格形式即为次数分布表。次数分布表因资料的类别不同,整理方法不尽相同。

(1) 非连续性变数资料的整理。

① 单项式分组法:用样本的自然值进行分组,每个组都用一个观察值来表示。

【例 3-1】 研究某种小麦品种的每穗小穗数,随机抽取 100 个小麦主茎穗,计数每个麦穗的小穗数(所得资料见表 3-1),说明整理方法。

表 3-1 100 个小麦主茎穗每穗小穗数

18	15	17	19	18	15	17	18	19	17
17	16	17	19	16	20	19	17	16	18
17	18	16	16	17	18	20	17	17	18
17	15	15	18	18	17	17	17	19	18
18	19	17	17	18	18	16	20	18	18
18	17	19	16	19	17	18	16	18	17
17	16	18	17	18	17	17	16	17	16
17	19	18	18	17	16	17	15	16	19
15	19	17	17	19	19	18	17	17	16
18	19	16	20	19	17	20	19	19	17

表 3-1 是非连续性变数资料,每穗小穗数的变动范围在 15~20 之间,把所有的观察值按每穗小穗数多少加以归类,共分 6 组。每一个观察值按其大小归到相应的组内,每增加 1 个画一横道,一般用"正"字表示。用"f"表示每组出现的次数。这样就可得到如表3-2 形式的次数分布表。

表 3-2 100 个小麦主茎穗每穗小穗数的次数分布表

每穗小穗数	画记号	次数(f)	每组频率/(%)	累积频率/(%)
15	正一	6	6	6
16	正正正	15	15	21
17	正正正正正正T	32	32	53
18	正正正正正	25	25	78
19	正正正T	17	17	95
20	正	5	5	100

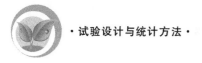

从表 3-2 中可以看出,原本杂乱无章的数据,经初步整理后,就可以看出资料集中与变异的大概情况,如每穗小穗数以 17 个为最多,而 20 个、15 个较少。经过整理的资料也有利于进一步分析。

但是,有些非连续性变数资料,观察值较多,变异幅度大,如按每一观察值归为一组的方法进行整理,组数太多,其规律性难以直观地显示出来。这类资料可用组距式分组法。

②组距式分组法:将全部变量依次划分为若干个区间,并将这一区间的变量值作为一组。

【例 3-2】 研究某早稻品种的每穗粒数,共观察 200 个稻穗,每穗粒数变异幅度为 27~83 粒,相差 56 粒,以 5 粒为一组,则可以使组数适当减少。经初步整理后分为 12 个组,资料的规律性较明显(表 3-3)。

表 3-3   200 个稻穗每穗粒数的次数分布表

每穗粒数	次数(f)	每组频率/(%)	累积频率/(%)
26~30	1	0.5	0.5
31~35	3	1.5	2.0
36~40	10	5.0	7.0
41~45	21	10.5	17.5
46~50	32	16.0	33.5
51~55	41	20.5	54.0
56~60	38	19.0	73.0
61~65	25	12.5	85.5
66~70	16	8.0	93.5
71~75	8	4.0	97.5
76~80	3	1.5	99.0
81~85	2	1.0	100.0

从表 3-3 可以看出,约半数稻穗的每穗粒数在 46~60 粒之间,大部分稻穗的每穗粒数在 41~70 粒之间,少数稻穗少到 26~30 粒,或多到 81~85 粒。

(2)连续性变数资料的整理。

可采用组距式分组法进行整理。其步骤是:计算极差、确定组数和组距、确定组限和组中值,然后按大小归组制表。

【例 3-3】 调查 100 行(行长 2 m)大豆的产量,所得资料见表 3-4,说明其整理方法。

表 3-4   100 行(行长 2 m)大豆产量   (单位:g)

70	72	135	148	40	147	84	185	95	93
109	64	58	34	68	118	108	175	99	132
154	105	77	156	45	160	109	87	101	95
94	94	107	55	61	73	77	105	85	132
123	100	62	79	68	84	90	123	135	40
107	79	133	72	66	82	76	25	98	130
62	56	44	50	58	98	104	141	92	142
90	136	97	80	54	98	104	118	30	149
76	152	100	43	22	106	74	116	125	100
115	78	73	81	130	103	117	107	118	101

① 求极差。极差(range)是资料中最大观察值与最小观察值的差数,又称为全距,用 R 表示。极差反映整个样本的变异幅度。从表 3-4 看出,最大的观察值为 185 g,最小值为 22 g,极差 $R = (185 - 22) \text{ g} = 163 \text{ g}$。

② 确定组数和组距。组数是指整个资料的分组数目。组距(class interval)是组与组之间的距离,是指每组最大观察值与最小观察值的差数,用 i 表示,$i = R / $组数。在确定组数和组距时要考虑资料中观察值个数的多少,极差的大小,是否便于计算以及能否反映出资料集中与变异的实际情况。一般样本适宜的分组数如表 3-5 所示。

表 3-4 中 100 行(行长 2 m)的大豆产量的样本容量为 100,综合考虑分为 11 组,则组距 $i = \dfrac{163}{11} \text{ g} = 14.8 \text{ g}$。为方便分组,可用 15 g 作为组距。

表 3-5 不同容量的样本适宜的分组数

样本容量	适宜分组数
50	5~10
100	8~16
200	10~20
300	12~24
500	15~30
1000	20~40

③ 确定组限和组中值(中点值)。每组应有明确的界限,才能使观察值对号入座。组中值最好为整数,或与观察值位数相同,以便于计算。一般第一组组中值应等于或接近于第一个最小观察值,其余的依此而定。这样可避免第一组次数过多,不能正确反映资料的规律。本例第一组组中值定为 20 g,它接近资料中最小的观察值;第二组的组中值即为 $(20+15) \text{ g} = 35 \text{ g}$;第三组为 $(35+15) \text{ g} = 50 \text{ g}$,余下的依此类推。组限是各组数值的起止范围,分为下限和上限,数值小的为下限,数值大的为上限。每组上、下限分别等于该组组中值 $\pm 1/2$ 组距。本例中第一组的下限为该组组中值减去 $1/2$ 个组距,即 $(20-15/2) \text{ g} = 12.5 \text{ g}$,上限为该组组中值加上 $1/2$ 个组距,即 $(20+15/2) \text{ g} = 27.5 \text{ g}$,所以第一组的组限为 12.5~27.5 g。第二组和以后各组的组限可以以同样的方法算出。一般组限比原始资料数据多一位小数或每组的上限减去 0.1,目的是使观察值准确归组。

④ 原始资料的归类。按原始资料中各个观察值的次序,把逐个数值归于各组。一般用画"正"字记数。待全部观察值归组后,即可求出各组次数,制成次数分布表,如本例将表 3-4 资料整理后制成次数分布表(表 3-6)。

表 3-6 100 行大豆产量的次数分布表

组　　限	组中值	画记号	次数(f)	每组频率/(%)	累积频率/(%)
12.5~27.5	20	丅	2	2	2
27.5~42.5	35	正	4	4	6
42.5~57.5	50	正丅	7	7	13
57.5~72.5	65	正正丅	12	12	25
72.5~87.5	80	正正正丅	17	17	42
87.5~102.5	95	正正正下	18	18	60
102.5~117.5	110	正正正	15	15	75
117.5~132.5	125	正正	10	10	85

续表

组 限	组中值	画记号	次数(f)	每组频率/(%)	累积频率/(%)
132.5～147.5	140	正丁	7	7	92
147.5～162.5	155	正一	6	6	98
162.5～177.5	170	一	1	1	99
177.5～192.5	185	一	1	1	100

从表 3-6 可以看出,大豆每行产量的变异范围为 12.5～192.5 g。大部分为 57.6～132.5 g,占 72%。

(3) 质量性状资料的整理。

可用类似次数分布的方法来整理,整理前,把资料按各种质量性状分类。分类数等于组数,然后根据各个体在质量性状上的具体表现分别归入相应的组中,即可得到质量性状分布的规律性。

【例 3-4】 研究富士苹果经着色剂处理后的果实着色情况,按照着色面积大小分为 5级,随机抽样调查 207 个果实,所得结果整理归纳为表 3-7。

表 3-7 富士苹果果实着色情况的次数分布表

级 别	次数(f)	每组频率/(%)	累积频率/(%)
5(全面全红)	14	6.76	6.76
4(2/3 以上果面红色)	36	17.39	24.15
3(1/3～2/3 果面红色)	97	46.86	71.01
2(1/3 以下果面红色)	53	25.61	96.62
1(果面绿色)	7	3.38	100.00

从表 3-7 可以看出,经着色剂处理后的富士苹果,多数为 3 级(1/3～2/3 果面红色)和2 级(1/3 以下果面红色),分别占 46.86% 和 25.61%。

1.1.3 次数分布图

次数分布图是用几何图形表示资料的次数分布情况。次数分布图可以更形象、清楚地表明资料的分布规律。

常用的次数分布图有柱形图、多边形图、条形图等。其中柱形图和多边形图适用于表示连续性变数资料的次数分布;条形图则是表示间断性变数资料和质量性状资料的次数分布。但无论是哪种图形,关键是建立直角坐标系,横坐标用"x"表示,它一般表示组距或组中值;纵坐标用"y"表示,它一般表示各组的次数,横坐标与纵坐标的比例为 6：5 或 5：4。画图时要注明单位。次数分布图既可以手工完成,也可以借助计算机完成。

(1) 柱形图。

以表 3-6 中 100 行大豆产量的次数分布为例说明柱形图的绘制方法。横轴 x 为各组组限,纵轴 f 为各组次数。该表有 12 组,在横轴上分 12 个等分,因为第一组的下限不为

0,故第一份应离开原点远一些或画折断号,每一等分代表一组,第一组的上限为第二组的下限,依此类推。在纵轴上标次数,查 100 行大豆产量次数分布表,最多一组的次数为 19,故纵坐标分为 20 等分,在图上标明 0、5、10、15、20 即可,用以代表次数。根据各组的实际数画出其相应高度的柱形,每一组柱形在横坐标上的两界限即为该组的下限和上限,本例第一组含有的次数为 2,则在两界限处画两条纵线,高度等于 2 个单位,再画一横线连接两纵线顶端,即为第一组的柱形图,其余组可依次绘制,即可绘制成柱形次数分布图(图 3-1)。

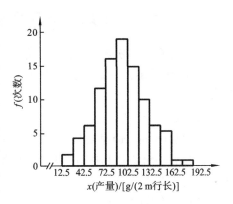

图 3-1 100 行大豆产量次数分布柱形图

(2)多边形图。

多边形图也是表示连续性变数资料的一种方法,是以资料的组中值为代表,其优点是在同一图上可比较两组以上的资料。仍以表 3-6 的 100 行大豆产量为例,说明其制作方法。画出直角坐标,横坐标表示组中值,纵坐标表示次数。然后以组中值为代表在横坐标第一等分的中点向上至纵坐标 2 个单位处标记一个点,表示第一组含次数 2 个单位,依此类推。把各点依次连接,最后把折线两端各延伸半个组距,与横轴相交(图 3-2)。

(3)条形图。

条形图适用于非连续性变数资料和质量性状资料,一般横轴标出非连续性变数资料的中点值或质量性状的分类性状,纵轴标出次数,以表 3-7 富士苹果果实着色情况为例说明条形图的绘制方法。在横轴上按等距离分别标定 5 个等级的着色性状,在纵轴上标定次数(f)。查表 3-7,第一组为 5 级,其次数为 14 次,在此组标定点向上,相当于 14 处画一垂直于横坐标的狭条形,表示第一组的次数。其他类推,即画成富士苹果果实着色的 5 种情况(图 3-3)。

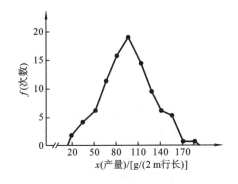

图 3-2 100 行大豆产量次数分布多边形图

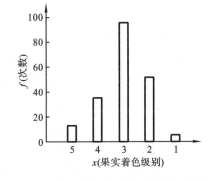

图 3-3 富士苹果果实着色情况条形图

次数分布图除上述三种以外,还有饼形图、线形图、箱形图、雷达图和散点图等,其绘制方法可参见相关书籍。

1.2 平均数与变异数

次数分布表与次数分布图虽然能直观地反映出资料的集中情况与变异情况,但不能定量说明,为了能定量表示某资料的集中情况与变异情况,需要进行平均数与变异数的计算。

1.2.1 平均数

平均数(average)是数量资料的代表值,表示整个资料的集中趋势,并且作为资料的代表值与另一组资料相比较,以明确两者之间的差异。因此,平均数在工农业生产和科学研究中应用非常广泛。

(1)平均数的种类。

统计上的平均数有很多种,主要有算术平均数、中数、众数和几何平均数,其中算术平均数应用最为普遍。

① 算术平均数。一个数量资料各个观察值的总和除以观察值个数所得的商称为算术平均数。总体平均数记作 μ,样本平均数记作 $\overline{x}$。算术平均数是我们日常工作和生活中应用最广泛的平均数。

总体平均数计算公式为

$$\mu = \frac{x_1 + x_2 + \cdots + x_N}{N} = \frac{\sum\limits_{i=1}^{N} x_i}{N} = \frac{\sum x}{N} \tag{3-1}$$

式中:x_i 代表各个观察值;N 代表总体所包含的观察值个数;μ 代表总体平均数;$\sum$ 为求和符号。$\sum\limits_{i=1}^{N} x_i$ 表示总体内各个观察值的总和,即从 x_1 累加到 x_N。

样本平均数计算公式为

$$\overline{x} = \frac{x_1 + x_2 + \cdots + x_n}{n} = \frac{\sum\limits_{i=1}^{n} x_i}{n} = \frac{\sum x}{n} \tag{3-2}$$

式中:x_i 代表各个观察值;n 代表样本所包含的观察值个数;$\overline{x}$ 代表样本平均数;$\sum\limits_{i=1}^{n} x$ 表示样本内各个观察值的总和,即从 x_1 累加到 x_n。

② 中数。将资料中的观察值由小到大依次排列,居于中间位置的观察值称为中数。记作 M_d。如果观察值的次数为偶数,则以中间两个观察值的算术平均数作为中数。

③ 众数。资料中出现次数最多的观察值称为众数,或者是次数最多一组的组中(中点)值。记作 M_o。

④ 几何平均数。以 n 个观察值相乘再开 n 次方所得的数值即为几何平均数。一般用 G 表示。公式为

$$G = \sqrt[n]{x_1 \cdot x_2 \cdot x_3 \cdot \cdots \cdot x_n}$$

(2)算术平均数计算方法。

由于算术平均数取决于资料中所有的观察值,用它作为资料的代表值,其代表性较全

面。所以算术平均数是统计上应用最多的平均数,通常简称为平均数或均数。

平均数的计算根据资料是否分组等情况,采用不同的计算方法。一般总体平均数很难计算,用样本平均数 $\bar{x}$ 作为总体平均数 μ 的估计值。因此,以样本平均数的计算为例说明平均数的计算方法。

① 未分组资料的计算方法。资料所含观察值不多,即小样本时,一般采用直接法计算,其公式为 3-2。

【例 3-5】 在水稻品种比较试验中,稻花香 2 号的 6 个小区产量(kg)分别为 22.5、24.5、21.8、20.5、22.4、20.9,求该品种的小区平均产量。

由式(3-2)有

$$\bar{x} = \frac{\sum x}{n} = \frac{22.5 + 24.5 + 21.8 + 20.5 + 22.4 + 20.9}{6} \text{ kg} = 22.1 \text{ kg}$$

即该水稻品种的 6 个小区的平均产量是 22.1 kg。

② 分组资料的计算方法。当资料的观察值较多($n \geqslant 30$)时,采用上述方法计算平均数较麻烦并易出现错误,一般将资料先进行分组,再用加权法计算平均数,其公式为

$$\bar{x} = \frac{f_1 x_1 + f_2 x_2 + \cdots + f_p x_p}{n} = \frac{\sum_{i=1}^{p} f_i x_i}{n} = \frac{\sum fx}{n} \tag{3-3}$$

式中:x 为各组的观察值或组中值;f 为各组次数;p 为组数;n 为总次数。

【例 3-6】 从 100 行大豆产量次数分布求平均数。

$$\bar{x} = \frac{\sum fx}{n} = \frac{2 \times 20 + 4 \times 35 + \cdots + 1 \times 185}{100} \text{ g} = \frac{9545}{100} \text{ g} = 95.45 \text{ g}$$

如果采用直接法计算,$\bar{x} = 95.18$ g,两者结果十分相近。

(3)算术平均数的性质。

① 离均差总和等于零:即各个观察值与平均数的差数总和等于零。

$$\sum (x - \bar{x}) = 0 \tag{3-4}$$

② 离均差的平方总和为最小:即离均差的平方总和小于各观察值与任意常数($a \neq \bar{x}$)的差数平方的总和。

$$\sum (x - \bar{x})^2 = 最小值 \tag{3-5}$$

总体平均数也具有样本算术平均数的特征。

 试一试

证明 $\sum (x - \bar{x})^2 < \sum (x - a)^2$,且 $a \neq \bar{x}$。

1.2.2 变异数

平均数作为数量资料的代表值,只是说明观察值分布的集中趋势,其代表性如何,取决于观察值的变异程度。表示变异程度的变异数较多,但常用的有极差、方差、标准差和变异系数等。

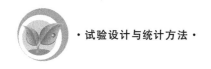

（1）极差。

极差（range）是资料中最大观察值与最小观察值的差数，亦称为全距，用 R 表示。公式为

$$R = x_{max} - x_{min} \tag{3-6}$$

【例 3-7】 调查甲、乙两个玉米品种的果穗长度，每个品种随机观测 10 个果穗，结果整理如表 3-8 所示。

表 3-8 两个玉米品种的果穗长度（cm）

品 种	果 穗 长 度	总 和	平 均
甲	15　15　16　17　20　20　21　21　23　24	192	19.2
乙	17　17　18　19　19　20　20　20　21　21	192	19.2

表 3-8 资料中，甲、乙两个玉米品种果穗的平均长度相同，均为 19.2 cm，但是甲品种的极差 $R=(24-15)$ cm＝9 cm，乙品种的极差 $R=(21-17)$ cm＝4 cm。结果表明：甲品种的果穗长度极差大，其变异范围大，果穗不整齐，平均数的代表性较差；乙品种的果穗长度极差小，变异范围小，其平均数的代表性较好。

极差虽然对资料的变异有所说明，但是它只由两个极端观察值决定，没有充分利用资料的全部信息，易受到资料中不正常的极端值影响。因此，用极差来反映整个样本的变异程度是有缺陷的。但是，当样本容量 $n<10$ 或者要迅速对资料的变异程度做出判断时，仍可采用。

（2）方差。

为了正确反映资料的变异程度，比较合理的方法是根据全部观察值来度量资料的变异程度，这样就要求选出一个数值作为进行比较的标准。平均数（$\overline{x}$）是样本的代表值，用它作为比较的标准比较合理。含有 n 个观察值的样本，其各个观察值为 $x_1, x_2, x_3, \cdots, x_n$，每个值与 $\overline{x}$ 相减，即可得到离均差。当观察值距离平均数较近时，离均差就较小，反之，离均差就较大，因此，离均差的大小能反映资料的变异程度。但是，离均差的总和等于零，不能直接反映变异程度的大小。若将各个离均差平方相加得离均差的平方总和，这样就可以克服离均差总和为 0 的缺点。离均差的平方总和，简称为平方和（sum of squares）。用 SS 表示，公式为

$$样本 SS = \sum(x - \overline{x})^2 \tag{3-7}$$

$$总体 SS = \sum(x - \mu)^2 \tag{3-8}$$

式中：x 为观察值；$\overline{x}$ 为样本平均数；μ 为总体平均数。

如果 SS 大，则说明变异程度大。因此，平方和可以度量资料的变异程度。但在比较两组资料时，如果观察值的个数越多，则平方和越大，反之则小，这样两组相比，观察值的个数将影响变异程度的大小。为了解决观察值个数对平方和的影响，用平方和除以观察值的个数得到平均平方和，简称为均方或方差。样本均方用 s^2 表示，总体方差用 σ^2 表示。其定义为

$$s^2 = \frac{SS}{n-1} = \frac{\sum\limits_{i=1}^{n}(x_i - \overline{x})^2}{n-1} \tag{3-9}$$

式中:$n-1$ 为自由度(degree of freedom),用 DF 表示,具体的数值用 ν 表示。有关自由度的内容在标准差处讨论。

$$\sigma^2 = \frac{\text{SS}}{N} = \frac{\sum (x-\mu)^2}{N} \tag{3-10}$$

均方和方差为含义不同的两个名词,习惯上样本的 s^2 称为均方,总体的 σ^2 称为方差。

(3) 标准差。

方差单位带有平方,不便于比较,为了与观察值的单位相同,将方差开方所得的正根值,称为标准差(standard deviation)。常用标准差表示一个资料的变异程度,样本标准差记作 s,总体标准差记作 σ。其公式为

$$s = \sqrt{\frac{\sum (x-\overline{x})^2}{n-1}} \tag{3-11}$$

$$\sigma = \sqrt{\frac{\sum (x-\mu)^2}{N}} \tag{3-12}$$

样本标准差 s 是总体标准差 σ 的估计值。

① 自由度。

自由度是指样本内独立而能自由变动的观察值个数。在式(3-9)和式(3-11)中,计算样本方差和标准差时,不是以样本容量 n 而是以 $n-1$ 作为除数,这是因为研究的是总体,但总体平均数 μ 一般未知,用样本平均数 $\overline{x}$ 去估计总体平均数 μ。由于 $\overline{x} \neq \mu$,且已经证明,$\sum (x-\overline{x})^2$ 的值最小,即 $\sum (x-\overline{x})^2 < \sum (x-\mu)^2$,如果用样本的标准差估计总体标准差,则数值偏低。若以 $n-1$ 去除,则数值变大,纠正了偏差。从自由度的定义来看,对于一个有 n 个观察值的样本,在进行 x 与 $\overline{x}$ 的比较时,受 $\sum (x-\overline{x}) = 0$ 的限制,其样本观察值只能有 $n-1$ 个是自由的。例如,有 3 个观察值,样本平均数为 3,假定其中的两个观察值为 1、6,那么第三个观察值就只能是 2 才能符合离均差总和等于零的特性。因此,样本的自由度等于观察值个数减去约束条件的个数。如果约束条件有 1 个,其自由度 $\nu=n-1$;如果有 k 个约束条件,则自由度 $\nu=n-k$。

在计算样本的方差或标准差时,小样本一定要用自由度来估算标准差;若是大样本,可以不用自由度。但大、小样本的界限不统一,一般均用自由度做除数,可减少 s^2 偏离 σ^2 的程度。

② 标准差的计算。

标准差的计算可根据资料是否分组,分为直接法和加权法两种计算方法。

(A) 直接法。可以根据式(3-11)直接计算,适用于小样本($n<30$)未分组的简单资料。

【例 3-8】 测定 8 株克山 1 号小麦的单株粒重(g),结果列于表 3-9 中,试计算其标准差。

将表 3-9 的数值代入式(3-11)得

$$s = \sqrt{\frac{\sum (x-\overline{x})^2}{n-1}} = \sqrt{\frac{66}{8-1}}\ \text{g} = 3.07\ \text{g}$$

表 3-9　8 株克山 1 号小麦的单株粒重标准差计算表

序　号	单株粒重/g	$x-\bar{x}$	$(x-\bar{x})^2$	x^2
1	14	0.5	0.25	196
2	12	−1.5	2.25	144
3	18	4.5	20.25	324
4	12	−1.5	2.25	144
5	11	−2.5	6.25	121
6	15	1.5	2.25	225
7	9	−4.5	20.25	81
8	17	3.5	12.25	289
合计	108	0	66	1524
平均	13.5			

即克山 1 号小麦单株粒重标准差为 3.07 g。

直接法计算标准差步骤多,而且当平均数为循环小数时,会因小数位数的取舍而增大计算误差,为了便于计算,可将式(3-11)进行转化,转化后得

$$s=\sqrt{\dfrac{\sum x^2-\dfrac{(\sum x)^2}{n}}{n-1}} \tag{3-13}$$

式中:$\dfrac{(\sum x)^2}{n}$ 为矫正数,记作 C。用式(3-13)计算标准差的方法称为矫正数法。这样的计算方法比较方便。

 试一试

证明 $\sum(x-\bar{x})^2=\sum x^2-\dfrac{(\sum x)^2}{n}$。

对于表 3-9 提供的资料,利用矫正数法计算标准差。

在表 3-9 中,已算得 $x=108$,$x^2=1524$,$n=8$,将有关计算数据代入式(3-13)得

$$s=\sqrt{\dfrac{\sum x^2-\dfrac{(\sum x)^2}{n}}{n-1}}=\sqrt{\dfrac{1524-\dfrac{108^2}{8}}{8-1}}\ \text{g}=\sqrt{\dfrac{1524-\dfrac{11664}{8}}{7}}\ \text{g}$$

$$=\sqrt{\dfrac{1524-1458}{7}}\ \text{g}=\sqrt{\dfrac{66}{7}}\ \text{g}=3.07\ \text{g}$$

两种方法的计算结果完全相同。

(B) 加权法。即在次数分布表的基础上,利用各组组中值和各组次数计算标准差。适用于大样本($n\geqslant30$)已分组的资料,计算公式为

$$s = \sqrt{\frac{\sum f (x - \overline{x})^2}{n-1}} \tag{3-14}$$

式中：x 是次数分布表中每组的组中值；$\overline{x}$ 是样本平均数；f 是每组的次数；n 为总次数。

计算时，一般转化为矫正数法计算，其公式为

$$s = \sqrt{\frac{\sum fx^2 - \frac{(\sum fx)^2}{n}}{n-1}} \tag{3-15}$$

【例 3-9】 以 100 行大豆产量的次数分布表为例，计算其样本标准差。

由表 3-6 计算得：$n=100$，$\sum fx^2 = 1027375$，$\sum fx = 9545$，代入式(3-15)得

$$s = \sqrt{\frac{1027375 - \frac{9545^2}{100}}{100-1}} \ \text{g} = 34.3 \ \text{g}$$

结果表明 100 行大豆产量的标准差为 34.3 g。

（4）变异系数。

标准差是一个带有单位的数值，并且受平均数大小的影响。因此，只能用来度量一个样本的变异程度或用来比较单位相同、平均数相近的两个样本的变异程度。若两个样本的单位不同或平均数相距甚远，就不能用标准差来进行比较。如比较小麦穗长与株高的变异程度，两者虽然单位相同，但平均数相差很大，再如比较小麦穗长与穗重的变异程度，穗长单位以 cm 表示，而穗重以 g 表示，也不能用标准差的大小来比较两者的变异程度。因此，在比较单位不同或平均数相距很大的样本间变异程度时，可以计算样本标准差对样本平均数的百分数，称为变异系数(coefficient of variation)。记作 CV。其公式为

$$CV = \frac{s}{\overline{x}} \times 100\% \tag{3-16}$$

由于变异系数是一个不带单位的纯数，因此可用变异系数比较两个事物的变异程度。

【例 3-10】 某小麦品种的株高、穗长、每穗粒数 3 个性状的平均数、标准差和变异系数，列于表 3-10 中。

表 3-10　某小麦品种的 3 个性状的平均数、标准差和变异系数

性　状	平 均 数 $\overline{x}$	标准差 s	变异系数 CV/（%）
株高/cm	70.25	8.54	12.16
穗长/cm	5.97	1.09	18.26
每穗粒数/（粒/穗）	27.40	7.63	27.85

在表 3-10 中，只从标准差看，株高的变异最大，每穗粒数的变异居中，穗长的变异最小；但进一步看，株高与穗长，单位虽然相同，但本身相差太大，两者与每穗粒数的单位不同，因此这 3 个性状不能用标准差直接进行比较，需用变异系数做比较，结果是每穗粒数的变异系数为 27.85%，穗长的变异系数为 18.26%，株高的变异系数为 12.16%。由此可看出，该小麦 3 个性状的变异程度为：每穗粒数＞穗长＞株高。一个性状的变异系数越小，说明该性状有较好的稳定性和一致性，反之，则说明它是不稳定的，是多变的。

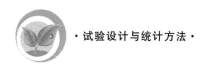

任务 2　统计假设检验

在自然界和人们的实践活动中,所遇到的现象一般可以划分为必然(确定性)现象和随机(不确定性)现象两类。对于必然现象,关注的是现象发生的条件;对于随机现象,关注的则是可能的结果和各种结果发生的可能性大小。概率论是了解、研究随机现象的理论和工具,因此,有必要了解和学习概率和概率分布的有关概念及术语。

2.1　概率及概率分布

2.1.1　事件和概率

1) 事件

(1) 必然现象与随机现象。

在一定条件下必然发生或必然不发生的现象称为必然(确定性)现象(definite phenomena)。对于必然现象,事先知道结果,结果总是确定的。如抛掷一枚硬币后它必然会落地,无氧存在时燃烧不会发生,无生活力的种子不会发芽等。在一定条件下可能发生也可能不发生,或者发生的结果不确定的现象称为随机(不确定性)现象(random phenomena),如抛掷一枚硬币落地后,其结果可能是正面朝上,也可能是反面朝上。随机现象无处不在,虽然表现出偶然性、不确定性,但在相同条件下进行大量重复试验时,其试验结果却呈现出某种特定的规律性——频率的稳定性,通常称之为随机现象的统计规律性。例如,多次重复抛掷硬币于地面,会发现正面向上或其反面向上的可能性各占一半。

(2) 随机试验与随机事件。

① 随机试验。通常根据某一研究目的,在一定条件下对自然界发生的现象所进行的观察或模拟统称为试验。而对随机现象进行研究的试验有以下特征:试验可以在相同条件下多次重复进行;每次试验的可能结果不止一个,但能事先知道会有哪些可能的结果;每次试验总是恰好出现这些可能结果中的一个,但在一次试验之前却无法确定哪一个结果会出现。同时具备这三个特点的试验称为随机试验(random experiment),简称为试验。如掷一枚骰子,观察其掷出的点数情况,即具有随机试验的三个特征,是随机试验。

② 随机事件。随机试验的每一种可能结果,在一定条件下可能发生,也可能不发生,称为随机事件(random event),简称为事件,通常用 A、B、C 等来表示。

(A) 基本事件。不能再分的事件称为基本事件(elementary event),或简单事件(simple event)。如抛掷硬币试验,正面向上是一个基本事件,反面向上也是一个基本事件。

(B) 复合事件。由若干个基本事件组合而成的事件称为复合事件(compound event)。如连续抛掷两枚硬币试验,同时出现正面向上是一个复合事件,同时出现反面向上也是一个复合事件,出现一反一正仍是一个复合事件。

(C) 必然事件。在一定条件下必然发生的事件称为必然事件(certain event),如在标准大气压下,水加热到 100 ℃必然会沸腾。

(D) 不可能事件。在一定条件下必然不会发生的事件称为不可能事件(impossible event),如在标准大气压下,水的温度低于 100 ℃不可能沸腾。

必然事件与不可能事件实际上是确定性现象,事先可预言其结果,即不是随机事件,但是为了方便起见,可看作两个特殊的随机事件。

2)事件之间的关系

在实际应用中,不只研究一个随机事件,而要研究多个随机事件,这些事件之间往往存在着一定的联系,了解事件之间的相互关系,有助于认识较复杂的事件。

① 和事件。事件 A 和事件 B 至少有一件发生而构成的新事件称为事件 A 与事件 B 的和事件,记作 $A+B$,读作"或 A 发生,或 B 发生"。如一个三化螟虫蛹羽化出蛾,"是雌蛾或是雄蛾"这一事件是"羽化出雌蛾"与"羽化出雄蛾"这两个事件的和事件。同理,和事件可以推广到 N 个事件:$A+B+C+\cdots+N$。

② 积事件。事件 A 与 B 同时发生而构成的新事件称为事件 A 与事件 B 的积事件,记作 AB,读作"A 与 B 同时发生"。如某小麦品种"同时发生锈病和赤霉病"这一事件,是"发生锈病"和"发生赤霉病"这两个事件的积事件。同理,积事件可以推广到多个事件:$ABC\cdots N$,表示 N 个事件同时发生。

③ 互斥事件。事件 A 和事件 B 不可能同时发生,即 AB 为不可能事件,称事件 A 与事件 B 为互斥事件或不相容事件。例如,有一装满黄色和白色球的袋子,任取一个球可能是黄色,也可能是白色,而不可能既是黄色又是白色,"取到黄色"与"取到白色"这两个事件为互斥事件,不可能同时发生。同理,可以推广到 N 个事件:$A, B, C, \cdots, N$,表示 N 个事件不可能同时发生。

④ 对立事件。事件 A 和事件 B 必发生其一,但不可能同时发生,即 $A+B$ 为必然事件,AB 为不可能事件,则事件 A 与事件 B 互为对立事件,并记 B 为 $\overline{A}$。如上例中,任取一个球,不可能既是黄色又是白色,但不是黄色就是白色,"取到黄色"与"取到白色"这两个事件互为对立事件。

⑤ 独立事件。事件 A 的发生与否不影响事件 B 发生的可能性,事件 B 的发生与否也不影响事件 A 发生的可能性,则事件 A 与事件 B 互称为独立事件。如播种两粒种子,一粒种子发芽与否并不影响另一粒种子的发芽情况,彼此是独立的。

注意独立与互斥、对立的区别,独立指一事件发生的可能性与另一事件发生的可能性无关,互斥指两事件不能同时发生,对立事件互斥但不独立。

⑥ 完全事件系。若事件 $A, B, \cdots, N$ 两两互斥,且每次试验结果必发生其一,则称 A,$B, \cdots, N$ 为完全事件系。如袋中有红、黄、黑、白四种颜色的球,每次取一个,"取到红球"、"取到黄球"、"取到黑球"、"取到白球"这四个事件构成完全事件系。

注意,完全事件系的概率之和等于 1,并且两两互斥的事件系才是完全事件系,两个条件缺一不可。

3)频率与概率

研究随机试验,不仅知道可能发生哪些随机事件,还需要了解各种随机事件发生的可能性大小,进而揭示这些事件的内在的统计规律性,从而指导实践。用于衡量事件发生的可能性大小的数值指标,人们称之为概率。

概率又称或然率、机会率或几率,是对随机事件发生的可能性大小的度量。一个事件的概率值在理论上是存在的,但在一般情况下,无法得到这个数值,只有通过样本的频率来推断总体概率。所谓频率,是指在相似条件下,重复进行同一类试验,事件 A 发生的次数 a 与总试验次数 n 的比值(a/n)。当 n 足够大时,事件 A 的频率稳定地接近定值 p,就把 p 称为随机事件 A 的概率。这样定义的概率称为统计概率。记为

$$P(A) = p \approx \frac{a}{n} \quad (n \text{ 足够大})$$

其中,任何事件 A 的概率为 $0 \leqslant P(A) \leqslant 1$。当 $P(A) = 1$ 时,表示事件 A 为必然事件。当 $P(A) = 0$ 时,表示事件 A 为不可能事件。

例如,为了确定抛掷一枚硬币发生正面朝上这个事件的概率,历史上有人做过成千上万次抛掷硬币的试验,试验者发现正面出现的频率,在 0.5 附近摆动。详见表 3-11。

表 3-11 抛掷一枚硬币发生正面朝上的试验记录

试 验 者	投 掷 次 数	正面朝上的次数	正面出现的频率(a/n)
德·摩尔根	2048	1061	0.5181
蒲丰	4040	2048	0.5069
K.皮尔逊	12000	6019	0.5016
K.皮尔逊	24000	12012	0.5005
维尼	30000	14994	0.4998

从表 3-11 可以看出,随着试验次数的增多,正面朝上这个事件发生的频率越来越稳定地接近 0.5,因此就把 0.5 作为这个事件的概率。

4)概率的计算法则

① 对立事件的概率。若事件 A 的概率为 $P(A)$,那么其对立事件的概率为

$$P(\overline{A}) = 1 - P(A) \tag{3-17}$$

【例 3-11】 一批种子发芽的概率为 0.95,那么,其对立事件不发芽的概率为 $P(\overline{A})$ $= 1 - 0.95 = 0.05$。

② 互斥事件概率的加法。若事件 A 与事件 B 是互斥的,且发生的概率分别为 $P(A)$ 和 $P(B)$,那么发生和事件($A+B$)的概率等于事件 A 与事件 B 的概率之和,即

$$P(A+B) = P(A) + P(B) \tag{3-18}$$

【例 3-12】 某鲜果商店对一批苹果进行品质分级,其中一等苹果(A)占 15%,二等苹果(B)占 30%,其余为三等苹果。计算二等及二等以上苹果的概率。

二等及二等以上苹果的概率为

$$P(A+B) = P(A) + P(B) = 15\% + 30\% = 45\%$$

同理,多个互斥事件 A,B,…,N 的和事件的概率,等于各事件概率之和,即

$$P(A+B+\cdots+N) = P(A) + P(B) + \cdots + P(N) \tag{3-19}$$

若 A,B,…,N 为完全事件系,那么,完全事件系的和事件的概率为 1,即

$$P(A+B+\cdots+N) = P(A) + P(B) + \cdots + P(N) = 1 \tag{3-20}$$

【例 3-13】 从 0、1、2、3、4、5、6、7、8、9 这 10 个数字中每次抽取任一个数字,其和事件

的概率为

$$P(0+1+2+\cdots+9) = P(0)+P(1)+P(2)+\cdots+P(9) = \frac{1}{10}+\frac{1}{10}+\frac{1}{10}+\cdots+\frac{1}{10} = 1$$

③ 独立事件的概率乘法。若事件 A 与事件 B 互为独立事件,事件 A 与事件 B 同时发生(AB)的概率等于事件 A 与事件 B 的概率的乘积,即

$$P(AB) = P(A) \times P(B) \tag{3-21}$$

【例 3-14】 抛掷两枚硬币于地面,计算两枚都是正面(币值)向上的概率。

$$P(正正) = P(正) \times P(正) = \frac{1}{2} \times \frac{1}{2} = \frac{1}{4}$$

同理,多个独立事件 $A, B, \cdots, N$ 同时发生(积事件)的概率,等于各事件概率之乘积,即

$$P(AB\cdots N) = P(A) \times P(B) \times \cdots \times P(N) \tag{3-22}$$

5)小概率实际不可能原理

随机事件的概率表现了事件的客观统计规律性,它反映了事件在一次试验中发生的可能性的大小,概率大表示事件发生的可能性大,概率小表示事件发生的可能性小。若事件 A 发生的概率较小,如 $P(A)$ 小于 0.05(或 0.01),则称事件 A 为小概率事件。实践表明,小概率事件在一次试验中出现的可能性是极小的,因而通常认为是不可能事件。小概率事件在一次试验中实际上是不可能出现的,这个原理被称为"小概率事件实际不可能性"原理,简称为小概率原理,或实际推断原理,这是人们在大量生产实践与试验中认识到的一条规律。所有的统计推断均是以小概率原理为基础而进行的。这里的 0.05 或 0.01 称为小概率标准,农业试验研究中通常使用这两个小概率标准。

2.1.2 二项分布

1)二项总体和二项分布的概念

在农业科学试验中,常常会遇到非此即彼,两者必居其一的对立事件,如一粒种子可能发芽也可能不发芽,一件产品可能是合格的也可能是不合格的等。即可以将总体的全部个体根据某种性状的出现与否分为两类,这种由非此即彼的两类对立事件构成的总体称为二项总体(binary population)。

在二项总体中,如果"此"事件的概率记为 p,"彼"事件的概率记为 q,则有

$$p + q = 1 \quad 或 \quad q = 1 - p \tag{3-23}$$

若从二项总体中随机抽取 n 个个体,可能得到属于"此"事件的个体 x 个,而得到属于"彼"事件的个体 $n-x$ 个。在每一次抽样中,随机变数 x 的取值可能有 $0, 1, 2, \cdots, n$ 等 $n+1$ 种,而这 $n+1$ 种取值各有其概率,这种二项总体的概率分布称为二项分布(binomial distribution)。

2)二项分布概率计算

在二项总体中,两种对立事件为 A 与 $\overline{A}$,如在一次试验中,A 发生的概率 $P(A)=p$,而且在 $0<P(A)<1$ 时,在 n 次独立重复试验中事件 A 出现 x 次的概率为

$$f(x) = C_n^x p^x q^{n-x} \quad (x = 0, 1, 2, \cdots, n) \tag{3-24}$$

式中:$f(x)$ 为 n 次试验中事件 A 出现 x 次的概率;$x=0,1,2,\cdots,n$;p 为一次试验中 A 出

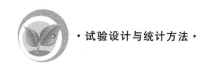

现的概率;q 为一次试验中 $\overline{A}$ 出现的概率;C_n^x 为组合公式,是概率计算的一个系数。即

$$C_n^x = \frac{n!}{x!(n-x)!} \tag{3-25}$$

式(3-24)实际上是二项式 $(p+q)^n$ 展开式中的第 $x+1$ 项,因此称为二项式分布或二项分布。二项展开式为

$$(p+q)^n = q^n + C_n^1 pq^{n-1} + C_n^2 p^2 q^{n-2} + \cdots + p^n \tag{3-26}$$

【例 3-15】 已知一批玉米种子的发芽率为 70%,现每穴播 6 粒种子,则每穴不同种子发芽数($x=0,1,2,3,4,5,6$)的概率的结果见表 3-12。

表 3-12 每穴种子发芽数的概率

每穴种子发芽的概率函数	$C_n^x p^x q^{n-x}$	$f(x)$
$f(0)$	$C_6^0 p^0 q^6 = 1 \times (0.7)^0 \times (0.3)^6$	0.000729
$f(1)$	$C_6^1 p^1 q^5 = 6 \times (0.7)^1 \times (0.3)^5$	0.010206
$f(2)$	$C_6^2 p^2 q^4 = 15 \times (0.7)^2 \times (0.3)^4$	0.059535
$f(3)$	$C_6^3 p^3 q^3 = 20 \times (0.7)^3 \times (0.3)^3$	0.185220
$f(4)$	$C_6^4 p^4 q^2 = 15 \times (0.7)^4 \times (0.3)^2$	0.324135
$f(5)$	$C_6^5 p^5 q^1 = 6 \times (0.7)^5 \times (0.3)^1$	0.302526
$f(6)$	$C_6^6 p^6 q^0 = 1 \times (0.7)^6 \times (0.3)^0$	0.117649
总和		1.000000

 试一试

同时掷 8 枚硬币于地面,计算出现不同正面数的概率,并将其概率绘成条形图。

2.1.3 正态分布

正态分布是连续性变数的一种理论分布,是生物统计学的重要基础,许多生物学实验产生的数据都服从正态分布。

正态分布与二项分布一样,正态分布也有概率密度函数:

$$f_N(x) = \frac{1}{\sigma\sqrt{2\pi}} e^{-\frac{1}{2}\left(\frac{x-\mu}{\sigma}\right)^2} \tag{3-27}$$

式中:若 μ 和 σ 都是常数,且 $\sigma > 0$,则称随机变量 x 服从正态分布,记作 $x \sim N(\mu, \sigma^2)$。

正态分布概率密度函数的图像称为正态分布曲线或正态概率曲线,其形状见图 3-4。

1) 正态分布曲线的特性

正态分布曲线以平均数 μ 为中心,左右对称。平均数 μ 处曲线最高。

正态分布曲线的位置和形状由参数 μ 和 σ 来确定。μ 决定曲线在横轴上的位置,σ 决定曲线的形状,σ 越大,数据越分散,曲线越平坦;σ 越小,数据越集中,曲线越尖峭。如图 3-5、图 3-6 所示,正态分布曲线因参数 μ 和 σ 的不同而表现为一系列曲线,是一个曲线系统。

正态分布资料的次数分布表现为多数次数集中于算术平均数 μ 附近,离平均数越远,其相应的次数越少。

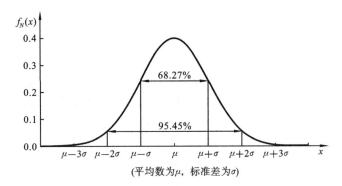

图 3-4 正态分布曲线图

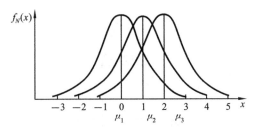

图 3-5 标准差相同($\sigma=1$)而平均数不同($\mu_1=0$,$\mu_2=1$,$\mu_3=2$)的三个正态分布曲线)

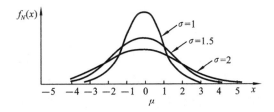

图 3-6 平均数相同($\mu=0$)而标准差不同的三个正态分布曲线)

　　正态曲线在$|x-\mu|=\sigma$处有"拐点",曲线两尾向左右伸展,但$f_N(x)$不会等于0,曲线不会接触x轴。

　　正态曲线与x轴之间的总面积(概率)等于1。所以,曲线下x轴的任何两个定值($x_1\sim x_2$)之间的面积,等于介于这两个定值间面积占总面积的比值,或者说等于x落于这个区间内的概率。下面(表3-13)列出正态分布中最常见的几个区间及其相对应的面积或概率。

表 3-13 正态分布中最常见的区间及其相对应的面积或概率

区　间	面积或概率
$\mu\pm1\sigma$	0.6827
$\mu\pm2\sigma$	0.9545
$\mu\pm3\sigma$	0.9973
$\mu\pm1.96\sigma$	0.9500
$\mu\pm2.58\sigma$	0.9900

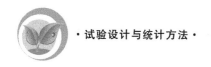

2）标准正态分布

正态分布因总体平均数 μ 和总体标准差 σ 不同而表现为一系列曲线,这对研究各个具体的正态总体极不方便,为了克服这种麻烦,可将任意一个正态分布转换成标准正态分布再进行研究。所谓正态分布的标准化就是把正态曲线从原点 0 移到 μ 的位置,将观察值 x 的离均差（$x-\mu$）以标准差 σ 为单位进行度量,转换为 u 变数,即

$$u = \frac{x-\mu}{\sigma} \tag{3-28}$$

u 称为标准正态离差,通过正态分布转化后的这种具有 $\mu=0$ 和 $\sigma=1$ 的正态分布称为标准正态分布,记作 $N(0,1)$。标准正态分布只有一条曲线,如图 3-7 所示。

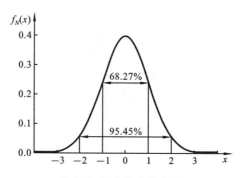

图 3-7　标准正态分布图

3）正态分布的概率计算

正态分布在某区间的概率在统计分析中应用较多,直接计算较复杂,也很困难,常用的是标准累积正态分布函数值表。在实际应用中,计算正态分布区间概率时,先将 x 转换为 u 值,然后直接查累积正态分布函数 $F_N(x)$ 值表（附表 C-2）,便可得到 x 落于这一区间的概率。

【例 3-16】　假定随机变数（x）具有正态分布,平均数 $\mu=40$,标准差 $\sigma=5$,试计算：①小于等于 36 的概率；②小于等于 50 的概率；③介于 36 和 50 之间的概率；④大于 50 的概率。

① 计算 $P(x \leqslant 36)$。需先将 x 转换为 u 值：

$$u = \frac{x-\mu}{\sigma} = \frac{36-40}{5} = -0.8$$

查附表 C-2,当 $u=-0.8$ 时,$F_N(u)=0.2119$,有

$$P(x \leqslant 36) = F_N(-0.8) = 0.2119$$

说明这一分布中从 $-\infty$ 到 36 范围内的观察值数占全部观察值的 21.19%,或者说 $x \leqslant 36$ 的概率为 0.2119。

② 计算 $P(x \leqslant 50)$。先将 x 转换为 u 值：

$$u = \frac{x-\mu}{\sigma} = \frac{50-40}{5} = 2$$

查附表 C-2,有

$$P(x \leqslant 50) = 0.9773$$

说明这一分布中从 $-\infty$ 到 50 范围内的观察值数占全部观察值的 97.73％，或者说 $x\leqslant 50$ 的概率为 0.9773。

③ 计算 $P(36<x<50)$。可利用 $P(x\leqslant 50)$ 减去 $P(x\leqslant 36)$，则

$$P(36<x<50)=P(x\leqslant 50)-P(x\leqslant 36)=0.9773-0.2119=0.7654$$

说明这一分布中从 36 到 50 范围内的观察值数占全部观察值的 76.54％，或者说 x 介于 36 和 50 区间的概率为 0.7654。

④ 计算 $P(x>50)$。可利用 1 减去 $P(x\leqslant 50)$，则

$$P(x>50)=1-P(x\leqslant 50)=1-0.9773=0.0227$$

说明这一分布中从 50 到 $+\infty$ 范围内的观察值数占全部观察值的 2.27％，或者说 $x>50$ 的概率为 0.0227。

【例 3-17】 在标准正态分布中：① 计算中间概率为 0.95 时的临界 u 值；② 计算 $|u|\geqslant 1.96$ 的概率。

① 正态分布曲线是左右对称的，当中间概率为 0.95 时，两尾概率之和应为 0.05，故左尾概率和右尾概率均等于 0.025，查相关数据表，当左尾概率＝0.025 时，$u=-1.96$，因正态分布曲线左右对称，所以右尾概率＝0.025 时的 $u=+1.96$，所以中间概率为 0.95 时的 u 值为 $|u|\leqslant 1.96$，说明在这个范围内包括 95％的观察值，仅有 5％的观察值在此范围之外。

② $|u|\geqslant 1.96$，包括两部分，一部分是 $-\infty$ 到 -1.96 的左尾，另一部分是 $+1.96$ 到 $+\infty$ 的右尾。即

$$P(|u|\geqslant 1.96)=P(u\leqslant -1.96)+P(u\geqslant 1.96)=0.05$$

正态分布在某区间的概率，还可以利用计算机软件进行计算，参考 Excel 所提供的函数进行计算。

 想一想

在正态分布中，中间概率为 0.99 时，临界 u 值或 x 值是多少？

2.1.4　抽样分布

试验研究所获得的数据，只是总体的一部分，相当于从总体中抽出的样本。在统计学中，从两个方向来研究总体与样本的关系：一是从总体到样本方向——抽样分布与试验设计问题，即由已知的总体研究样本的分布规律以及研究如何更合理更有效地获得观察资料的方法；二是从样本到总体方向——统计推断（statistical inference）问题，即由样本推断未知的总体，亦即研究如何利用一定的资料对所关心的问题作出尽可能精确可靠的结论。抽样分布是统计推断的基础。

从总体中进行随机抽样（等概率抽样）可以分为复置抽样和非复置抽样两种，复置抽样指在每次抽出的个体返回原总体后再抽样的方法，如从一个具有 N 个个体的总体中，以样本含量等于 n 进行复置抽样，可以抽出 N^n 个可能的样本。非复置抽样则是指在每次抽样时抽得的个体不再返回原总体而再抽样的方法，如从一个具有 N 个个体的总体中，以样本含量等于 n 进行非复置抽样，可以抽出 nN 个可能的样本。研究抽样分布时一般采用复置抽样，只有无限总体可以采用非复置抽样。

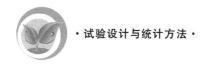
1）样本平均数抽样分布

假定有一总体，其总体平均数为 μ，总体标准差为 σ。从这一总体中以相同的样本容量 n 无数次抽样，可得到无数个样本，分别计算出各样本的平均数 $\bar{x}_1$，$\bar{x}_2$，$\bar{x}_3$ 等。由于存在抽样误差，样本平均数是随机变数，各样本平均数将表现出不同程度的差异，无数个样本平均数又构成一个总体，称为样本平均数总体，其分布称为样本平均数的抽样分布。

根据统计理论和实例证明，样本平均数的分布具有以下特性。

① 样本平均数的总体平均数与原总体平均数相等。即

$$\mu_{\bar{x}} = \mu \tag{3-29}$$

② 样本平均数的总体方差等于原总体方差除以样本容量。即

$$\sigma_{\bar{x}}^2 = \frac{\sigma^2}{n} \tag{3-30}$$

同理，样本平均数的总体标准差等于原总体标准差除以样本容量的正根值。即

$$\sigma_{\bar{x}}^2 = \frac{\sigma}{\sqrt{n}} \tag{3-31}$$

③ 若从正态总体中随机抽取样本，无论样本容量大小，其样本平均数的分布服从正态分布，即 $N(\mu_{\bar{x}}, \sigma_{\bar{x}}^2)$。若从非正态分布总体中随机抽取样本，只要样本容量较大（$n \geqslant 30$），其样本平均数也服从正态分布，称为中心极限定理。

④ 由于总体标准差一般是不易求得的，而以样本标准差代替总体标准差进行计算，即

$$s_{\bar{x}} = \frac{s}{\sqrt{n}} \tag{3-32}$$

上式中 $s_{\bar{x}}$ 称为样本平均数的样本标准差，一般简称为平均数的标准误差。

知道了平均数的抽样分布及其参数，那么，要计算任何一个从样本所得的平均数 $\bar{x}$ 出现的概率，只需将 $\bar{x}$ 先进行标准化转换，即

$$u = \frac{\bar{x} - \mu_{\bar{x}}}{\sigma_{\bar{x}}} = \frac{\bar{x} - \mu}{\sigma / \sqrt{n}} \tag{3-33}$$

若平均数服从正态分布 $N(\mu_{\bar{x}}, \sigma_{\bar{x}}^2)$，那么，随机变数 u 服从 $N(0,1)$，通过查附表 C-2 即可得到概率。

【例 3-18】 在某地区 6 月中旬调查黏虫的发生情况，以 1 m^2 为单位，调查了 1000 m^2，得 $\mu = 2.5$（头），$\sigma = 1.6$（头）。现随机抽取该地区 32 m^2，则平均每平方米小于等于 2.2 头的概率是多少？

虽然总体分布不明确，但 $n > 30$，可视其服从正态分布，则

$$u = \frac{\bar{x} - \mu_{\bar{x}}}{\sigma_{\bar{x}}} = \frac{\bar{x} - \mu}{\sigma / \sqrt{n}} = \frac{2.2 - 2.5}{1.6 / \sqrt{32}} = -1.06$$

查附表 C-2，得 $F_N(-1.06) = 0.1446$，即 $P(\bar{x} \leqslant 2.2) = 0.1446$，也就是说，随机抽取该地区 32 m^2，平均每平方米少于 2.2 头的概率是 0.1446（即 14.46%）。

2）样本平均数差数抽样分布

假定有两个总体各具有平均数和标准差 μ_1、σ_1 和 μ_2、σ_2。现在以样本容量 n_1 从第

一个总体中抽得一系列样本,并计算出各样本的平均数,记为 $\overline{x}_{11}$,$\overline{x}_{12}$,$\overline{x}_{13}$ 等;再以样本容量 n_2 从第二个总体抽得一系列样本,并计算出各样本的平均数,记为 $\overline{x}_{21}$,$\overline{x}_{22}$,$\overline{x}_{23}$ 等。其中,n_1 与 n_2 可以相等,也可以不等。再将来自于第一个总体的样本平均数和来自于第二个总体的样本平均数相减,可得到许多样本平均数差数,即 $\overline{x}_1 - \overline{x}_2$。由于存在抽样误差,样本平均数差数也是随机变数,各样本平均数差数也将表现出不同程度的差异,无数个样本平均数差数又构成一个总体,称为样本平均数差数总体,样本平均数差数的分布称为样本平均数差数的抽样分布。

根据统计理论和实例证明,样本平均数差数的分布具有以下特性。

① 样本平均数差数的总体平均数等于两总体平均数之差。即

$$\mu_{\overline{x}_1 - \overline{x}_2} = \mu_1 - \mu_2 \tag{3-34}$$

② 样本平均数差数的总体方差等于两总体的样本平均数的总体方差之和。即

$$\sigma^2_{\overline{x}_1 - \overline{x}_2} = \sigma^2_{\overline{x}_1} + \sigma^2_{\overline{x}_2} = \frac{\sigma_1^2}{n_1} + \frac{\sigma_2^2}{n_2} \tag{3-35}$$

同理,样本平均数差数的总体标准差等于两总体的样本平均数的总体方差之和的正根值。即

$$\sigma_{\overline{x}_1 - \overline{x}_2} = \sqrt{\frac{\sigma_1^2}{n_1} + \frac{\sigma_2^2}{n_2}} \tag{3-36}$$

③ 若两个总体各呈正态分布,则其样本平均数的差数分布也呈正态分布,记作 $N(\mu_{\overline{x}_1 - \overline{x}_2},\ \sigma^2_{\overline{x}_1 - \overline{x}_2})$。

④ 由于总体方差是难以求得的,用样本方差来替代总体方差进行计算,当 n_1 与 n_2 均大于等于 30 时,则有

$$s_{\overline{x}_1 - \overline{x}_2} = \sqrt{\frac{s_1^2}{n_1} + \frac{s_2^2}{n_2}} \tag{3-37}$$

上式中 $s_{\overline{x}_1 - \overline{x}_2}$ 称为样本平均数差数的样本标准差,一般简称为平均数差数的标准误差。

如果平均数差数服从正态分布,那么,若要计算任何一个平均数差数出现的概率,可通过标准化转换,即

$$u = \frac{(\overline{x}_1 - \overline{x}_2) - \mu_{\overline{x}_1 - \overline{x}_2}}{\sigma_{\overline{x}_1 - \overline{x}_2}} = \frac{(\overline{x}_1 - \overline{x}_2) - (\mu_1 - \mu_2)}{\sqrt{\frac{\sigma_1^2}{n_1} + \frac{\sigma_2^2}{n_2}}} \tag{3-38}$$

得到 u 值后,查附表 C-2 就可求出。

2.2 统计假设检验

前面讨论由总体到样本方向的问题——抽样分布。这里主要介绍从样本到总体方向的问题,即统计推断问题。所谓统计推断就是由一个样本或一系列样本所得的结果去推断总体的特征。统计推断包括统计假设检验(Hypothesis Test)和参数估计(Parametric Estimate)两个方面的内容。

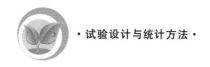

2.2.1 统计假设检验的基本方法

1) 统计假设检验的基本方法与步骤

统计假设检验是根据试验的目的,提出两种彼此对立的假设,再由样本的实际结果,经过一定的计算,作出在概率意义上应接受哪种假设的推断。由于该检验法对总体提出假设,所以称为统计假设检验。统计假设检验是依据小概率原理(实际推断原理)进行的推断。下面以实例说明统计假设检验的基本方法与步骤。

【例 3-19】 已知当地的一马铃薯品种经过多年的种植,平均产量为 45000 kg/hm²,标准差为 11250 kg;现引进一新品种经 25 个小区试验,产量为 49500 kg/hm²。则新引进品种的产量是否高于当地品种?

① 提出假设。

分析:当地品种产量为 $\mu_0 = 45000$ kg/hm²,$\sigma = 11250$ kg。判断新品种产量是否高于当地品种产量,就是要根据新品种的样本(小区试验)判断新品种的产量 $\mu = 45000$ 是否成立。

首先要对研究总体提出无效假设,无效假设是设处理效应为零,试验结果所得的差异是随机误差所致。这个假设通常称为零假设(Null Hypothesis),是指用于检验的假设,以其为前提可以计算试验结果出现的概率。其含义是指总体参数与其假设值之间无实质性差异,其差异由抽样误差造成,常记作 $H_0: \mu = \mu_0$。本例中新引进品种的总体平均数 μ 与已知的总体平均数 μ_0 相等,而 $\bar{x} - \mu_0 = 4500$ kg/hm² 属随机误差,而非真实差异。即新品种的产量 $\mu = 45000$ kg/hm²。如果零假设被否定,则接受备择假设(Alternative Hypothesis)。备择假设则是和无效假设相反的一种假设,认为试验结果所得的差异是由处理的真实效应所引起的,常记作 $H_A: \mu \neq \mu_0$。本例中,备择假设意味着 $\bar{x} - \mu_0 = 4500$ kg/hm² 不是随机误差,而是新引进品种与当地原品种总体平均产量存在真实差异。

若比较两个样本平均数是否真正存在差异,可以假设两个样本所属总体的平均数相等,即 $H_0: \mu_1 \neq \mu_2$;备择假设 $H_A: \mu_1 \neq \mu_2$。无效假设认为两者是相同的,两个样本的平均数差 $\bar{x}_1 - \bar{x}_2$ 是由于随机误差引起的;备择假设则认为两个总体平均数不相同,$\bar{x}_1 - \bar{x}_2$ 除随机误差外,还包含有真实差异。

此外,百分数、变异数以及多个平均数的假设检验,也根据试验目的提出无效假设和备择假设,这里不再一一列举。

② 规定显著性水平。

对 H_0 进行检验,首先规定接受或否定 H_0 的概率标准。通常接受或否定 H_0 的概率标准称为显著性水平,记作 α。α 是人为规定的小概率的数量界限,在生物研究中常取 $\alpha = 0.05$ 和 $\alpha = 0.01$ 两个等级。这两个等级是专门用于推断 H_0 正确与否的。

③ 计算概率。

在无效假设正确的前提下,计算差异属于误差造成的概率。

在例 3-19 中,在 $H_0: \mu = \mu_0$ 的假设下,就有了一个具有平均数 $\mu = \mu_0 = 45000$ kg/hm²,标准误差 $\sigma_{\bar{x}} = \dfrac{\sigma}{\sqrt{n}} = \dfrac{11250}{\sqrt{25}}$ kg = 2250 kg 的正态分布总体,而样本平均数 $\bar{x} = 49500$ kg 则是此分布总体中的一个随机变量。据此,就可以根据正态分布求概率的方法

算出在平均数 $\mu_0=45000$ kg/hm² 的总体中,抽到一个样本平均数 $\bar{x}$ 和 μ_0 的差值大于等于 4500 kg 的概率。

$$u=\frac{\bar{x}-\mu_0}{\sigma_{\bar{x}}}=\frac{49500-45000}{2250}=2$$

查附表 C-2,$P(|u|>2)=P(|\bar{x}-\mu_0|>4500)=2\times0.0228=0.0456$。

④ 统计推断。

统计推断就是根据"小概率原理"作出接受或否定 H_0 的结论。假设检验中若计算的概率小于 0.05 或 0.01,就可以认为是概率很小的事件,在正常情况下一次试验实际上不会发生,而现在居然发生了,这就使我们对原来所作的假设产生了怀疑,认为这个假设是不可信的,应该否定。反之,如果计算的概率大于 0.05 或 0.01,则认为不是小概率事件,在一次试验中可能发生,H_0 的假设可能是正确的,应该接受。

本例中,计算出在 $\mu_0=45000$ kg/hm² 这样一个总体中,得到一个样本平均数 $\bar{x}$ 和 μ 相差超过 4500 kg 的概率是 0.0456,小于显著性水平 $\alpha=0.05$,可以推断新引品种在产量性状上不同于当地品种,否定了 $H_0:\mu=\mu_0=45000$ kg/hm² 的假设。

在实际检验时,计算概率可以简化,因为在标准正态 u 分布下,$P(|u|=1.96)=0.05$,$P(|u|=2.58)=0.01$,因此,在用 u 分布作检验时,实际算得的 $|u|\geqslant1.96$,表明概率 $P\leqslant0.05$,可在 0.05 水平上否定 H_0;实际算得的 $|u|\geqslant2.58$,表明概率 $P\leqslant0.01$,可在 0.01 水平上否定 H_0。反之,若实际算得的 $|u|<1.96$,表示 $P>0.05$,可接受 H_0,不必再计算实际的概率。

值得注意的是,利用小概率原理进行推断,有可能会犯错误。一般而论,假设检验可能会出现两类错误:如果假设是正确(H_0 为真)的,但通过试验结果的检验却否定了它,这种错误称为第一类错误,即 α 错误(弃真错误);反之,如果假设是错误(H_0 为伪)的,而通过试验结果的检验后却接受了它,这种错误称为第二类错误,即 β 错误(取伪错误)。

综上所述,假设检验的基本步骤可分为四个步骤。

第一步:对样本所属总体参数提出无效假设 H_0 和备择假设 H_A。

第二步:规定检验的显著性水平 α 值,$\alpha=0.05$ 或 $\alpha=0.01$。

第三步:在无效假设 H_0 正确的前提下,根据统计数的分布规律,算出实得差异由误差造成的概率。

第四步:根据误差造成的概率大小来推断是否具有显著性差异,若实得差异的概率大于0.05,接受 H_0;若实得差异的概率小于 0.05 或 0.01,否定 H_0。再对结果进行解释,即采用本专业的语言对统计结果进行解释。

2)两尾检验和一尾检验

统计假设检验实质上是把统计数的概率分布划分为接受区间和否定区间。所谓接受区间即为接受 H_0 的区间,统计数落到这个区间就接受 H_0;否定区间则为否定 H_0 的区间,统计数落到这个区间就否定 H_0。对于平均数 $\bar{x}$ 的分布,当取 α 为 0.05 时,可划出接受区间($\mu-1.96\sigma_{\bar{x}}$,$\mu+1.96\sigma_{\bar{x}}$),$\bar{x}$ 落入这个区间的概率是 95%。而($-\infty$,$\mu-1.96\sigma_{\bar{x}}$)和($\mu+1.96\sigma_{\bar{x}}$,$+\infty$)为两个对称的否定区间,$\bar{x}$ 落入此区间的概率为 5%(图3-8)。同理,当取 $\alpha=0.01$ 时,可划出否定区间为($-\infty$,$\mu-2.58\sigma_{\bar{x}}$)和($\mu+2.58\sigma_{\bar{x}}$,

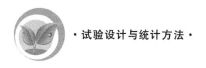
$+\infty$），$\overline{x}$ 落入此区间的概率为 1%。一般将接受区间和否定区间的两个临界值写成 $\mu \pm u_\alpha \sigma_{\overline{x}}$。

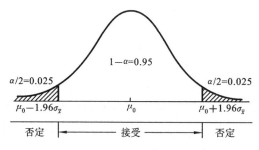

图 3-8　0.05 显著性水平接受区间和否定区间

如果否定区域位于抽样分布曲线的两尾，左尾的概率为 $\alpha/2$，右尾的概率亦为 $\alpha/2$，则称这种假设检验为两尾检验（Two-tailed test）。具有左尾和右尾两个否定区间。即 μ 可能大于 μ_0，也可能小于 μ_0，检验的关键是 μ 和 μ_0 是否相等，无效假设的形式是 $H_0:\mu=\mu_0$，对于 $H_A:\mu\neq\mu_0$。在 μ 不等于 μ_0 的情况下，μ 可小于 μ_0，样本平均数 $\overline{x}$ 就落入左尾否定区；μ 可大于 μ_0，$\overline{x}$ 就落入右尾否定区，这两种情况都属于 $\mu\neq\mu_0$ 的情况。

如果否定区域仅在抽样分布曲线的一尾，其概率为 α，则称这种假设检验为一尾检验（One-tailed test）。具有一个否定区，否定区域在左尾的称为左尾检验，否定区域在右尾的称为右尾检验（图 3-9）。一尾检验 μ 要么大于 μ_0，要么小于 μ_0，一般无效假设形式为 $H_0:\mu\geqslant\mu_0$ 或 $H_0:\mu\leqslant\mu_0$，对于 $H_A:\mu<\mu_0$ 或 $H_0:\mu>\mu_0$。

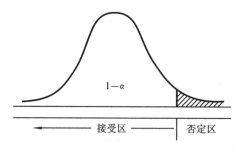

图 3-9　右尾检验的接受区间和否定区间

一尾检验与两尾检验的推理方法是相同的，只是一尾检验比两尾检验更容易否定 H_0。因为一尾检验的显著性水平 α 取 0.05 时，其临界 $u(t)$ 值就是两尾检验 α 取 0.1 时所对应的临界 $u(t)$ 值。因此，当 $\alpha=0.05$ 时，两尾检验临界 $|u|=1.96$，而一尾检验 $|u|=1.645$。所以，在利用一尾检验时，应有足够的依据。

假设检验的重点包括有关总体未知参数，如 μ 和 σ^2 的各种假设检验。下面主要介绍有关 μ 的各种检验。

2.2.2　单个平均数假设检验

当对单个平均数进行假设检验时，需要检验样本所属的总体平均数 μ 与某一指定的总体平均数 μ_0 是否相等。可根据总体方差是否已知及样本容量大小采用不同的检验方法，主要有 u 检验和 t 检验两种方法。

1) u 检验法

当总体方差 σ^2 已知,或总体方差 σ^2 未知但样本容量 $n \geqslant 30$ 时,采用 u 检验法。

【例 3-20】 有一小麦品种每公顷产量总体为正态分布,其总体平均产量 $\mu_0 = 5400$ kg/hm²,标准差 $\sigma = 600$ kg,多年种植后出现退化,进行改良,改良的品种种植 16 个小区,得其平均产量 $\overline{x} = 5700$ kg/hm²,则这个改良品种在产量性状上是否和原品种存在显著性差异?

总体方差为已知,可进行 u 检验。另外,改良品种的产量可能高于原品种,也可能低于原品种,故用两尾检验。

提出统计假设 假设 $H_0 : \mu = \mu_0 = 5400$ kg/hm²,即改良品种的总体平均产量和原品种相同。对于 $H_A : \mu \neq \mu_0$,即改良品种的总体平均产量与原品种不同,存在真实差异。

规定显著性水平 $\alpha = 0.05$。

检验计算

$$\sigma_{\overline{x}} = \frac{\sigma}{\sqrt{n}} = \frac{600}{\sqrt{16}} \text{ kg} = 150 \text{ kg}$$

$$u = \frac{\overline{x} - \mu}{\sigma_{\overline{x}}} = \frac{5700 - 5400}{150} = 2$$

统计推断 u 分布中,两尾概率 $\alpha = 0.05$ 时,临界 u 值为 1.96,而实得 $|u| = 2 > u_{0.05} = 1.96$,$P < 0.05$。故否定 H_0,接受 H_A,认为改良品种的产量与原品种存在显著性差异。

【例 3-21】 某一品牌方便面的标准净重 $\mu_0 = 65$ g,在某超市抽检 80 包方便面,测得平均净重 $\overline{x} = 65.24$ g,$s = 2.54$ g,则该方便面净重的总体平均数 μ 是否与标准净重 $\mu_0 = 65$ g 存在显著性差异?

虽然总体方差 σ^2 未知,但是 $n \geqslant 30$ 为大样本,故可采用 u 检验法。抽检方便面的平均净重可能高于标准,也可能低于标准,故用两尾检验。

提出统计假设 $H_0 : \mu = \mu_0 = 65$ g,即抽检方便面的平均净重和标准净重相同。对于 $H_A : \mu \neq \mu_0$。

规定显著性水平 $\alpha = 0.05$。

检验计算 因为 σ^2 未知,所以此处用 s 代替了 σ,计算 u 值:

$$s_{\overline{x}} = \frac{s}{\sqrt{n}} = \frac{2.54}{\sqrt{80}} = 0.284$$

$$u = \frac{\overline{x} - \mu}{s_{\overline{x}}} = \frac{65.24 - 65}{0.284} = 0.85$$

推断 u 分布中,当 $\alpha = 0.05$ 时,$u_{0.05} = 1.96$。实得 $|u| = 0.85 < u_{0.05} = 1.96$,$P > 0.05$。故接受 $H_0 : \mu = 65$ g。认为该方便面净重的总体平均数 μ 与标准净重 $\mu_0 = 65$ g 之间无显著性差异。

2) t 检验法

当总体方差 σ^2 未知,且为小样本($n < 30$)时,用 t 检验法。

在实际工作中,往往是总体方差 σ^2 未知,又是小样本($n < 30$)时,常用样本方差 s^2 估计 σ^2,$\overline{x}$ 转换的标准化离差 $\dfrac{(\overline{x} - \mu)}{s_{\overline{x}}}$ 的分布不呈正态分布,而作 t 分布,具有自由度 $\nu = n - 1$,即

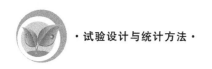
$$t = \frac{\overline{x} - \mu}{s_{\overline{x}}} \qquad (3\text{-}39)$$

$$s_{\overline{x}} = \frac{s}{\sqrt{n}} \qquad (3\text{-}40)$$

t 分布密度曲线与标准正态分布曲线相比,t 分布曲线顶部略低,两尾部稍高而平,ν 越小这种趋势越明显。ν 越大,t 分布越趋近于标准正态分布。当 $n \geqslant 30$ 时,t 分布与标准正态分布的区别很小;当 $n > 100$ 时,t 分布基本与标准正态分布相同;当 $n \to \infty$ 时,t 分布与标准正态分布完全一致(图 3-10)。

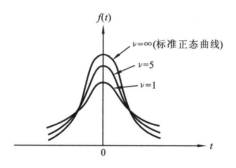

图 3-10　不同自由度的 t 分布密度曲线

t 检验的方法与步骤和 u 检验类似,不同之处是检验临界值随自由度不同而异,需要根据自由度查 t 值表,进行推断。

【例 3-22】　某小麦品种的千粒重为 33.8 g,对该品种进行滴灌试验,12 个小区千粒重(g)分别为 32.7、36.8、36.4、31.5、35.9、34.6、35.6、37.6、33.4、35.1、33.2、34.9,则滴灌是否对小麦的千粒重有明显影响?

总体方差 σ^2 为未知,但是 $n < 30$ 为小样本,故可用 t 检验法。滴灌后无法判断小麦的千粒重是增大还是减小,故用两尾检验。步骤如下。

提出统计假设　$H_0 : \mu = \mu_0 = 33.8$ g;对于 $H_A : \mu \neq \mu_0$。

规定显著性水平　$\alpha = 0.05$。

检验计算

$$\overline{x} = \frac{\sum x}{n} = \frac{1}{12} \times (32.7 + 36.8 + 36.4 + \cdots + 34.9)\ \text{g} = \frac{1}{12} \times 417.7\ \text{g} = 34.81\ \text{g}$$

$$s = \sqrt{\frac{\sum x^2 - \frac{(\sum x)^2}{n}}{n-1}} = \sqrt{\frac{32.7^2 + 36.8^2 + \cdots + 34.9^2 - \frac{417.7^2}{12}}{12-1}}\ \text{g}$$

$$= \sqrt{\frac{14575.65 - \frac{174473.3}{12}}{12-1}}\ \text{g} = 1.81\ \text{g}$$

$$s_{\overline{x}} = \frac{s}{\sqrt{n}} = \frac{1.81}{\sqrt{12}} = 0.523$$

$$t = \frac{\overline{x} - \mu_0}{s_{\overline{x}}} = \frac{34.81 - 33.8}{0.523} = 1.931$$

推断 查相关数据表,当 $\nu=12-1=11$ 时,两尾概率 α 为 0.05 的临界值 $t_{0.05}=2.201$,实得 $t=1.550$,故实得 $|t|=1.931<t_{0.05}=2.201$,$P>0.05$,接受 H_0。因此,推断滴灌对小麦的千粒重无显著影响。

若本例问题是滴灌对小麦的百粒重是否有明显的提高作用,则可采用一尾检验。因为试验者所关心的是滴灌是否对小麦千粒重有显著的提高作用,降低和相等的情况都是试验者所不希望的。检验的步骤基本同上。

提出统计假设 $H_0:\mu\leqslant\mu_0=33.8$ g,对于 $H_0:\mu>\mu_0=33.8$ g

规定显著性水平 $\alpha=0.05$。

检验计算 $\bar{x}=34.81$ g, $s=1.81$ g, $s_{\bar{x}}=0.523$ g, $t=1.931$。

推断 查 t 值表,当 $\nu=12-1=11$ 时,一尾概率 $\alpha=0.05$ 时,$t_{0.05}$(两尾 $t_{0.1}$)$=1.796$,结果实得 $|t|=1.931>t_{0.05}=1.796$,$P<0.05$,否定 H_0,接受 H_A。滴灌对小麦的千粒重有显著的提高作用。

2.2.3 两个样本平均数假设检验

在试验研究中经常会比较两个处理平均数间的差异,以检验两个样本平均数 $\bar{x}_1$ 和 $\bar{x}_2$ 所属的总体平均数 μ_1 和 μ_2 是否相等,因试验设计方法不同,可分为成组数据的比较和成对数据的比较。

1)成组数据平均数假设检验

利用样本平均数之间的差异来推断总体平均数之间的差异,必须从所涉及的两个总体中取得随机样本,即为两个独立样本,这两个独立样本的数据习惯上称为成组数据。

成组数据资料的特点是两个样本的各个观察值是从各自总体中抽取的,样本间的观察值没有任何关联,即两个样本是彼此独立的。这种情况下,无论这两个样本的容量是否相同,所得数据皆称为成组数据。它是以组平均数进行比较,检验其差异是否存在显著性。

成组数据假设检验,可根据总体方差是否已知以及样本容量的大小采用不同的检验方法来检验,主要有 u 检验和 t 检验两种方法。

① u 检验。

当两个样本总体方差 σ_1^2 和 σ_2^2 已知,或未知但两个样本都是大样本($n_1\geqslant30$,$n_2\geqslant30$)时,用 u 检验。

u 值的计算公式为

$$u=\frac{(\bar{x}_1-\bar{x}_2)-(\mu_1-\mu_2)}{\sigma_{\bar{x}_1-\bar{x}_2}} \tag{3-41}$$

由于假设 $H_0:\mu_1=\mu_2$

故

$$u=\frac{\bar{x}_1-\bar{x}_2}{\sigma_{\bar{x}_1-\bar{x}_2}}$$

其中平均数差数标准误差为

$$\sigma_{\bar{x}_1-\bar{x}_2}=\sqrt{\frac{\sigma_1^2}{n_1}+\frac{\sigma_2^2}{n_2}} \tag{3-42}$$

如果实得 $|u|\geqslant u_\alpha$,$P\leqslant\alpha$,否定 H_0,接受 H_A。当 $|u|<u_{0.05}$ 时,接受 H_0。

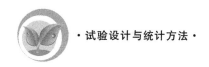

【例 3-23】 某小麦每平方米产量的方差 $\sigma^2 = 0.4$，在某地块内用 A、B 两种方法进行抽样收割。其中 A 法共收割 12 个样点，其产量平均为 1.2 kg/ m^2，B 法共收割 8 个样点，产量平均为 1.4 kg/ m^2。比较这两种收割方法每平方米产量是否相等。

已知 $\sigma_1^2 = \sigma_2^2 = \sigma^2 = 0.4, n_1 = 12, n_2 = 8$。

提出统计假设 $H_0 : \mu_1 = \mu_2$，即 A、B 两种收割方法每平方米产量相等；对于 $H_A : \mu_1 \neq \mu_2$，即 A、B 两种收割方法每平方米产量不等。

确定显著性水平 $\alpha = 0.05$。

检验计算 $\sigma_{\overline{x}_1 - \overline{x}_2} = \sqrt{\dfrac{\sigma_1^2}{n_1} + \dfrac{\sigma_2^2}{n_2}} = \sqrt{\dfrac{0.4}{12} + \dfrac{0.4}{8}} = 0.2887$

$$u = \frac{(\overline{x}_1 - \overline{x}_2)}{\sigma_{\overline{x}_1 - \overline{x}_2}} = \frac{1.2 - 1.4}{0.2887} = -0.69$$

推断 当 $\alpha = 0.05$ 时，查 u 值表，得 $u_{0.05} = 1.96$，实得 $u = -0.69$，则 $|u| = 0.69 < u_{0.05} = 1.96$，接受 $H_0 : \mu_1 = \mu_2$，即 A、B 两种收割方法所得每平方米产量相同，两种方法之间产量的差异（0.2 kg）属于抽样误差。

在实际工作中，总体方差（σ_1^2 和 σ_2^2）一般是未知的，但两个样本均为大样本时，可用两个样本平均数均方 s_1^2 和 s_2^2 分别估计其总体方差，则样本平均数差数的标准误差为

$$s_{\overline{x}_1 - \overline{x}_2} = \sqrt{\frac{s_1^2}{n_1} + \frac{s_2^2}{n_2}} \tag{3-43}$$

$$u = \frac{(\overline{x}_1 - \overline{x}_2) - (\mu_1 - \mu_2)}{s_{\overline{x}_1 - \overline{x}_2}} \tag{3-44}$$

由于假设 $H_0 : \mu_1 = \mu_2$，故

$$u = \frac{\overline{x}_1 - \overline{x}_2}{s_{\overline{x}_1 - \overline{x}_2}} \tag{3-45}$$

【例 3-24】 从两种不同插秧期的水稻中，各抽取一个随机样本，数取每穗结实数（个），其中插秧期为 6 月 4 日的样本容量 $n_1 = 50$，样本平均数 $\overline{x}_1 = 54.10$ 个，样本方差 $s_1^2 = 294.5$ 个；插秧期为 6 月 17 日的样本容量 $n_2 = 50$，样本平均数 $\overline{x}_2 = 43.28$ 个，样本方差 $s_2^2 = 174.3$ 个。试检验两个插秧期对水稻每穗结实数有无影响。

提出假设检验 $H_0 : \mu_1 = \mu_2$，对于 $H_A : \mu_1 \neq \mu_2$。

规定显著性水平 $\alpha = 0.05$ 或 $\alpha = 0.01$。

检验计算 $s_{\overline{x}_1 - \overline{x}_2} = \sqrt{\dfrac{s_1^2}{n_1} + \dfrac{s_2^2}{n_2}} = \sqrt{\dfrac{294.5}{50} + \dfrac{174.3}{50}}$ 个 $= 3.06$ 个

由式（3-45）得

$$u = \frac{\overline{x}_1 - \overline{x}_2}{s_{\overline{x}_1 - \overline{x}_2}} = \frac{54.10 - 43.28}{3.06} = 3.54$$

推断 当 $\alpha = 0.01$ 时，查 u 值表，得 $u_{0.05} = 1.96, u_{0.01} = 2.58$，实得 $u = 3.54$，则 $|u| = 5.34 > u_{0.01} = 2.58$，$P < 0.01$，否定 H_0，接受 H_A，即两个插秧期的每穗结实数有极显著性差异。

② t 检验。

在两个样本总体方差 σ_1^2 和 σ_2^2 未知又是小样本时，可假定 $\sigma_1^2 = \sigma_2^2$，用 t 检验。

$$t = \frac{(\overline{x_1} - \overline{x_2}) - (\mu_1 - \mu_2)}{s_{\overline{x_1} - \overline{x_2}}} \qquad (3-46)$$

由于假设 $H_0 : \mu_1 = \mu_2$,故上式为

$$t = \frac{\overline{x_1} - \overline{x_2}}{s_{\overline{x_1} - \overline{x_2}}} \qquad (3-47)$$

一般资料假定两个样本所属总体方差相等,即 $\sigma_1^2 = \sigma_2^2 = \sigma^2$,而 s_1^2 和 s_2^2 都是用来作为 σ^2 的无偏估计值的,由于两个样本的容量有时不等,为了增加误差估计的精确度,一般用两个方差 s_1^2 和 s_2^2 的加权平均数 s_e^2(合并均方)来估计 σ^2。

$$s_e^2 = \frac{s_1^2(n_1-1) + s_2^2(n_2-1)}{(n_1-1)+(n_2-1)} = \frac{\sum (x_1-\overline{x_1})^2 + \sum (x_2-\overline{x_2})^2}{(n_1-1)+(n_2-1)} = \frac{SS_1 + SS_2}{\nu_1 + \nu_2}$$
$$(3-48)$$

式中：s_e^2 为合并均方；SS_1 与 SS_2 分别为两个样本的平方和。

求得 s_e^2 后,其两个样本平均数差数标准误差为

$$s_{\overline{x_1} - \overline{x_2}} = \sqrt{s_e^2 \left(\frac{1}{n_1} + \frac{1}{n_2} \right)} = \sqrt{\frac{\sum (x_1-\overline{x_1})^2 + \sum (x_2-\overline{x_2})^2}{n_1+n_2-2} \left(\frac{1}{n_1} + \frac{1}{n_2} \right)} \quad (3-49)$$

$$\nu = n_1 + n_2 - 2 \qquad (3-50)$$

当 $n_1 = n_2 = n$ 时,上式简化为

$$s_{\overline{x_1} - \overline{x_2}} = \sqrt{\frac{2s_e^2}{n}} \qquad (3-51)$$

【例 3-25】 某中药厂从某种药材中提取有效成分,为提高该成分的获得率,设计了一种新的提炼方法。现对同一质量的药材用新、旧两种方法各做 10 次试验,新方法获得率分别为 76.8%、79.3%、78.4%、80.8%、80.5%、75.3%、83.2%、78.6%、79.0%、78.8%,旧方法获得率分别为 76.1%、77.0%、77.2%、78.9%、75.7%、74.6%、78.9%、74.8%、76.0%、74.7%;试检验新方法对此有效成分的获得率与旧方法的获得率有无显著性差异。

提出假设 $H_0 : \mu_1 = \mu_2$,对于 $H_A : \mu_1 \neq \mu_2$。

规定显著性水平 $\alpha = 0.05$ 或 $\alpha = 0.01$,两尾检验。

检验计算

$$\overline{x_1} = \frac{1}{10}(76.8\% + 79.3\% + \cdots + 78.8\%) = 79.1\%$$

$$\overline{x_2} = \frac{1}{10}(76.1\% + 77.0\% + \cdots + 74.7\%) = 76.4\%$$

$$SS_1 = \sum (x_1 - \overline{x_1})^2$$
$$= (76.8\% - 79.1\%)^2 + (79.3\% - 79.1\%)^2 + \cdots + (78.8\% - 79.1\%)^2 = 0.004227$$

$$SS_2 = \sum (x_2 - \overline{x_2})^2$$
$$= (76.1\% - 76.4\%)^2 + (77.0\% - 76.4\%)^2 + \cdots + (74.7\% - 76.4\%)^2 = 0.002294$$

$$s_e^2 = \frac{SS_1 + SS_2}{(n_1-1)+(n_2-1)} = \frac{0.004227 + 0.002294}{(10-1)+(10-1)} = 0.0003623$$

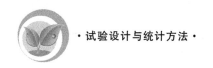

$$s_{\bar{x}_1 - \bar{x}_2} = \sqrt{\frac{2s_e^2}{n}} = \sqrt{\frac{2 \times 0.0003623}{10}} = 0.00851$$

$$t = \frac{\bar{x}_1 - \bar{x}_2}{s_{\bar{x}_1 - \bar{x}_2}} = \frac{79.1\% - 76.4\%}{0.851\%} = 3.172$$

推断　查相关数据表,当 $\nu = 10 + 10 - 2 = 18$ 时,$t_{0.05} = 2.101$,$t_{0.01} = 2.878$,实得 $|t| = 3.172 > t_{0.01(18)} = 2.878$,故 $P < 0.01$,否定 H_0,接受 H_A,即新方法对有效成分的获得率明显高于旧方法。

2)成对数据比较假设检验

在进行比较两个样本平均数差数的显著性检验时,为了增加两个样本比较的准确性,要求两个样本各个体间配偶成对,每对个体除处理不同外,其余条件(如环境、管理等)应一致或基本一致,对与对之间的条件允许有差异。例如,在条件最为近似的两个小区或盆钵中进行两种不同的处理,在同一植株的对称部位上进行两种不同的处理,照此方法获得的数据都是成对数据。

在成对数据中,由于同一配对内两个供试单位的试验条件很接近,而不同配对间的条件差异又可通过各个配对差数予以消除,因而可以控制试验误差,从而具有较高的精确度。

设两个样本的观察值分别为 x_1 和 x_2,共配成 n 对,各个对的差数为 $d = x_1 - x_2$,差数的平均数为 $\bar{d} = \bar{x}_1 - \bar{x}_2$,则差数标准差(s_d)为

$$s_d = \sqrt{\frac{\sum (d - \bar{d})^2}{n-1}} = \sqrt{\frac{\sum d^2 - \frac{(\sum d)^2}{n}}{n-1}} \tag{3-52}$$

差数平均数的标准误差($s_{\bar{d}}$)为

$$s_{\bar{d}} = \frac{s_d}{\sqrt{n}} = \sqrt{\frac{\sum (d - \bar{d})^2}{n(n-1)}} = \sqrt{\frac{\sum d^2 - \frac{(\sum d)^2}{n}}{n(n-1)}}$$

因而有

$$t = \frac{\bar{d} - \mu_d}{s_{\bar{d}}} \tag{3-53}$$

服从 $\nu = n - 1$ 的 t 分布。

由于假设 $\mu_d = 0$,式(3-53)可改写为

$$t = \frac{\bar{d}}{s_{\bar{d}}} \tag{3-54}$$

因此,当实际得到的 $|t| \geqslant t_a$ 时,可否定 $H_0: \mu_d = 0$,接受 $H_A: \mu_d \neq 0$,两个样本平均数有显著性差异或极显著性差异;当实际得到的 $|t| < t_{0.05}$ 时,接受 H_0,$\mu_d = 0$,两个样本平均数无显著性差异。

【例 3-26】　为了研究两种烟草花叶病毒对烟草的致病力有无差异,随机选取 8 株烟草,在每株的第二片叶上沿中脉分成左、右对称的两部分进行试验,把甲病毒与乙病毒分别随机涂抹在每片叶的两半片叶上,待发病后记录每半片叶发生花叶病病斑数目,结果见

表 3-14,试检验甲、乙两种花叶病毒对该烟草品种的致病力有无差异。

表 3-14　两种烟草花叶病毒在 8 株烟草上致病的病斑数

株　　号	半片叶片病斑数		$d_i(x_{1i} - x_{2i})$
	甲病毒(x_{1i})	乙病毒(x_{2i})	
1	9	10	−1
2	17	11	6
3	31	18	13
4	18	14	4
5	7	6	1
6	8	7	1
7	20	17	3
8	10	5	5

由于每片叶的条件一致,故两种处理的致病力可视为成对数据。

提出假设　$H_0 : \mu_d = 0$,对于 $H_A : \mu_d \neq 0$。

确定显著性水平　$\alpha = 0.05$　或　$\alpha = 0.01$。

检验计算

$$\bar{d} = \bar{x}_1 - \bar{x}_2 = \frac{\sum d_i}{n} = \frac{(-1) + 6 + \cdots + 5}{8} = 4$$

$$s_{\bar{d}} = \frac{s_d}{\sqrt{n}} = \sqrt{\frac{\sum (d - \bar{d})^2}{n(n-1)}} = \sqrt{\frac{\sum d^2 - \frac{(\sum d)^2}{n}}{n(n-1)}}$$

$$= \sqrt{\frac{[(-1)^2 + 6^2 + \cdots + 5^2] - \frac{(-1 + 6 + \cdots + 5)^2}{8}}{8 \times (8-1)}} = 1.524$$

$$t = \frac{\bar{d}}{s_{\bar{d}}} = \frac{4}{1.524} = 2.625$$

推断　查相关数据表,当 $\nu = n - 1 = 8 - 1 = 7$ 时,$t_{0.05} = 2.365$,而实得 $|t| = 2.625 > t_{0.05} = 2.363$。故 $P < 0.05$,否定 H_0,接受 H_A。即两种花叶病毒对烟草致病力存在显著性差异。

2.2.4　多样本平均数的假设检验——方差分析

前面介绍的一个或两个样本进行平均数的假设检验,可以采用 u 检验或 t 检验来测定它们之间差异的显著性。而当试验的样本数 $k \geqslant 3$ 时,u 检验或 t 检验法已不宜应用。其原因是当 $k \geqslant 3$ 时,就要进行 $k(k-1)/2$ 次检验比较,不仅检验过程繁琐,工作量大,而且不能充分利用试验资料的全部信息,整个试验的误差要分成许多组来分别估计,因而影响了分析的准确性,使得试验精确度降低。因此,对多个样本平均数的假设检验,需要采用一种更加适宜的统计方法,就要考虑合并进行分析,借以达到精确、简便的目的。这种合并的分析方法,就是方差分析。它在科学研究中应用十分广泛,是科学研究工作的一个十分重要的工具。

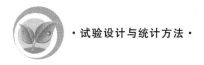

 **小资料**

费歇尔(Ronald A. Fisher)1923 年提出方差分析,并于 1924 年在加拿大多伦多举行的国际统计学会大会上,作了题为《关于一个引出若干周知统计量的误差函数的分析》的报告,正式提出了方差分析,也是第一篇出现"方差分析表"的论文。

1)方差分析的概念

方差分析(analysis of variance,ANOVA)就是将 k 个处理的观测值作为一个整体看待,把观测值(试验数据)的总变异分解为来源于不同因素的相应变异,并作出数量估计,从而发现各个因素在总变异中所占的重要程度。即将试验的总变异方差分解成各变因方差,并以其中的误差方差作为和其他变因方差比较的标准,以推断其他变因所引起的变异量是否真实的一种统计分析方法。

简单地说,方差分析法是根据不同需要把某变量方差分解为不同的部分,比较它们之间的大小并用 F 检验进行显著性检验,分析出各组数据之间有无差异的方法。它实质上是关于观测值变异原因的数量分析方法。

2)方差分析的步骤

(1)平方和与自由度分解。

要将一个试验资料的总变异分解为各个变异来源的相应变异,首先将总平方和与总自由度分解为各个变异来源的相应平方和和自由度。因此,平方和与自由度的分解是方差分析的第一步。下面以单因素完全随机设计的试验资料为例说明方差分析的步骤。

假设有 k 个处理,每个处理有 n 个观测值,则该试验资料共有 nk 个观测值,其观测值的组成如表 3-15 所示。

在表 3-15 中,i 代表资料中任一样本;j 代表样本中任一观测值;x_{ij} 代表任一样本的任一观测值;T_t 代表处理总和;$\overline{x_t}$ 代表处理平均数;T 代表全部观测值总和;$\overline{x}$ 代表总平均数。

表 3-15　每处理具 n 个观测值的 k 组数据的符号表

处　　理	观　测　值						处理总和 T_t	处理平均 $\overline{x_t}$
	1	2	…	j	…	n		
1	x_{11}	x_{12}	…	x_{1j}	…	x_{1n}	T_{t1}	$\overline{x_{t1}}$
2	x_{21}	x_{22}	…	x_{2j}	…	x_{2n}	T_{t2}	$\overline{x_{t2}}$
⋮	⋮	⋮	…	⋮	…	⋮	⋮	⋮
i	x_{i1}	x_{i2}	…	x_{ij}	…	x_{in}	T_{ti}	$\overline{x_{ti}}$
⋮	⋮	⋮	…	⋮	…	⋮	⋮	⋮
k	x_{k1}	x_{k2}	…	x_{kj}	…	x_{kn}	T_{tk}	$\overline{x_{tk}}$
							$T=\sum x$	$\overline{x}$

在表 3-14 中，总变异是 nk 个观测值的变异，故其自由度 $\nu_T = nk-1$，而其平方和 SS_T 则为

$$SS_T = \sum_{i=1}^{k}\sum_{j=1}^{n}(x_{ij}-\overline{x})^2 = \sum x^2 - C \tag{3-55}$$

式(3-55)中的 C 称为矫正数，其计算公式为

$$C = \frac{(\sum x)^2}{nk} = \frac{T^2}{nk} \tag{3-56}$$

产生总变异的原因可从两方面来分析：一是同一处理不同重复观测值的差异是由偶然因素的影响造成的，即试验误差，又称为处理内变异或组内变异；二是不同处理之间平均数的差异主要是由处理的不同效应造成的，称为处理间变异，又称为组间变异。因此，总变异可分解为处理间变异和处理内（误差）变异两部分。

处理间的差异即 k 个 $\overline{x}$ 的变异，故自由度 $\nu_t = k-1$，而其平方和 SS_t 为

$$SS_t = n\sum_{t=1}^{k}(\overline{x_t}-\overline{x})^2 = \frac{\sum T_t^2}{n} - C \tag{3-57}$$

处理内的变异为各处理内观测值与处理平均数的变异，故每个处理具有自由度 $n-1$ 和平方和 $\sum_{i=1}^{k}\sum_{j=1}^{n}(x_{ij}-\overline{x_t})^2$，而资料共有 k 组，故组内自由度 $\nu_e = k(n-1)$，而处理内平方和 SS_e 为

$$SS_e = \sum_{i=1}^{k}\sum_{j=1}^{n}(x_{ij}-\overline{x_t})^2 = SS_T - SS_t \tag{3-58}$$

因此，表 3-15 类型资料的平方和与自由度的分解式为

总平方和＝处理间(组间)平方和＋误差(组间)平方和

即

$$\sum_{i=1}^{k}\sum_{j=1}^{n}(x_{ij}-\overline{x})^2 = n\sum_{t=1}^{k}(\overline{x_t}-\overline{x})^2 + \sum_{i=1}^{k}\sum_{j=1}^{n}(x_{ij}-\overline{x_t})^2 \tag{3-59}$$

记作
$$SS_T = SS_t + SS_e$$

或　　　　总自由度＝处理间(组间)自由度＋误差(组间)自由度

即

$$nk-1 = (k-1) + k(n-1) \tag{3-60}$$

记作
$$\nu_T = \nu_t + \nu_e$$

将以上公式归纳如下：

$$\left.\begin{array}{l}
\text{总平方和}\quad SS_T = \sum x^2 - C;\text{总自由度}\quad \nu_T = nk-1 \\[2mm]
\text{处理平方和}\quad SS_t = \frac{\sum T_t^2}{n} - C;\text{处理自由度}\quad \nu_t = k-1 \\[2mm]
\text{误差平方和}\quad SS_e = SS_T - SS_t;\text{误差自由度}\quad \nu_e = k(n-1)
\end{array}\right\} \tag{3-61}$$

求得各变异来源的平方和与自由度后，进而求得各变异来源的方差：

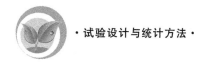

$$\left.\begin{aligned}\text{总的方差} \quad & S_T^2(\mathrm{MS}_T) = \frac{\mathrm{SS}_T^2}{\nu_T} \\[2mm] \text{处理间方差} \quad & s_t^2(\mathrm{MS}_t) = \frac{\mathrm{SS}_t^2}{\nu_t} \\[2mm] \text{误差方差} \quad & s_e^2(\mathrm{MS}_e) = \frac{\mathrm{SS}_e^2}{\nu_e} \end{aligned}\right\} \tag{3-62}$$

方差又称均方。一般方差用 s^2 表示,均方用 MS 表示。

【例 3-27】 研究 0.5 cm、1.0 cm、1.5 cm(CK)、2.0 cm、2.5 cm、3.0 cm 6 种播深(k =6)对黄芩出苗的影响,盆栽试验,每种播深种植 3 盆(n=3),完全随机设计,播种 15 天分别计数每盆出苗数,结果列于表 3-16 中,试作方差分析。

表 3-16 黄芩播深试验结果(出苗数/盆)

播深/cm	每盆出苗数			T_t	$\overline{x}_t$
	1	2	3		
0.5 cm	70	72	65	207	69.0
1.0 cm	58	62	60	180	60.0
1.5 cm	53	49	36	138	46.0
2.0 cm	18	13	17	48	16.0
2.5 cm	3	5	4	12	4.0
3.0 cm	1	1	2	4	1.3
				$T=589$	$\overline{x}=32.7$

第一步:平方和的分解。

已知 $n=3,k=6$,根据式(3-55)、式(3-56)、式(3-57)和式(3-58)可得

$$C = \frac{T^2}{nk} = \frac{589^2}{3 \times 6} = \frac{346921}{18} = 19273.4$$

$$\mathrm{SS}_T = \sum x^2 - C = 70^2 + 58^2 + \cdots + 2^2 - C = 32461 - 19273.4 = 13187.6$$

$$\mathrm{SS}_t = \frac{\sum T_t^2}{n} - C = \frac{207^2 + 180^2 + \cdots + 4^2}{3} - C = 32252.3 - 19273.4 = 12978.9$$

$$\mathrm{SS}_e = \mathrm{SS}_T - \mathrm{SS}_t = 13187.6 - 12978.9 = 208.7$$

第二步:自由度的分解。

根据式(3-61)可得

总变异自由度 $\qquad \nu_T = nk - 1 = (3 \times 6) - 1 = 17$

播深间自由度 $\qquad \nu_t = k - 7 = 6 - 1 = 5$

误差自由度 $\qquad \nu_e = k(n-1) = 6 \times (3-1) = 12$

第三步:计算各部分方差。

根据式(3-62)可得

播深间方差 $\qquad s_t^2 = \frac{\mathrm{SS}_t}{\nu_t} = \frac{12978.9}{5} = 2595.8$

误差方差 $$s_e^2 = \frac{SS_e}{\nu_e} = \frac{208.7}{12} = 17.4$$

总方差不必计算。

(2) F 分布与 F 检验。

① F 值和 F 分布。

假设从一个平均数为 μ，方差为 σ^2 的正态总体中随机抽取两个独立样本，分别求其方差（均方）s_1^2 和 s_2^2，统计学上把 s_1^2 与 s_2^2 的比值称为 F 值，即

$$F_{(\nu_1, \nu_2)} = s_1^2 / s_2^2 \tag{3-63}$$

F 具有 s_1^2 的自由度 ν_1 和 s_2^2 的自由度 ν_2。通常 $s_1^2 > s_2^2$，所以习惯上称 ν_1 为大方差自由度，ν_2 为小方差自由度。

假设在给定 ν_1 和 ν_2 的情况下，对正态总体 $N(\mu, \sigma^2)$ 进行随机独立抽样，可以得到一系列的 F 值，F 值所具有的概率分布称为 F 分布。F 分布密度曲线是随自由度 ν_1、ν_2 的变化而变化的一组偏态曲线，其形态随着 ν_1、ν_2 的增大逐渐趋于对称，如图 3-11 所示。

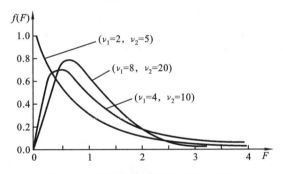

图 3-11 不同自由度下的 F 分布曲线

 想一想

比较一下，F 分布与正态分布曲线有何不同？

F 分布是由 ν_1 和 ν_2 所决定的一系列曲线，平均值 $\mu_F = 1$，其取值范围是 $[0, +\infty)$。通过 F 分布下一定区间的概率，可以从 F 值表查出不同 ν_1 和 ν_2 下右尾概率 α 的临界 F_α 值。若实际计算的 $F \geqslant F_\alpha$，则 F 值在 α 水平上有显著性差异，这种用 F 值出现概率的大小推断两个总体方差是否相等的方法称为 F 检验。

② F 检验。

在方差分析中所进行的 F 检验的目的在于推断处理间的差异是否存在，在计算 F 值时以被检验因素（处理）的方差 s_t^2 作分子，以误差方差 s_e^2 作分母。计算的 F 值与根据 ν_1、ν_2 查 F 值表所得的临界 F 值与 F_α 相比较，作出统计推断。

F 检验的步骤分三步，首先提出假设，$H_0: \sigma_t^2 \leqslant \sigma_e^2$，即处理间差异小于或等于试验误差，无显著性差异。对于 $H_A: \sigma_t^2 > \sigma_e^2$，即处理间差异大于试验误差，有显著性差异或极显著性差异。其次，列方差分析表进行 F 检验，见表 3-17。最后推断假设，按概率标准进行推断。若 $F < F_{0.05}$，即 $P > 0.05$，接受 H_0，则认为各处理间无显著性差异，F 值的右上

方不标记符号；若 $F_{0.05} \leqslant F < F_{0.01}$，即 $0.01 < P \leqslant 0.05$，否定 H_0，接受 H_A，则认为各处理间有显著性差异，在 F 值的右上方标记"*"；若 $F \geqslant F_{0.01}$，即 $P \leqslant 0.01$，否定 H_0，接受 H_A，则认为各处理间有极显著性差异，在 F 值的右上方标记"**"。如果 $F \leqslant 1$，不用查 F 值表，即可以判断无显著性差异。在实际应用中，提出假设这步可以省略。

表 3-17　方差分析

变异来源	SS	ν	s^2(MS)	F	$F_{0.05}$	$F_{0.01}$
处理间	$SS_t = \dfrac{\sum T_t^2}{n} - C$	$\nu_t = k-1$	$s_t^2 = \dfrac{SS_t}{\nu_t}$	$F_t = \dfrac{MS_t}{MS_e}$		
误差（处理内）	$SS_e = SS_T - SS_t$	$\nu_e = k(n-1)$	$s_e^2 = \dfrac{SS_e}{\nu_e}$			
总变异	$SS_T = \sum x^2 - C$	$\nu_T = nk-1$				

现对例 3-27 的资料进行 F 检验。在实际进行方差分析时，只需计算出各项平方和与自由度，各项方差（均方）的计算及 F 检验可在方差分析表上进行（表 3-18）。

表 3-18　黄芩不同播深出苗率的方差分析

变异来源	SS	ν	s^2(MS)	F	$F_{0.05}$	$F_{0.01}$
播深间	12978.9	5	2595.8	149.2**	3.11	5.06
误差	208.7	12	17.4			
总变异	13187.6	17				

因为 $F = \dfrac{s_t^2}{s_e^2} = 2595.8/17.4 = 149.2$；根据 $\nu_1 = 5$，$\nu_2 = 12$ 查 F 值表，$F_{0.05} = 3.11$，$F_{0.01} = 5.06$，得到 $F_t = 149.2 > F_{0.01} = 5.06$，故 $P < 0.01$，推断，否定 H_0，接受 H_A；表明黄芩 6 种不同播深的出苗率存在极显著性差异，需进一步进行多重比较。

（3）多重比较。

F 检验是一个整体检验，只能说明处理平均数间是否有显著性差异，并不表明平均数两两间有显著性差异或极显著性差异。因此，经 F 检验，结果达到显著性差异或极显著性差异时，还需进一步对各个处理平均数间的显著性差异进行检验，这种检验方法称为处理平均数间的多重比较（multiple comparison）。当然，若 F 检验结果的处理平均数间无显著性差异，无需进行多重比较。

多重比较的方法较多，现选最常用的最小显著差数法（LSD 法）和最小显著极差法（LSR 法）进行介绍。

① 最小显著差数法。

最小显著差数（least significant difference）法，又称 LSD 法。它是多重比较中最基本的方法，实际上属于 t 检验性质的方法。要求比较的两个平均数在试验前已经指定，因而它们是两两相互独立的。利用该方法时，各试验处理一般是与指定的对照处理进行比较。LSD 法的步骤如下。

（A）计算样本平均数差数标准误差 $s_{\bar{x}_1 - \bar{x}_2}$。

$$s_{\overline{x}_1-\overline{x}_2} = \sqrt{\frac{2s_e^2}{n}} \qquad (3\text{-}64)$$

式中：s_e^2 为误差方差；n 为样本容量。

（B）根据误差自由度查 t 值表，查出显著性水平为 α 时的临界 t_α 值。

（C）计算出显著性水平为 α 的最小显著差数 LSD_α。在 t 检验中已知 $t = \dfrac{\overline{x}_1-\overline{x}_2}{s_{\overline{x}_1-\overline{x}_2}}$，则 $\overline{x}_1-\overline{x}_2 = t \times s_{\overline{x}_1-\overline{x}_2}$，若 t 值定为差异显著标准 t_α 值，则 $t_\alpha \times s_{\overline{x}_1-\overline{x}_2}$ 就是达到差异显著标准的最小差数，称为最小显著差数，用 LSD_α 表示。即

$$\mathrm{LSD}_\alpha = t_\alpha \times s_{\overline{x}_1-\overline{x}_2} \qquad (3\text{-}65)$$

当 $\alpha=0.05$ 和 0.01 时，LSD 的计算公式分别为

$$\mathrm{LSD}_{0.05} = t_{0.05} \times s_{\overline{x}_1-\overline{x}_2} \qquad (3\text{-}66)$$
$$\mathrm{LSD}_{0.01} = t_{0.01} \times s_{\overline{x}_1-\overline{x}_2} \qquad (3\text{-}67)$$

（D）各处理平均数的比较。凡两处理平均数的差数 $\overline{x}_1-\overline{x}_2 < \mathrm{LSD}_{0.05}$，$P>0.05$，无显著性差异，差数的右上方不标记符号；当 $\mathrm{LSD}_{0.05} \leqslant \overline{x}_1-\overline{x}_2 < \mathrm{LSD}_{0.01}$ 时，有显著性差异，在差数的右上方标记"＊"；当 $\overline{x}_1-\overline{x}_2 \geqslant \mathrm{LSD}_{0.01}$ 时，有极显著性差异，在差数的右上方标记"＊＊"。

现对例 3-27 的资料进行多重比较。

第一步：计算 $s_{\overline{x}_1-\overline{x}_2}$。

$$s_{\overline{x}_1-\overline{x}_2} = \sqrt{2s_e^2/n} = \sqrt{2\times17.4/3} = \sqrt{11.6} = 3.4$$

第二步：查 t_α 值。

当误差自由度 $\nu_e=12$ 时，查 t 值表得 $t_{0.05}=2.179$，$t_{0.01}=3.055$。

第三步：计算显著性水平为 0.05 与 0.01 的最小显著差数。

$$\mathrm{LSD}_{0.05} = t_{0.05} \times s_{\overline{x}_1-\overline{x}_2} = 2.179\times3.4 = 7.41$$
$$\mathrm{LSD}_{0.01} = t_{0.01} \times s_{\overline{x}_1-\overline{x}_2} = 3.055\times3.4 = 10.4$$

第四步：各播深平均数间的比较，见表 3-19。

表 3-19　黄芩 6 个播深与对照出苗率差异比较（LSD 法）

播深/cm	0.5	1.0	1.5(CK)	2.0	2.5	3.0
平均出苗率/（%）	69.0	60.0	46.0	16.0	4.0	1.3
与对照的差异	23.0＊＊	14.0＊＊	—	−30＊＊	−42＊＊	−44.7＊＊

比较结果说明：播深 0.5 cm、1.0 cm 的出苗率极显著地高于 1.5 cm（对照）的出苗率，其余三个播深的出苗率极显著地低于 1.5 cm（对照）的出苗率。

② 最小显著极差法。

最小显著极差（shortest significant ranges）法，简称为 SSR 法，又称为新复极差法，是目前应用较广泛的一种检验方法。此法的特点是依平均数大小进行排序，不同的平均数之间采用不同的差异显著标准，有效克服 LSD 法的局限性，可用于所有处理平均数间的相互比较。SSR 法的步骤如下。

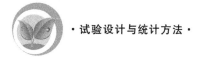

（A）计算样本平均数标准误差 $s_{\bar{x}}$（SE）。

$$s_{\bar{x}}(\text{SE}) = \sqrt{\frac{s_e^2(\text{MS}_e)}{n}} \qquad (3\text{-}68)$$

（B）根据误差自由度 ν_e 和极差包含的平均数的个数 k，查 SSR 值表，查出显著性水平为 α 时的临界 SSR_α 值，填入 LSR 值计算表。

（C）计算不同 k 数下的最小显著极差 LSR 值。

$$\text{LSR}_\alpha = \text{SSR}_\alpha \times s_{\bar{x}} \qquad (3\text{-}69)$$

SSR_α 数值的大小，一方面与误差自由度有关，另一方面与检验极差所包括的平均数个数（k）有关。

（D）各处理平均数的比较。凡极差 $R < \text{LSR}_{0.05}$，$P > 0.05$，无显著性差异，极差的右上方不标记符号；$\text{LSR}_{0.05} \leqslant R < \text{LSR}_{0.01}$ 时，有显著性差异，在极差的右上方标记"＊"；$R \geqslant \text{LSR}_{0.01}$ 时，有极显著性差异，在极差的右上方标记"＊＊"。

现对例 3-27 的资料按照 SSR 法对平均数进行多重比较。

第一步：计算样本平均数的标准误差 $s_{\bar{x}}$（SE）。

$$s_{\bar{x}}(\text{SE}) = \sqrt{\frac{s_e^2(\text{MS}_e)}{n}} = \sqrt{\frac{17.4}{3}} = \sqrt{5.8} = 2.41$$

第二步：根据误差自由度 $\nu_e = 12$ 和极差 R 包含的平均数的个数 $k = 2,3,4,5,6$，查 SSR 值表，查出显著性水平为 α 时的临界 SSR_α 值，填入表 3-20 中。

第三步：计算最小显著极差 LSR_α 值。

将查得的所有 SSR_α 数值带入公式 $\text{LSR}_\alpha = \text{SSR}_\alpha \times s_{\bar{x}}$，算得的不同个数 k 的 LSR_α 值，填入表 3-20 中。

表 3-20　表 3-16 黄芩各播深的 LSR 计算表（SSR 法）

k	2	3	4	5	6
$\text{SSR}_{0.05}$	3.08	3.23	3.33	3.36	3.40
$\text{SSR}_{0.01}$	4.32	4.55	4.68	4.76	4.84
$\text{LSR}_{0.05}$	7.42	7.78	8.03	8.10	8.19
$\text{LSR}_{0.01}$	10.41	10.97	11.28	11.47	11.66

第四步：各播深平均数间的比较。

将各播深平均数按照从大到小的顺序排列成表 3-21 和表 3-22，根据极差的 k 数用不同的 LSR 值对各极差进行检验。

在表 3-21 中，采用的是标记字母法。若显著性水平 $\alpha = 0.05$，有显著性差异的用小写英文字母表示，可先在最大的平均数上标上字母 a，并将该平均数与以下各个平均数相比，凡无显著性差异的（$R < \text{LSR}_\alpha$）都标上字母 a，当出现某一个与之呈显著性差异的平均数时，则标以字母 b；再以该标有字母 b 的平均数为准，与上方各个平均数相比，凡是无显著性差异的一律在字母 a 的后面标以字母 b；再以标有字母 b 的最大平均数为准，与以下各未标记的平均数相比，凡是无显著性差异的继续标以字母 b，当出现某一个与之呈显著性差异的平均数时，则标以字母 c；如此重复，直到最小的一个平均数有了标记字母，并与以上平均数进行比

较为止。在各平均数之间,凡是标有相同字母的,为无显著性差异,凡是标有不同字母的,为有显著性差异。显著性水平 $\alpha=0.01$ 时,用大写英文字母表示,标记方法同上。

比较结果说明,播深 0.5 cm、1.0 cm 的出苗数极显著地高于播深 1.5 cm、2.0 cm、2.5 cm、3.0 cm 的出苗数,播深 1.5 cm 的出苗数极显著地高于播深 2.0 cm、2.5 cm、3.0 cm 的出苗数,播深 2.0 cm 的出苗数极显著地高于播深 2.5 cm、3.0 cm 的出苗数;播深 0.5 cm 的出苗数显著地高于播深 1.0 cm 的出苗数,播深 2.5 cm 的出苗数与播深 3.0 cm 的出苗数无显著性差异。

表 3-21　表 3-16 黄芩各播深的差异显著性(标记字母法)

播深/cm	平均数	差异显著性	
		$\alpha=0.05$	$\alpha=0.01$
0.5 cm	69.0	a	A
1.0 cm	60.0	b	A
1.5 cm	46.0	c	B
2.0 cm	16.0	d	C
2.5 cm	4.0	e	D
3.0 cm	1.3	e	D

现就本例标记如下。

对 $\alpha=0.05$ 的显著性水平进行标记,在播深 0.5 cm 处标上字母 a。

播深 0.5 cm 与 1.0 cm 比:$k=2$,$69.0-60.0=9.0>7.42$,有显著性差异,将 1.0 cm 处标以字母 b。

播深 1.0 cm 与 1.5 cm 比:$k=2$,$60.0-46.0=14.0>7.42$,有显著性差异,将1.5 cm 处标以字母 c。

播深 1.5 cm 与 2.0 cm 比:$k=2$,$46.0-16.0=30.0>7.42$,有显著性差异,将2.0 cm 处标以字母 d。

播深 2.0 cm 与 2.5 cm 比:$k=2$,$16.0-4.0=12.0>7.42$,有显著性差异,将 2.5 cm 处标以字母 e。

播深 2.5 cm 与 3.0 cm 比:$k=2$,$4.0-1.3=2.7<7.42$,无显著性差异,将 2.5 cm 处仍标以字母 e。

至此,$\alpha=0.05$ 的显著性水平标记完毕。

再对 $\alpha=0.01$ 的显著性水平进行标记,在播深 0.5 cm 处标以字母 A。

播深 0.5 cm 与 1.0 cm 比:$k=2$,$69.0-60.0=9.0<10.41$,无显著性差异,将1.0 cm 处标以字母 A。

播深 0.5 cm 与 1.5 cm 比:$k=3$,$69.0-46.0=23.0>10.97$,有极显著性差异,将 1.5 cm处标以字母 B。

播深 1.0 cm 与 1.5 cm 比:$k=2$,$60.0-46.0=14.0>10.41$,有极显著性差异,1.0 cm处已经标以字母 A,就不用再标别的字母了。

播深 1.5 cm 与 2.0 cm 比:$k=2$,$46.0-16.0=30.0>10.41$,有极显著性差异,将2.0 cm处标以字母 C。

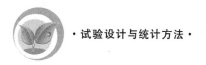
播深 2.0 cm 与 2.5 cm 比:$k=2,16.0-4.0=12.0>10.41$,有极显著性差异,将 2.5 cm 处标以字母 D。

播深 2.5 cm 与 3.0 cm 比:$k=2,4.0-1.3=2.7<10.41$,无显著性差异,将 2.5 cm 处仍标以字母 D。

至此,$\alpha=0.01$ 的极显著性水平标记完毕。

表 3-22   表 3-16 黄芩各播深的差异比较(列阶梯表法)

播深/cm	平均数	差　异				
		$\overline{x}_t - 1.3$	$\overline{x}_t - 4.0$	$\overline{x}_t - 16.0$	$\overline{x}_t - 46.0$	$\overline{x}_t - 60.0$
0.5 cm	69.0	67.7**	65**	53**	23**	9*
1.0 cm	60.0	58.7**	56**	44**	14**	
1.5 cm	46.0	44.7**	42**	30**		
2.0 cm	16.0	14.7**	12**			
2.5 cm	4.0	2.7				
3.0 cm	1.3					

在表 3-22 中,采用的是列阶梯表法。比较结果与标记字母法相同。

综上所述,方差分析的基本步骤包括:平方和与自由度的分解;列方差分析表,进行 F 检验;对各平均数进行多重比较。

 查一查

在期刊论文中,哪种多重比较的方法用得比较多?

2.2.5　次数资料的统计分析——χ^2(卡平方)检验

前面介绍了连续性变数资料的统计分析方法 u、t、F 等统计数的分布,而在生物和农业科学研究中,有些质量性状、数量性状资料,是用计数的方法获得的,如植株抗病株和感病株数、种子发芽与未发芽数等,这样的资料称为次数资料或计数资料。对于次数资料的统计分析,主要采用 χ^2(卡平方)检验法。

1) χ^2(卡平方)概念与分布

所谓 χ^2(卡平方)是指相互独立的多个正态离差平方值的总和。

χ^2(卡平方)检验是判断次数资料在某种假设下,其实际观察所得的次数与理论次数间的差异是由抽样误差造成的,还是本质原因所致。为了度量实际观察次数与理论次数偏离的程度,最简单的办法是求出实际观察次数与理论次数的差数。一般用 O 代表实际观察次数,E 代表理论次数。若全部数据的差数总和 $\sum(O-E)$ 为 0,不能反映实际观察次数与理论次数偏离的程度。若将数据的全部差数平方后再相加,得到差数平方的总和,即 $\sum(O-E)^2$,其值越大,实际观察次数与理论次数相差亦越大,反之则越小。但 $(O-E)^2$ 的大小受理论次数 E 的影响,为了弥补这一不足,可先将各差数平方除以相应的理论次数后再相加,并记为 χ^2,即

$$\chi^2 = \sum \frac{(O-E)^2}{E}$$

(3-70)

也就是说，χ^2（卡平方）是度量实际观察次数与理论次数偏离程度的一个统计量，由式(3-70)可知，χ^2越小，实际观察次数与理论次数越接近；$\chi^2=0$，实际观察次数与理论次数完全吻合；如果实际观察次数与理论次数差异越大，则χ^2也越大。由于存在抽样误差，χ^2增大到多大才算是有显著性差异，需要了解χ^2分布，并进行显著性检验。

因χ^2分布是由正态总体随机抽样得来的一种连续性随机变量的分布。显然，χ^2没有负值，$\chi^2 \geqslant 0$，即χ^2的取值范围是$[0, +\infty)$；因此，次数资料的χ^2检验是一尾检验，其否定区间在χ^2分布曲线的右尾。χ^2分布密度曲线是随自由度不同而改变的一组曲线，随自由度的增大，曲线由偏斜逐渐趋于对称；当$\nu \geqslant 30$时，χ^2分布接近于正态分布，当$\nu \to +\infty$时，χ^2分布则为正态分布。图 3-12 为几个不同自由度的χ^2概率分布密度曲线。

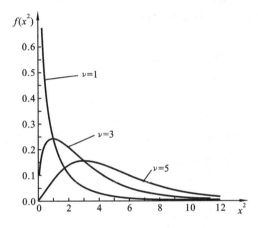

图 3-12　不同自由度的χ^2分布曲线

χ^2值表列出不同自由度的χ^2的一尾（右尾）概率值，可供次数资料的χ^2检验之用。

χ^2分布是连续性分布，而次数资料是间断性的，由次数资料算得的χ^2值有偏大的趋势，特别是$\nu=1$时偏差较大，需对χ^2作连续性矫正，才能适合χ^2的理论分布。矫正后的χ^2值记为χ_C^2，即

$$\chi_C^2 = \sum \frac{(|O-E|-0.5)^2}{E} \tag{3-71}$$

当$\nu>1$时，式(3-71)的χ^2分布与连续性随机变量χ^2分布相似，这时，可不作连续性矫正，但各组内的理论次数必须大于 5。

χ^2检验方法与平均数的假设检验一样，同样分为 4 步。

第一步：提出假设。H_0：观察次数与理论次数的差异是由随机误差所致；H_A：观察次数与理论次数存在真实差异。

第二步：规定显著性水平。$\alpha=0.05$ 或 $\alpha=0.01$。

第三步：检验计算。在无效假设正确的前提下，计算χ^2值。按自由度ν查χ^2值表，将算得的χ^2值与χ_α^2进行比较。

第四步：推断。根据ν查χ_α^2。当实得的$\chi^2 < \chi_{0.05}^2$时，$P>0.05$，接受H_0，表明实际观

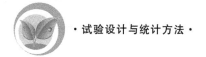
察次数与理论次数相符,两者的差异由取样误差所致。当 $\chi^2_{0.05} \leqslant \chi^2 < \chi^2_{0.01}$,$0.01 < P \leqslant 0.05$时,否定 H_0,接受 H_A,表明实际观察次数与理论次数呈显著性差异,实际观察的属性类别数据显著性地不符合已知属性类别分配的理论比例;当 $\chi^2 \geqslant \chi^2_{0.01}$,$P \leqslant 0.01$ 时,表明实际观察次数与理论次数呈极显著性差异,实际观察的属性类别数据极显著性地不符合已知属性类别分配的理论比例。

χ^2 检验主要用于次数资料的适合性检验和独立性检验等。

2)适合性检验

适合性检验是根据 χ^2 分布的概率值判断实际观察次数与理论次数是否相符的假设检验。在生物或农业研究工作中应用较广,目的是探求试验结果是否符合某种理论假设,如在遗传学研究中,常用 χ^2 来检验所得实际结果是否与孟德尔遗传的分离比例相符。由于试验资料分组数多少不同,又分为两种情况。

(1)两组试验资料的适合性检验。

试验结果只分两组类型的次数资料的检测为两组试验资料的适合性检验。

【例 3-28】 对豌豆花色性状的一对等位基因的遗传研究,以红花豌豆与白花豌豆品种杂交,F_1 代的花色均为红色,在 F_2 代共得 289 株,其中 208 株开红花,81 株开白花(表3-23)。这一资料的实际观察比例是否符合 3∶1 的理论比值?

表 3-23 豌豆花色一对等位基因遗传的适合性检验

花色	F_2代实际株数(O)	理论株数(E)	$O-E$	$|O-E|-0.5$	$(|O-E|-0.5)^2/E$
红色	208	216.75	-8.75	8.25	0.3140
白色	81	72.25	$+8.75$	8.25	0.9420
总数	289	289	0		1.2560

检验步骤如下。

第一步:提出假设。H_0:豌豆花色 F_2 代红色与白色的分离符合 3∶1 比例,即豌豆花色受一对等位基因控制;对于 H_A:F_2 代分离不符合 3∶1 比例。

第二步:规定显著性水平。$\alpha = 0.05$ 或 $\alpha = 0.01$。

第三步:检验计算。由于试验结果只表现两种类型,$n=2$,$\nu = n-1 = 2-1 = 1$,故在计算 χ^2 值时需作连续性矫正。由式(3-71)可得

$$\chi^2_C = \sum \frac{(|O-E|-0.5)^2}{E}$$

$$= \frac{(|-8.75|-0.5)^2}{216.75} + \frac{(|8.75|-0.5)^2}{72.25} = 0.3140 + 0.9420 = 1.2560$$

第四步:查临界 χ^2 值,作出统计推断。当 $\nu = n-1 = 2-1 = 1$ 时,查相关数据表,$\chi^2_{0.05(1)} = 3.84$,$\chi^2_{0.01(1)} = 6.63$。而 $\chi^2_C = 1.2560 < \chi^2_{0.05(1)} = 3.84$,$P > 0.05$,接受 H_0,可认为豌豆花色这对性状在 0.05 水平上符合孟德尔遗传分离定律 3∶1 的理论比例,即豌豆花色这对性状是由一对等位基因控制的。

 想一想

若进行发芽试验,规定发芽率达 90% 为合格,随机抽取 400 粒种子做发芽试验,结果

发芽种子 362 粒,问这批种子是否合格?

（2）多组试验资料的适合性检验。

试验结果分两组以上类型的次数资料的检测为多组试验资料的适合性检验。

【例 3-29】 进行两对等位基因的遗传试验,如基因之间各自独立分配,则 F_2 代的四种表现型在理论上应有 9∶3∶3∶1 的比例。已知豌豆子叶颜色与籽粒形状各受一对等位基因控制。现有一豌豆的遗传试验,以子叶黄色籽粒饱满的豌豆品种与子叶绿色籽粒皱瘪的豌豆品种杂交,其 F_2 代表现型见表 3-24。问:检验实际结果是否符合 9∶3∶3∶1 的理论比率?

表 3-24 F_2 代表现型的观察次数和根据 9∶3∶3∶1 算出的理论次数

表现型	观察次数(O)	理论次数(E)	$O-E$	$(O-E)^2$	$(O-E)^2/E$
子叶黄色饱满	315	312.75	2.25	5.0625	0.016187
子叶黄色皱瘪	101	104.25	−3.25	10.5625	0.101319
子叶绿色饱满	108	104.25	3.75	14.0625	0.134892
子叶绿色皱瘪	32	34.75	−2.75	7.5625	0.217626
总数	556	556	0		0.470024

检验步骤如下。

第一步:提出假设。H_0:实际结果符合 9∶3∶3∶1 的理论比例;对于 H_A:实际结果不符合 9∶3∶3∶1 的理论比例。

第二步:规定显著性水平。$\alpha=0.05$ 或 $\alpha=0.01$。

第三步:检验计算。因资料分为 4 组,$n=4$,则 $\nu=n-1=4-1=3$。故在计算 χ^2 值时不需作连续性矫正。由式（3-70）可得

$$\chi^2 = \sum \frac{(O-E)^2}{E} = \frac{2.25^2}{312.75} + \frac{(-3.25)^2}{104.25} + \frac{3.75^2}{104.25} + \frac{(-2.75)^2}{34.75} = 0.470024$$

第四步:推断。当 $\nu=n-1=3$ 时,查相关数据表,$\chi^2_{0.05(3)}=7.81$,$\chi^2_{0.01(3)}=11.34$,而实得 $\chi^2=0.470024<\chi^2_{0.05(3)}=7.81$,$P>0.05$,接受 H_0,说明实际结果符合 9∶3∶3∶1 的理论比例,即豌豆子叶颜色与籽粒形状这两对等位基因在遗传上是彼此独立的。

3）独立性检验

独立性检验是检验两个或两个以上变数间是否彼此独立、互不影响的一种统计分析方法,也称为列联表分析,是次数资料的一种相关研究方法。例如,小麦种子灭菌与否和麦穗发病率高低两个变数之间,若相互独立,表示发病率高低与种子灭菌无关,灭菌处理对发病无影响;若彼此相关,则表示发病率高低与种子灭菌有关,灭菌处理对发病有影响。应用 χ^2 进行独立性检验的无效假设为 H_0:两个变数相互独立,对于 H_A:两个变数彼此相关。在计算 χ^2 时,先将所得次数资料按两个变数作两向分组,排列成列联表;然后,根据两个变数相互独立的假设,算出每一组的理论次数;再计算 χ^2 值。χ^2 值的自由度随两个变数各自的分组数而不同,设横行为 r 组,纵行为 c 组,则 $\nu=(r-1)(c-1)$。若 $\chi^2<\chi^2_{0.05}$,$P>0.05$,表明两个变数相互独立;若 $\chi^2 \geqslant \chi^2_{0.05}$,则 $P \leqslant 0.05$,表明两个变数彼此相关。

列联表中的 r 与 c 不同,其独立性检验的方法也有所不同,举例说明各种类型的独立

性检验。

（1）2×2 列联表的独立性检验。

2×2 列联表是指横行和纵行皆分为两组的资料，2×2 表的一般形式如表 3-25 所示，常用于解决两种结果的差异显著性的检验问题。在做独立性检验时，其 $\nu=(2-1)\times(2-1)=1$，故计算 χ^2 值时需作连续性矫正。

表 3-25 2×2 表的一般形式

处理项目	1	2	横行总和
1	O_{11}	O_{12}	R_1
2	O_{21}	O_{22}	R_2
纵行总和	C_1	C_2	n

【例 3-30】 在防治小麦散黑穗病试验中，调查种子经过灭菌处理与未经灭菌处理的小麦发生散黑穗病的穗数，结果见表 3-26，试分析种子灭菌与否和散黑穗病穗数多少是否有关。

表 3-26 防治小麦散黑穗病的观察结果

处理项目	发病穗数	未发病穗数	总 计
种子灭菌	26(34.7)	50(41.3)	76
种子未灭菌	184(175.3)	200(208.7)	384
总数	210	250	460

检验步骤如下。

第一步：提出假设。H_0：两变数相互独立，即种子灭菌与否和散黑穗病穗数多少无关；对于 H_A：两变数彼此相关。

第二步：规定显著性水平。$\alpha=0.05$ 或 $\alpha=0.01$。

第三步：检验计算。

根据两变数相互独立的假设，计算各组的理论次数。每一实测值的相应理论次数等于相对应组的行总和乘以列总和除以观察总次数。如种子灭菌项的发病穗数 $O_{11}=26$，其理论次数 $E_{11}=76\times210/460=34.7$；种子灭菌项的未发病穗数 $O_{12}=50$ 的理论次数 $E_{21}=76\times250/460=41.3$；同样可算得 $O_{21}=184$ 的 $E_{21}=384\times210/460=175.3$；$O_{22}=200$ 的 $E_{22}=384\times250/460=208.7$，将各组的理论次数填入表 3-26 中。根据式(3-71)可得

$$\chi_c^2=\sum\frac{(|O-E|-0.5)^2}{E}$$
$$=\frac{(|26-34.7|-0.5)^2}{34.7}+\cdots+\frac{(|200-208.7|-0.5)^2}{208.7}=4.267$$

第四步：推断。当 $\nu=(2-1)\times(2-1)=1$ 时，查相关数据表，$\chi_{0.05(1)}^2=3.84$，而实得 $\chi_c^2=4.267>\chi_{0.05(1)}^2=3.84$，$P<0.05$，否定 H_0，接受 H_A。即种子灭菌与否和散黑穗病发病高低相关，也就是说种子灭菌对防治小麦散黑穗病有一定效果。

2×2 表的独立性检验也可不用理论次数，直接用实际观察次数计算 χ_c^2 值。从表 3-25 中的符号可以得到

$$\chi_C^2 = \frac{n\left(\mid O_{11}O_{22} - O_{12}O_{21}\mid - \dfrac{n}{2}\right)^2}{C_1C_2R_1R_2} \tag{3-72}$$

将本例各观察次数代入式(3-72)可得

$$\chi_C^2 = \frac{460 \times (\mid 26 \times 200 - 50 \times 184 \mid - 460/2\,)^2}{210 \times 250 \times 76 \times 384} = 4.267$$

结果与应用式(3-71)计算的结果相同。

(2) $2 \times c$ 列联表的独立性检验。

$2 \times c$ 表指横行分为两组,纵行分为 $c \geqslant 3$ 组的列联表资料,$2 \times c$ 表的一般形式如表 3-27 所示。在做独立性检验时,其 $\nu = (2-1)(c-1) = c-1$。由于 $c \geqslant 3$,则 $\nu \geqslant 2$,故不需作连续性矫正。

表 3-27 $2 \times c$ 表的一般形式

横 行 因 素	纵 行 因 素						总　　计
	1	2	⋯	i	⋯	c	
1	O_{11}	O_{12}	⋯	O_{1i}	⋯	O_{1c}	R_1
2	O_{21}	O_{22}	⋯	O_{2i}	⋯	O_{2c}	R_2
总计	C_1	C_2	⋯	C_i	⋯	C_c	n

【例 3-31】 为了解甲、乙、丙三种农药对烟蚜的毒杀效果,检测结果见表 3-28,试分析这三种农药对烟蚜的毒杀效果是否一致。

表 3-28 三种农药毒杀烟蚜的死亡情况

	甲	乙	丙	总计
死亡数	37(49.00)	49(39.04)	23(20.96)	109
未死亡数	150(138.00)	100(109.96)	57(59.04)	307
总计	187	149	80	416

检验步骤如下。

第一步:提出假设。H_0:农药类型对烟蚜毒杀效果相同,即对烟蚜毒杀效果与农药类型无关,两者相互独立;对于 H_A:农药类型与烟蚜毒杀效果有关,两者不独立。

第二步:规定显著性水平。$\alpha = 0.05$ 或 $\alpha = 0.01$。

第三步:检验计算。

首先计算各组的理论次数,如甲农药项的烟蚜死亡数 $E_{11} = \dfrac{109 \times 187}{416} = 49.00$;同理可算得 $E_{12} = 39.04$,$E_{13} = 20.96$,$E_{21} = 138.00$,$E_{22} = 109.96$,$E_{23} = 59.04$,将这些理论次数填入上表括号内。

据式(3-70)可得

$$\chi^2 = \sum \frac{(O-E)^2}{E} = \frac{(37-49.00)^2}{49.00} + \frac{(49-39.04)^2}{39.04} + \cdots + \frac{(57-59.04)^2}{59.04} = 7.694$$

第四步:查临界 χ^2 值,作出统计推断。当 $\nu = (2-1) \times (3-1) = 2$ 时,$\chi^2_{0.05(2)} = 5.99$,$\chi^2_{0.01(2)} = 9.210$,而实得 $\chi^2 = 7.694 > \chi^2_{0.05} = 5.99$,则拒绝 H_0,接受 H_A,说明三种农药对烟

蚜的毒杀效果不一致。

计算 χ^2 时,为计算方便,也可以不计算理论值,直接由式(3-73)得到,即

$$\chi^2 = \frac{n^2}{R_1 R_2} \left[\sum \frac{O_{1i}^2}{C_i} - \frac{R_1^2}{n} \right] \tag{3-73}$$

式中的 $i = 1, 2, 3, \cdots, c$。

将表 3-28 中的值代入式(3-73),得

$$\chi^2 = \frac{416^2}{109 \times 307} \times \left[\left(\frac{37^2}{187} + \frac{49^2}{149} + \frac{23^2}{80} \right) - \frac{109^2}{416} \right] = 7.692$$

两种计算方法所得结果基本相同。

(3) $r \times c$ 列联表的独立性检验。

$r \times c$ 是指 $r \geqslant 3$ 和 $c \geqslant 3$ 的计数资料,$r \times c$ 表的一般形式如表 3-29 所示。在作独立性检验时,其 $\nu = (r-1)(c-1) > 2$,故不作连续性矫正。

表 3-29 $r \times c$ 表的一般形式($r \geqslant 3, c \geqslant 3$)

行 因 素	列 因 素						行 总 和
	1	2	$\cdots$	i	$\cdots$	c	
1	O_{11}	O_{12}	$\cdots$	O_{1i}	$\cdots$	O_{1c}	R_1
2	O_{21}	O_{22}	$\cdots$	O_{2i}	$\cdots$	O_{2c}	R_2
$\vdots$	$\vdots$	$\vdots$	$\vdots$	$\vdots$	$\vdots$	$\vdots$	$\vdots$
j	O_{j1}	O_{j2}	$\cdots$	O_{ji}	$\cdots$	O_{jc}	R_j
$\vdots$	$\vdots$	$\vdots$	$\vdots$	$\vdots$	$\vdots$	$\vdots$	$\vdots$
r	O_{r1}	O_{r2}	$\cdots$	O_{ri}	$\cdots$	O_{rc}	R_r
列总和	C_1	C_2	$\cdots$	C_i	$\cdots$	C_c	n

表中 $O_{ji}(j=1,2,\cdots,c; i=1,2,\cdots,r)$ 为实际观察次数。

【例 3-32】 表 3-30 为不同灌溉方式下水稻叶片衰老情况的调查资料。试检验稻叶衰老情况是否与灌溉方式有关。

表 3-30 水稻在不同灌溉方式下叶片的衰老情况

灌溉方式	绿 叶 数	黄 叶 数	枯 叶 数	总 计
深水	146(140.69)	7(8.78)	7(10.53)	160
浅水	183(180.26)	8(11.24)	13(13.49)	204
湿润	152(160.04)	14(9.98)	16(11.98)	182
总计	481	29	36	546

检验步骤如下。

第一步:提出假设。H_0:稻叶衰老情况与灌溉方式无关;对于 H_A:稻叶衰老情况与灌溉方式有关。

第二步:规定显著性水平。$\alpha = 0.05$ 或 $\alpha = 0.01$。

第三步:检验计算。

根据 H_0 的假定,计算各组观察次数的相应理论次数:如深水灌溉水稻绿叶数的 $E_{11} = (160 \times 481)/547 = 140.69$,浅水灌溉水稻绿叶数的 $E_{21} = (205 \times 481)/547 = 180.26$,等

等,所得结果填于表3-30括号内。根据式(3-70)可得

$$\chi^2 = \sum \frac{(O-E)^2}{E} = \frac{(146-140.69)^2}{140.69} + \frac{(7-8.78)^2}{8.78} + \cdots + \frac{(16-11.98)^2}{11.98} = 5.62$$

第四步:查临界χ^2值,作出统计推断。当$\nu=(r-1)(c-1)=(3-1)(3-1)=4$时,查相关数据表,$\chi^2_{0.05(4)}=9.49$,而实得$\chi^2=5.62<\chi^2_{0.05(4)}=9.49,P>0.05$,故应接受$H_0$,即不同灌溉方式对水稻叶片的衰老情况没有明显影响。

$r \times c$表在进行显著性检验时,也可以不计算各项理论次数,直接用简化公式计算χ^2值,其公式为

$$\chi^2 = n\left[\sum \frac{O_{ji}^2}{R_i C_j} - 1\right] \tag{3-74}$$

式中:$j=1,2,\cdots,c;i=1,2,\cdots,r$。

将表3-30的资料代入式(3-74),有

$$\chi^2 = 547 \times \left[\left(\frac{146^2}{160 \times 481} + \frac{7^2}{160 \times 30} + \frac{7^2}{160 \times 36} + \cdots + \frac{16^2}{182 \times 36}\right) - 1\right] = 5.63$$

计算结果与应用式(3-70)结果接近。

2.2.6　直线回归和相关

前面讨论的各种统计方法都只涉及一个变数。在日常生活、生产实践和科学试验中,常常要分析两个或两个以上变数之间的关系。如研究人的年龄和血压的关系、水稻每穗粒数和每亩产量的关系、环境中污染物浓度与污染源距离的关系等。相关与回归分析就是研究这种关系的统计方法。

1)相关和回归分析的概念

两个或两个以上变量之间的关系,可以分成两类,一类是确定性(函数)关系,例如圆半径与圆面积之间的关系为$S=\pi r^2$。根据这一关系,每一个r值必有一个确定的S值与之对应;反之,每一S值亦必有一个确定的r值与之对应。这种对应关系称为确定性关系。函数关系就是确定性关系,不包含误差的干扰,常见于物理、化学等理论学科。另一类是非确定性(相关)关系,变数间虽然存在一定的关系,但这种关系却无法用确定的函数关系表达。例如,作物的产量与施肥量之间存在密切的关系,作物的产量随施肥量的增加而提高,这种关系并不是完全确定的,即使施肥量完全相同,不同的地块,其产量也不尽相同。在试验科学中,两类变量因受误差的干扰而表现为统计关系,在农学和生物学中是常见的。相关与回归分析就是用来研究变量间非确定性关系的统计方法。

具有统计关系的两个变量,可分别用符号X和Y表示。根据两个变数的作用特点,统计关系又可分为因果关系和相关关系两种。若两个变量间的关系具有原因和结果的性质,则称这两个变量间存在因果关系,并定义原因变量为自变量(independent variable),以x表示;定义结果变量为因变量(dependent variable),以y表示。例如,在施肥量和产量的关系中,施肥是产量变化的原因,是自变量(x);产量是对施肥量的反应,是因变量(y)。若两个变量并不是原因和结果的关系,而呈现一种共同变化的特点,则称这两个变量间存在相关关系。相关关系中并没有自变量和因变量之分。例如,在黄芩的根长与根重的关系中,它们是同步增长、互有影响的,既不能说根长决定根重,也不能说根重决定根长。在这种情况下,x和y可分别用于表示任一变量。

具有因果关系的两个变量,统计分析的任务是由试验数据推算得到一个表示 y 随 x 的改变而改变的方程 $\hat{y} = f(x)$,式中 $\hat{y}$ 表示由该方程在给定 x 时的理论 y 的估计值。方程 $\hat{y} = f(x)$ 的形式可以多种多样,最简单的为直线方程,也可为曲线方程或多元线性方程,此时称 $\hat{y} = f(x)$ 为 y 依 x 的回归方程(regression equation of y on x)。具有平行关系的两个变量,统计分析的目标是计算表示 y 和 x 相关密切程度的统计数,并检验其显著性水平。这一统计数在两个变量为直线相关时称为相关系数(correlation coefficient),记为 r;在多元相关时称为复相关系数(multiple correlation),记作 $R_{y=1,2,\cdots,m}$;在两个变量曲线相关时称为相关指数(correlation index),记作 R。

通常将计算回归方程为基础的统计分析方法称为回归分析法;将计算相关系数为基础的统计分析方法称为相关分析法。

2)直线回归

(1)直线回归方程的建立。

对具有统计关系的两个变量的资料进行初步考察的简便而有效的方法,是将这两个变量的 n 对观察值 $(x_1,y_1),(x_2,y_2),\cdots,(x_n,y_n)$ 分别以坐标点的形式标记于同一直角坐标平面上,获得散点图(scatter diagram),从散点图可以看出:①两个变量间关系的性质(是正相关还是负相关)和程度(是相关密切还是不密切);②两个变量间关系的类型,是直线型还是曲线型;③是否有异常观测值的干扰。散点图直观地、定性地表示了两个变量之间的关系。例如图 3-13 是水稻试验的 3 幅散点图,从中可以看出:①图 3-13(A)和图3-13(B)都是直线型的,但方向相反;前者 y 随 x 的增大而增大,表示两个变数的关系是正的,后者 y 随 x 的增大而减小,表示关系是负的;②图 3-13(A)的各个点几乎都落在一条直线上,图 3-13(B)则较为分散,因此,图 3-13(A)中 x 和 y 相关的密切程度必高于图 3-13(B);③图 3-13(C)中 x 和 y 的关系是非直线型的;在 $x \leqslant 6$ 时,y 随 x 的增大而增大,而当 $x > 6$ 时,y 随 x 的增大而减小。

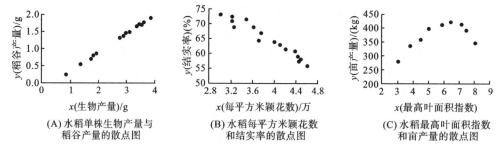

图 3-13 水稻试验散点图

对于在散点图上呈直线趋势的两个变量,如图 3-13(A)和图 3-13(B)所示。如果要概括其在数量上的互变规律,即从 x 的数量变化来预测或估计 y 的数量变化,则首先要采用直线回归方程(linear regression equation)来描述。此方程的通式为

$$\hat{y} = a + bx \tag{3-75}$$

式(3-75)读作"y 依 x 的直线回归方程"。其中 x 是自变量;$\hat{y}$ 是和 x 的量相对应的因变量的点估计值;a 是 $x = 0$ 时的 $\hat{y}$ 值,即回归直线在 y 轴上的截距,称为回归截距(regression intercept);b 是 x 每增加一个单位数时,$\hat{y}$ 平均地将要增加($b > 0$ 时)或减少

($b<0$ 时)的单位数,称为回归系数(regression coefficient)。b 的符号反映了 x 影响 y 的性质,b 的绝对值大小反映了 x 影响 y 的程度。

要使 $\hat{y}=a+bx$ 能最好地反映 y 和 x 两个变量间的数量关系,根据最小二乘法,必须使 $Q=\sum(y-\hat{y})^2=\sum(y-a-bx)^2$ 的值最小。按微积分学中的极值原理,得

$$b=\frac{\sum xy-(\sum x)(\sum y)/n}{\sum x^2-(\sum x)^2/n}=\frac{\sum(x-\overline{x})(y-\overline{y})}{\sum(x-\overline{x})^2}=\frac{SP_{xy}}{SS_x} \tag{3-76}$$

$$a=\overline{y}-b\overline{x} \tag{3-77}$$

式(3-76)中的分子 $\sum(x-\overline{x})(y-\overline{y})$ 是自变量 x 的离均差与因变量 y 的离均差的乘积和,简称为乘积和,记作 SP_{xy},分母是自变量 x 的离均差平方和 $\sum(x-\overline{x})^2$,记作 SS_x。将按式(3-76)、式(3-77)计算得到的 a 和 b 的值代入式(3-75),即可保证 $Q=\sum(y-\hat{y})^2$ 最小,同时使 $\sum(y-\hat{y})=0$。Q 就是误差的一个度量,称为离回归平方和。

a 和 b 均可取正值,也可取负值,因具体资料而异,当 $a>0$ 时,表示回归直线在 I、II 象限与 y 轴相交;当 $a<0$ 时,表示回归直线在 III、IV 象限与 y 轴相交。当 $b>0$ 时,表示 y 随 x 的增加而增加;当 $b<0$ 时,表示 y 随 x 的增加而减少,如图 3-14 所示。若 $b=0$ 或与 0 无显著性差异时,表示 y 的变化与 x 的取值无关,两变量间不存在直线回归关系。这只是对 a 和 b 的统计学解释,对于具体资料,a 和 b 往往还有专业上的实际意义。

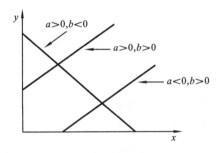

图 3-14 回归直线

由于 $a=\overline{y}-b\overline{x}$,将 a 代入回归方程,回归方程可转化为

$$\hat{y}=(\overline{y}-b\overline{x})+bx=\overline{y}+b(x-\overline{x}) \tag{3-78}$$

由式(3-78)可知,当 $x=\overline{x}$ 时,必有 $\hat{y}=\overline{y}$,所以回归直线一定通过中心点 $(\overline{x},\overline{y})$;同时,发现 $Q=\sum(y-\hat{y})^2$ 的值最小;$\sum(y-\hat{y})=0$。

【例 3-33】 研究水稻一代三化螟盛发期的早迟和春季温度高低有关。江苏武进连续 9 年测定 3 月下旬至 4 月中旬的旬平均温度累积值(x)和水稻一代三化螟盛发期(y,以 5 月 10 日为 0)的关系,结果见表 3-31。试计算其直线回归方程。

表 3-31 春季累积温度和一代三化螟盛发期的关系

x 累积温度/℃	35.5	34.1	31.7	40.3	36.8	40.2	31.7	39.2	44.2
y 盛发期	12	16	9	2	7	3	13	9	−1

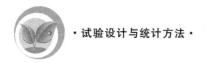

第一步：作散点图。以旬平均温度累积值(x)为横坐标，水稻一代三化螟盛发期(y)为纵坐标作散点图，见图 3-15。由图 3-15 可以醒目地看出旬平均温度累积值与水稻一代三化螟盛发期存在直线关系，水稻一代三化螟盛发期随旬平均温度累积值增大而提前。

第二步：计算回归截距 a，回归系数 b，建立直线回归方程。

首先根据表 3-31 的实际观测值计算出下列数据。

已知 $n=9$

则

$$\bar{x}=\frac{\sum x}{n}=\frac{35.5+34.1+\cdots+44.2}{9}=\frac{333.7}{9}=37.0778$$

$$\bar{y}=\frac{\sum y}{n}=\frac{12+16+\cdots+(-1)}{9}=\frac{70}{9}=7.7778$$

$$SS_x=\sum x^2-\frac{(\sum x)^2}{n}=35.5^2+43.1^2+\cdots+44.2^2-\frac{333.7^2}{9}=144.6356$$

$$SS_y=\sum y^2-\frac{(\sum y)^2}{n}=12^2+16^2+\cdots+(-1)^2-\frac{70^2}{9}=249.5556$$

$$SP=\sum xy-\frac{\sum x\sum y}{n}=35.5\times12+34.1\times16+\cdots+44.2\times(-1)-\frac{333.7\times70}{9}=-159.0444$$

则

$$b=\frac{SP}{SS_x}=-\frac{159.0444}{144.6356}=-1.0996$$

$$a=\bar{y}-b\bar{x}=7.7778-(-1.0996\times37.0778)=48.5485$$

故直线回归方程为

$$\hat{y}=48.5485-1.0996x$$

上述方程中回归系数和回归截距的意义为：当 3 月下旬至 4 月中旬的积温(x)每提高 1 ℃时，一代三化螟的盛发期平均将提早 1.1 天；若积温为 0，则一代三化螟的盛发期将在 6 月 27~28 日（$x=0$ 时，$\hat{y}=48.5$；因 y 是以 5 月 10 日为 0，故 48.5 为 6 月 27~28 日）。由于 x 变数的实测区间为[31.7，44.2]，当 $x<31.7$ 或 $x>44.2$ 时，y 的变化是否还符合 $\hat{y}=48.5-1.1x$ 的规律，观察数据中未曾得到任何信息。所以，在应用 $\hat{y}=48.5-1.1x$ 进行预测时，需限定 x 的区间为[31.7，44.2]，不能外延。

第三步：在散点图上画出直线回归图。

制作直线回归图时，首先取 x 坐标上的一个小值 x_1 代入回归方程得 $\hat{y}_1$，取一个大值 x_2 代入回归方程得 $\hat{y}_2$，然后在图 3-15 的直角坐标系上，连接坐标点(x_1，$\hat{y}_1$)和(x_2，$\hat{y}_2$)即成一条回归直线。如以 $x_1=31.7$ 代入回归方程得 $\hat{y}_1=13.69$；以 $x_2=44.2$ 代入回归方程得 $\hat{y}_2=-0.05$，在图 3-15 上确定(31.7，13.69)和(44.2，-0.05)这两个点，再连接之，即为 $\hat{y}=48.5485-1.0996x$ 的直线图。该回归直线必通过点($\bar{x}$，$\bar{y}$)，它是核对制图是否正确的依据。

第四步：直线回归的偏离度估计。从图 3-15 可以看出，根据偏差平方和 $Q=\sum(y-\hat{y})^2$ 为最小值时建立的直线回归方程和实测的观察点并不重合，说明是随机误

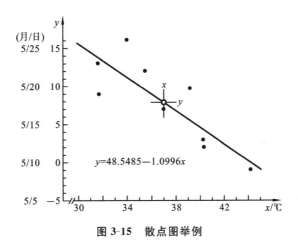

图 3-15　散点图举例

差。偏差平方和 $Q = \sum (y - \hat{y})^2$ 就是误差的一种度量,称为离回归平方和(sum of squares due to deviation from regression)或剩余平方和。$Q = \sum (y - \hat{y})^2$ 的大小表示实测点与回归直线偏离的程度。由于在建立回归方程时用了 a 和 b 两个统计数,故 Q 的自由度 $\nu = n - 2$。于是,离回归均方为 $\sum (y - \hat{y})^2 / (n-2)$。离回归均方的平方根称为离回归标准误差,记为 $s_{y/x}$,即

$$s_{y/x} = \sqrt{\sum (y - \hat{y})^2 / (n-2)} \qquad (3\text{-}79)$$

离回归标准误差 $s_{y/x}$ 的大小表示了回归直线与实测点偏差的程度,即回归估测值 $\hat{y}$ 与实际观测值 y 偏差的程度,用离回归标准误差 $s_{y/x}$ 来表示回归方程的偏离度。离回归标准误差 $s_{y/x}$ 大表示回归方程偏离度大,各观察点在回归线上下较分散;$s_{y/x}$ 小,表示回归方程偏离度小,各观察点较靠近回归线,由回归方程估计 y 的精确性较高。

在计算离回归标准误差时,直接计算不仅步骤多、工作量大,而且若数字保留位数不够,会引入较大的计算误差。为简化手续,可从以下恒等式得出:

$$Q = \sum (y - \hat{y})^2 = SS_y - SP^2 / SS_x \qquad (3\text{-}80A)$$

$$= SS_y - b(SP) \qquad (3\text{-}80B)$$

$$= SS_y - b^2 (SS_x) \qquad (3\text{-}80C)$$

$$= \sum y^2 - a \sum y - b \sum xy \qquad (3\text{-}80D)$$

根据表 3-31 资料得出的有关数据,$SS_x = 144.6356$,$SS_y = 249.5556$,$SP = -159.0444$,$a = 48.5458$,$b = -1.0996$。试由表 3-31 资料获得的回归方程估计标准误差。

$$Q = \sum (y - \hat{y})^2 = 249.5556 - \frac{(-159.0444)^2}{144.6356} = 74.6670$$

或

$$= SS_y - b(SP) = 249.5556 - (1.0996 \times 159.0444) = 74.6704$$

或

$$= SS_y - b^2 (SS_x) = 249.5556 - (1.0996^2 \times 144.6356) = 74.6738$$

或

$$= \sum y^2 - a \sum y - b \sum xy$$

$$= 794 - (48.5485 \times 70) - (1.0996 \times 2436.4) = 74.6704$$

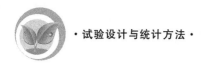

则
$$s_{y/x} = \sqrt{\frac{Q}{n-2}} = \sqrt{\frac{74.6670}{9-2}} = 3.266$$

计算表明,当用回归方程 $\hat{y} = 48.5485 - 1.0996x$,由 3 月下旬至 4 月中旬的积温预测一代三化螟盛发期时,有一个 3.266 天的估计标准误差。它的统计意义是:在 $\hat{y} \pm 3.266$ 天范围内约有 68.27% 个观察点,在 $\hat{y} \pm 6.532$ 天范围内约有 95.45% 个观察点。

（2）直线回归的显著性检验。

若 x 和 y 变数总体并不存在直线回归关系,则随机抽取的一个样本也能得一个直线方程 $\hat{y} = a + bx$。显然,这样的回归方程是靠不住的。所以,对于样本的回归方程,必须测定其来自无直线回归关系总体的概率大小。只有当这种概率小于 0.05 或 0.01 时,我们才能冒较小的风险确认其所代表的总体是否存在着直线回归关系。这就是回归关系的显著性检验。通常采用 F 检验或 t 检验。

① F 检验。

当仅以 $\bar{y}$ 表示 y 资料时（不考虑 x 的影响）,y 变数具有平方和 $SS_y = \sum (y - \bar{y})^2$ 和自由度 $\nu = n - 1$。当以 $\hat{y} = a + bx$ 表示 y 资料时（考虑 x 的影响）,则 SS_y 将分解成两个部分,即

$$\sum (y - \bar{y})^2 = \sum (y - \hat{y})^2 + \sum (\hat{y} - \bar{y})^2$$

式中:$\sum (y - \hat{y})^2$ 为离回归平方和 Q,它和 x 的大小无关,$\nu = n - 2$;$\sum (\hat{y} - \bar{y})^2$ 为回归平方和,简记作 U,它是由 x 的不同而引起的,$\nu = (n-1) - (n-2) = 1$。在计算 U 值时可应用公式:

$$U = \sum (\hat{y} - \bar{y})^2 = SS_y - Q = \frac{(SP)^2}{SS_x} \tag{3-81}$$

由于回归和离回归的方差比遵循 $\nu_1 = 1$,$\nu_2 = n - 2$ 的 F 分布,故由

$$F = \frac{(SP)^2/SS_x}{Q/(n-2)} \tag{3-82}$$

即可测定回归关系的显著性。

试用 F 检验法检测表 3-31 中数据的回归关系的显著性。

前面已算得 $SS_y = 249.5556$,$Q = 74.6670$,故 $U = SS_y - Q = 249.5556 - 74.6670 = 174.8886$,列方差分析表（表 3-32）。

表 3-32　例 3-33 资料回归关系的方差分析

变异来源	ν	SS	MS	F	$F_{0.05}$	$F_{0.01}$
回归	1	174.8886	174.8886	16.40**	5.59	12.25
离回归	7	74.6670	10.6667			
总变异	8	249.5556				

在表 3-32 中,得到 $F = 16.40 > F_{0.01} = 12.25$,表明积温和一代三化螟盛发期是有真实直线回归关系的。

② t 检验。

若总体不存在直线回归关系,则总体回归系数 $\beta = 0$;若总体存在直线回归关系,则 $\beta \neq 0$。所以对直线回归的假设检验为 $H_0: \beta = 0$,对于 $H_A: \beta \neq 0$。

回归系数 b 的标准误差 s_b 为

$$s_b = \sqrt{\frac{s_{y/x}^2}{\sum (x-\overline{x})^2}} = \frac{s_{y/x}}{\sqrt{SS_x}} \tag{3-83}$$

而

$$t = \frac{b-\beta}{s_b} \tag{3-84}$$

遵循 $\nu = n-2$ 的 t 分布,故由 t 值即可知道样本回归系数 b 来自 $\beta = 0$ 总体的概率大小。试检验例 3-33 资料回归关系的显著性。

前面已算得 $b = -1.0996$,$SS_x = 144.6356$,$s_{y/x} = 3.266$,故有

$$s_b = \sqrt{\frac{s_{y/x}^2}{\sum (x-\overline{x})^2}} = \frac{s_{y/x}}{\sqrt{SS_x}} = \frac{3.266}{\sqrt{144.6356}} = 0.2716$$

$$t = \frac{b-\beta}{s_b} = \frac{-1.0996-0}{0.2716} = -4.05$$

查 t 值表,$t_{0.05(7)} = 2.365$,$t_{0.01(7)} = 3.499$。而 $|t| = 4.05 > t_{0.01(7)} = 3.499$,表明在 $\beta = 0$ 的总体中因抽样误差而获得现有样本的概率小于 0.01。所以应否定 $H_0:\beta = 0$,接受 $H_A:\beta \neq 0$,即认为 3 月下旬至 4 月中旬的旬平均积温累积值和水稻一代三化螟盛发期是有真实直线回归关系的,或者说此 $b = -1.0996$ 呈极显著性。

F 检验的结果与 t 检验的结果一致。事实上,统计学已证明,在直线回归分析中,这两种检验方法是等价的($F = t^2$),可任选一种进行检验。

特别要指出的是:利用直线回归方程进行预测或控制时,一般只适用于原来研究的范围,不能随意把范围扩大,因为在研究的范围内两变量是直线关系,这并不能保证在这个研究范围之外仍然是直线关系。若需要扩大预测和控制范围,则要有充分的理论依据或进一步的试验依据。利用直线回归方程进行预测或控制,一般只能内插,不要轻易外延,否则会得出错误的结果。

3)直线相关

对于呈直线趋势的两个变数,若不需要由 x 来估计 y,仅了解 x 和 y 是否确有相关以及相关的性质(正相关或负相关),则可根据 x、y 的实际观测值,计算表示两个相关变量 x、y 间相关程度和性质的统计量——相关系数 r,并进行显著性检验。

(1)决定系数和相关系数。

从 $\sum (y-\overline{y})^2 = \sum (\hat{y}-\overline{y})^2 + \sum (y-\hat{y})^2$ 这个等式不难看到:y 与 x 直线回归效果的好坏取决于回归平方和 $\sum (\hat{y}-\overline{y})^2$ 与离回归平方和 $\sum (y-\hat{y})^2$ 的大小,或者说取决于回归平方和在 y 的总平方和 $\sum (y-\overline{y})^2$ 中所占的比例的大小。这个比例越大,y 与 x 的直线回归效果就越好,反之则差。比值 $\sum (\hat{y}-\overline{y})^2 / \sum (y-\overline{y})^2$ 称为 x 对 y 的决定系数(coefficient of determination),记为 r^2,即

$$r^2 = \frac{\sum (\hat{y}-\overline{y})^2}{\sum (y-\overline{y})^2} \tag{3-85}$$

决定系数 r^2 的大小表示用回归方程估测的可靠程度的高低,或者说表示回归直线拟合度的高低。显然有 $0 \leqslant r^2 \leqslant 1$。而 SP_{xy}/SS_x 是以 x 为自变量、y 为因变量时的回归系数

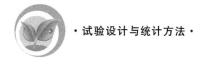

b_{yx}。若把 y 作为自变量、x 作为因变量,则回归系数 $b_{xy}=\mathrm{SP}_{xy}/\mathrm{SS}_y$,所以决定系数 r^2 等于 y 对 x 的回归系数与 x 对 y 的回归系数的乘积。这就是说,决定系数 r^2 反映 x 为自变量、y 为因变量和 y 为自变量、x 为因变量时两个相关变量 x 与 y 直线相关的信息,即决定系数 r^2 表示两个互为因果关系的相关变量间直线相关的程度。但决定系数 r^2 介于 0 和 1 之间,不能反映直线关系的性质——是同向增减还是异向增减。

若求 r^2 的平方根,且取平方根的符号与乘积和 SP_{xy} 的符号一致,即与 b_{xy}、b_{yx} 的符号一致,这样求出的平方根既可表示 y 与 x 的直线相关的程度,也可表示直线相关的性质。我们把这样计算所得的统计量称为 x 与 y 的相关系数(coefficient of correlation),记为 r,即

$$
\begin{aligned}
r &= \frac{\mathrm{SP}_{xy}}{\sqrt{\mathrm{SS}_x\mathrm{SS}_y}} \\
&= \frac{\sum xy - \dfrac{(\sum x)(\sum y)}{n}}{\sqrt{\left[\sum x^2 - \dfrac{(\sum x)^2}{n}\right]\left[\sum y^2 - \dfrac{(\sum y)^2}{n}\right]}}
\end{aligned} \tag{3-86}
$$

试计算例 3-33 资料中 3 月下旬至 4 月中旬积温和一代三化螟盛发期的相关系数和决定系数。

在例 3-33 中已算得该资料的 $\mathrm{SS}_x=144.6356$,$\mathrm{SS}_y=249.5556$,$\mathrm{SP}=-159.0444$

$$
r = \frac{\mathrm{SP}_{xy}}{\sqrt{\mathrm{SS}_x\mathrm{SS}_y}} = \frac{-159.0444}{\sqrt{144.6356 \times 249.5556}} = -0.8371
$$

$$
r^2 = \frac{(\mathrm{SP}_{xy})^2}{\mathrm{SS}_x\mathrm{SS}_y} = \frac{(-159.0444)^2}{144.6356 \times 249.5556} = 0.7008
$$

以上结果表明,一代三化螟盛发期与 3 月下旬至 4 月中旬的积温呈负相关,即积温越高,一代三化螟盛发期越早。在一代三化螟盛发期的变异中有 70.08% 是由 3 月下旬至 4 月中旬的积温不同造成的。

在具有相关回归统计功能的电子计算器中,只要依次输入成对观察值 (x_i, y_i),就可直接获得 r 值;若属回归模型资料,也可直接得到 a 和 b 的值。

(2)相关系数的显著性检验

根据实际观测值计算得来的相关系数 r 是样本相关系数,它是双变量正态总体中的总体相关系数 ρ 的估计值。样本相关系数 r 是否来自 $\rho \neq 0$ 的总体,还需对样本相关系数 r 进行显著性检验。首先提出假设为 $H_0: \rho = 0$,对于 $H_A: \rho \neq 0$。与直线回归关系显著性检验一样,可采用 t 检验法与 F 检验法对相关系数 r 的显著性进行检验。

t 检验的计算公式为

$$
t = \frac{r}{s_r}, \quad \nu = n-2 \tag{3-87}
$$

式中:s_r 为相关系数标准误差。其计算公式为

$$
s_r = \sqrt{\frac{1-r^2}{n-2}} \tag{3-88}
$$

F 检验的计算公式为

$$F = \frac{r^2}{(1-r^2)/(n-2)}, \quad \nu_1 = 1, \quad \nu_2 = n-2 \qquad (3\text{-}89)$$

统计学家已根据相关系数 r 显著性 t 检验法计算出了临界 r 值并列出了表格。所以可以直接采用查表法对相关系数 r 进行显著性检验。具体做法是:先根据自由度 $\nu = n-2$ 查 r 值表,得 $r_{0.05(n-2)}$,$r_{0.01(n-2)}$。若 $|r| < r_{0.05(n-2)}$,$P > 0.05$,则相关系数 r 无显著性,r 值的右上方不标记;若 $r_{0.05(n-2)} \leqslant |r| < r_{0.01(n-2)}$,$0.01 < P \leqslant 0.05$,则相关系数 r 有显著性,在 r 值的右上方标记"*";若 $|r| \geqslant r_{0.01(n-2)}$,$P \leqslant 0.01$,则相关系数 r 有极显著性,在 r 值的右上方标记"**"。

试检验例 3-33 资料所得 $r = -0.8371$ 的显著性。

提出假设 $H_0: \rho = 0$,对于 $H_A: \rho \neq 0$。

规定显著性水平 $\alpha = 0.05$ 或 $\alpha = 0.01$。

检验计算 $r = -0.8371$ 时,将 r 值代入式(3-87)、式(3-88)。

$$s_r = \sqrt{\frac{1-r^2}{n-2}} = \sqrt{\frac{1-(-0.8371)^2}{9-2}} = 0.2067$$

$$t = \frac{r}{s_r} = \frac{-0.8371}{0.2067} = -4.05$$

推断。查临界 t 值表,当 $\nu = n-2 = 9-2 = 7$ 时,$t_{0.05(7)} = 2.365$,$t_{0.01(7)} = 3.499$。而 $|t| = 4.05 > t_{0.01(7)} = 3.499$,$r$ 在 $\alpha = 0.01$ 水平上呈显著性。即此 $r = -0.8371$,说明 3 月下旬至 4 月中旬积温和一代三化螟盛发期存在极显著性的直线相关关系,且积温越高,三化螟的盛发期越早(y 越小)。

对该资料相关系数 r 值的显著性检验,计算得到的 $t = -4.05$ 和该资料作回归系数的假设检验时计算得到的 $t = -4.05$ 完全相同。这不是偶然巧合,而是必然结果。对于同一资料来说,直线回归的显著性和直线相关的显著性必然等价。所以在实践应用上,如直线回归的显著性已检验,直线相关的显著性就无须再检验了;反之,直线相关的显著性已检验,直线回归的显著性就无须再检验了。

技 能 性 工 作 任 务

技能任务 1　Excel 在生物统计中的应用

在农业试验中所获得的数据,往往是庞大的、复杂和零乱的,只有通过整理和统计才能直观地揭示其规律性。以往主要采用手工进行整理计算,不但计算量大,耗时多,且极易出现差错、准确率低。而 Microsoft Excel 电子表格(简称为 Excel)具有强大的统计分析功能,可以利用电子表格解决农业试验的数据整理、基本特征数的计算、统计推断、方差分析、试验结果的统计分析、χ^2(卡平方)检验、直线相关与回归分析等常见的统计分析问

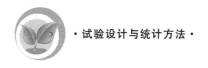
题,大大地提高了试验结果的统计分析效率。

一、目的要求

了解 Excel 的常用统计分析功能,掌握 Excel 的安装、界面简介、数据分析工具的加载与数据分析库所提供的统计分析方法;熟练掌握 Excel 在试验统计中的应用方法。

二、场所与用具

1. 场所

微机室、多媒体教室。

2. 用具

笔、纸、计算机、输出设备、Word 软件和 A4 纸。

三、方法与步骤

教师现场讲解与操作。

1. Excel 的安装与启动

通过 Office 安装光盘可进行 Excel 安装。安装完毕,就可以使用 Excel 应用程序,建立 Excel 文档了。

2. 介绍 Excel 界面

一个 Excel 工作簿可以包含多张工作表,默认情况下,一个新建的 Excel 工作簿中有3 个工作表。用户可以根据需要添加更多的工作表,也可以在同一工作簿内或两个工作簿之间对工作表进行改名、添加、删除、移动或复制等编辑操作。

每个工作表由 256 列和 65536 行组成。行和列相交形成单元格,它是存储数据的基本单位。选中单元格后可以在编辑区中输入单元格的内容,如公式或文字及数据等。在名称框里可以给一个或一组单元格定义一个名称,默认的名称为"列标+行标"(图3-16)。

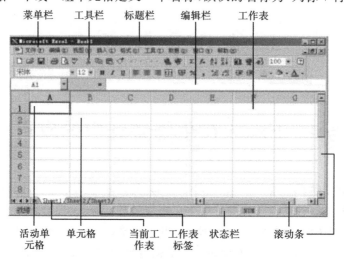

图 3-16　Excel 的工作界面

3. 加载"分析工具库"

在默认的情况下,Excel 是没有安装"分析工具库",只有在安装后才能使用。因此,要先检查"工具"菜单中是否有"数据分析"命令。如果没有发现"数据分析"命令,就表示未加载"分析工具库"。可按下列步骤来加载"分析工具库"。

(1) 执行"加载宏"命令。

在"工具"菜单栏中单击"加载宏"命令,弹出"加载宏"对话框。

(2) 加载"分析工具库"。

在"分析工具库"复选框前打对钩,再单击"确定"按钮,按提示完成加载过程(图3-17)。此时再查看"工具"菜单,即可发现"数据分析"命令,表示安装完成,单击"工具"菜单中的"数据分析"命令,显示"数据分析"对话框(图 3-18)。即可进行相关的统计分析。

图 3-17 "加载宏"对话框示意图

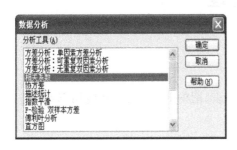

图 3-18 "数据分析"对话框及分析工具列表

4. 分析工具库提供的统计分析方法

分析工具库提供的统计分析方法很多,主要介绍几种常用的统计分析方法。

(1) 编制次数分布表及绘制直方图。

可用于统计分析资料中某个数值出现的次数,并能绘制次数分布条形图或柱

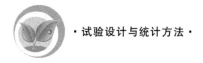

形图。

（2）描述统计。

用于生成数据源区域中数据的单变量统计分析报表，提供有关数据趋中性和易变性的信息。

（3）t 检验。

可进行"平均值的成对二样本分析"，"双样本等方差假设"和"双样本异方差假设"的 t 检验。

（4）F 检验。

可进行两个样本方差的 F 检验，比较两个总体的方差。

（5）方差分析。

有单因素方差分析、可重复双因素分析和无重复双因素分析。

（6）相关分析。

"相关系数"分析工具可提供输出表和相关矩阵，并显示应用于每种可能的测量值变量相对的相关系数值。

（7）回归分析。

可用来分析单个因变量是如何受一个或几个自变量影响的。即可进行一元和多元回归分析。

此外，还有"排位与百分比排位"、"协方差"等其他分析工具。

四、作业

（1）结合教材中学过的相关实例进行 Excel 的实训练习。

（2）讨论 Excel 在统计分析中的功用。为什么使用 Excel 进行统计分析的效率高，不易出现差错？

技能任务 2　试验数据整理

一、目的要求

了解资料搜集整理的意义，掌握次数分布表、图的制作方法，并能用 Excel 进行数据整理与图表制作。

二、场所与用具

1. 场所

微机室、多媒体教室。

2. 用具

绘图纸、尺、铅笔、装有 Excel 软件的计算机及输出设备或计算器。

三、资料

(1) 以某种小麦品种的每穗小穗数为例，说明利用 Excel 对间断性变数资料的整理方法。

(2) 以表 3-4 的 100 行(行长 2 m)大豆产量资料为例，说明利用 Excel 对连续性变数资料的整理方法。

四、方法与步骤

教师讲解利用 Excel 编制次数分布表和绘制次数分布图的操作步骤。

1. 编制次数分布表

(1) 单项式分组法。

资料 1 为间断性变数资料，数据变异幅度较小，最小值为 15，最大值为 20，可以用资料的自然值进行分组，即采用单项式分组法。具体操作步骤如下。

① 输入原始数据和各组的数值。将数据输入到 Excel 表中，列出 6 个组的数值于单元格 L4～L9 中(图 3-19)。

	A	B	C	D	E	F	G	H	I	J	K	L
1			表 100个小麦主茎穗每穗小穗数									
2	18	15	17	19	18	15	17	18	19	17		
3	17	16	17	19	16	20	19	17	16	18		每穗小穗数
4	17	18	16	16	17	18	20	17	17	18		15
5	17	15	15	18	18	17	17	17	19	18		16
6	18	19	17	17	18	18	16	20	18	18		17
7	18	17	19	16	19	17	18	16	18	17		18
8	17	16	18	17	18	17	17	16	17	16		19
9	17	19	18	18	17	16	17	15	16	19		20
10	15	19	18	17	19	19	18	17	17	16		合计
11	18	19	16	20	19	17	20	19	19	17		

图 3-19 原始数据及各组观测值录入表

② 输入公式与合计。在 M4 单元格中输入公式"＝COUNTIF($A$2:$J$11，L4)"，再将公式粘贴到 M5～M9 单元格中，即可得到各组观察值出现的次数。在单元格 M10 中输入公式"＝SUM(M4:M9)"得到合计次数，完成分组整理(图 3-20)。

	A	B	C	D	E	F	G	H	I	J	K	L	M
1			表 100个小麦主茎穗每穗小穗数										
2	18	15	17	19	18	15	17	18	19	17			
3	17	16	17	19	16	20	19	17	16	18		每穗小穗数	次数
4	17	18	16	16	17	18	20	17	17	18		15	6
5	17	15	15	18	18	17	17	17	19	18		16	15
6	18	19	17	17	18	18	16	20	18	18		17	32
7	18	17	19	16	19	17	18	16	18	17		18	25
8	17	16	18	17	18	17	17	16	17	16		19	17
9	17	19	18	18	17	16	17	15	16	19		20	5
10	15	19	18	17	19	19	18	17	17	16		合计	100
11	18	19	16	20	19	17	20	19	19	17			

图 3-20 单项式分组法的公式输入及分组结果

（2）组距式分组法。

资料 2 为连续性变数资料,数据变异幅度较大,最小值为 22,最大值为 185,可采用组距式分组法进行整理。具体操作方法与步骤如下。

① 输入原始数据。将数据输入到 Excel 表中（图 3-21）。

② 输入组数值及计算。将确定的组数值输入到 D14 单元格中。应用 Excel 公式（表 3-33）求出最大值、最小值、全距、组距等,将组距简化（图 3-21）。

表 3-33　相关计算公式

公式名称	最大值	最小值	全距	组数	组距
公式所在单元格	A14	B14	C14	D14	E14
公式	=MAX(A2:J11)	=MIN(A2:J11)	=A14−B14	11(人为确定)	=C14/11

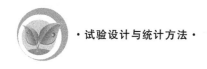

A14	▼	fx	=MAX(A2:J11)						
	A	B	C	D	E	F	G	H	I	J
1				表　100行大豆行产量						单位：g
2	70	72	135	148	40	147	84	185	95	93
3	109	64	58	34	68	118	108	175	99	132
4	154	105	77	156	45	160	109	87	101	95
5	94	94	107	55	61	73	77	105	85	132
6	123	100	62	79	68	84	90	123	135	40
7	107	79	131	72	66	82	76	25	98	130
8	62	56	44	50	58	98	104	141	92	142
9	90	136	97	80	54	98	104	118	30	149
10	76	152	100	43	22	106	74	116	125	100
11	115	78	73	81	130	103	117	107	118	101
12										
13	最大值	最小值	全距	组数	组距	化简后组距				
14	185	22	163	11	14.81818	15				

图 3-21　数据输入及数值的计算结果

③ 确定组中值和组限。首先确定第一组组中值为 20,将其填入单元格 L2,然后在 L3 单元格中输入公式"=L2＋$F$14",并将公式粘贴到 L4～L13,即求出各组的组中值。组限:在 M2 单元格内输入公式"=L2−$F$14/2",在 N2 中输入公式"=L2＋$F$14/2",将这两个公式分别粘贴到其下方的单元格内,即可得到相应的下限和上限（图 3-22）。

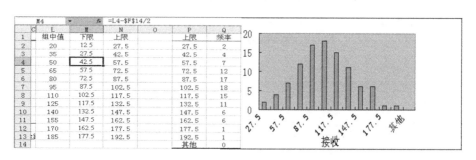

图 3-22　组中值、组限及次数分布表、分布图

④ 次数整理。在"数据分析"命令中选直方图,在直方图对话框输入区域输入原始

数据"＄A＄2：＄J＄11"，在接收区域输入各组上限值"＄N＄2：＄N＄13"，在输出选项中选定(输入)输出区域(如"＄Q＄1")，单击"确定"按钮，即得到次数分布表(图 3-22 左)。

2. 绘制次数分布图

次数分布图常表示成直方图、折线图、条形图、饼形图等图形，它们的绘制方法大致相同，可以利用"工具"下拉菜单中的"数据分析"工具作图。也可以利用 Excel 提供"图表向导"工具作图。

(1) 利用"工具"下拉菜单中的"数据分析"工具作图。利用"工具"下拉菜单中的"数据分析"绘制次数分布直方图与整理次数分布表的方法步骤一样，前三个步骤相同，所不同的是第四步次数整理时，在"数据分析"命令中选直方图，在直方图对话框输入区域输入原始数据"＄A＄2：＄J＄11"，在接收区域输入各组上限值"＄N＄2：＄N＄13"，在输出选项中选定(输入)输出区域(如"＄Q＄1")后，在"直方图"对话框中再选定"图表输出"复选框，然后单击"确定"按钮，次数分布表和直方图同时输出(图 3-22 右)。

(2) 利用 Excel 提供"图表向导"工具作图。就是在 Excel 的"插入"菜单中选择"图表"选项，Excel 会启动图表向导，弹出"图表向导"对话框窗口。在"图表类型"列表中选择"柱形图"、"多边形"等类型，在"子图表类型"列表中选择相应的"子图表"类型，单击"下一步"按钮，进入数据源对话框。按上表形式输入数据，单击"确定"按钮，便可得到次数分布图。

五、作业

(1) 调查本班同学的年龄，利用 Excel 编制次数分布表和绘制条形图。

(2) 学生分组，每组分别搜集本班上学期的某一门课程的学习成绩或老师提供的成绩资料，利用 Excel 进行编制次数分布表和绘制直方图或折线图。

(3) 讨论利用 Excel 编制次数分布表和绘制直方图较手工有哪些好处？

(4) 根据各门成绩次数分布表、图，讨论学生对哪一门或哪几门功课掌握得最好，哪一门或哪几门功课掌握得最差？为什么？

技能任务 3　特征数计算

一、目的要求

掌握各种特征数的计算方法，学会利用 Excel 进行相关特征数的计算。

二、场所与用具

1. 场所

微机室、实验实训室、多媒体教室等。

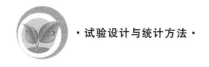

2. 用具

练习纸、A4 打印纸、铅笔、装有 Excel 软件的计算机及输出设备或计算器。

三、资料

(1) 水稻黄壳早与老来青品种的单株分蘖数的未分组资料,利用 Excel 进行平均数、平方和、方差、标准差、变异系数等特征数的计算。

(2) 对 100 行大豆产量的次数分布资料,利用 Excel 进行平均数、平方和、方差、标准差、变异系数等特征数的计算。

四、方法与步骤

1. 未分组资料特征数的计算

在 Excel 中,既可利用 Excel 中的统计函数计算特征数,也可手工创建公式计算各种特征数(表 3-34)。以资料 1 为例说明利用 Excel 计算未分组资料的各种特征数的方法与步骤。

表 3-34　特征数的 Excel 计算公式表

特 征 数	公　　　式
平均数	＝AVERAGE(B3:B12)
标准差	＝STDEV(B3:B12)
方差	＝VAR(B3:B12)
变异系数	＝STDEV(B3:B12)/AVERAGE(B3:B12)
平方和	＝SUMSQ(B3:B12)－SUM(B3:B12)^2/10

(1) 在 Excel 工作表上输入原始数据。

(2) 利用上表的公式进行计算。

① 算术平均数。

用 AVERAGE 函数计算算术平均数,如老来青分蘖数的计算。在单元格 I4 输入"＝AVERAGE(B3:B12)"。

② 标准差。

用 STDEVP 计算总体标准差;用 STDEV 计算样本标准差。在单元格 I6 输入"＝STDEV(B3:B12)"(图 3-23)。

③ 方差。

用 VARP 函数可以求总体方差;用 VAR 函数可以求样本的方差。在单元格 I8 输入"＝VAR(B3:B12)"。

④ 变异系数。

在单元格 I10 输入"＝STDEV(B3:B12)/AVERAGE(B3:B12)"。

⑤ 平方和。

在单元格 I12 输入"＝SUMSQ(B3:B12)－SUM(B3:B12)^2/10"。

各个特征数的计算结果见图 3-23。

I10 =STDEV(C3:C12)/AVERAGE(C3:C12)

	A	B	C	D	E	F	G	H	I
1	水稻单株分蘖数								
2		黄壳早	老来青		黄壳早			老来青	
3	1	3	2						
4	2	3	2		平均数=	4		平均数=	4
5	3	3	3						
6	4	4	3		标准差=	0.816497		标准差=	1.632993
7	5	4	4						
8	6	4	4		方差=	0.666667		方差=	2.666667
9	7	4	4						
10	8	5	5		变异系数=	0.204124		变异系数=	0.408248
11	9	5	6						
12	10	5	7		平方和=	6		平方和=	24

图 3-23 未分组资料特征数

2. 分组资料特征数的计算

在 Excel 工作表中无直接计算分组资料特征数的函数，需自己编辑公式(表 3-35)。以资料 2 大豆 100 株株高的次数分布资料为例，说明利用 Excel 工作表计算分组资料的特征数。

表 3-35 分组资料特征数的 Excel 计算公式表

(以 100 株大豆产量的次数分布资料为例)

特征数	公式
平均数	=C15/B15
标准差	=SQRT(D15−C15^2/B15)/(B15−1)
方差	=(D15−C15^2/B15)/(B15−1)
变异系数	=G6/G4
平方和	=D15−C15^2/(B15−1)

(1) 在 Excel 工作表中输入 100 株大豆产量的次数分布资料中各组的组中值(x)和次数(f)。

(2) 计算 100 株大豆产量总和 $\sum f(x)$ 和平方总和 $\sum f(x^2)$ 得到的计算结果。

① 计算 $\sum f(x)$ 。在 C3 单元格中输入 $f(x)$ 的 Excel 公式"=A3 * B3"，再将公式粘贴到 C4～C14 中，得到各组的 $f(x)$ 。然后在 C15 单元格中输入 Excel 工作表函数"=SUM(C3:C14)"得到 $\sum f(x)$ 。

② 计算 $\sum f(x^2)$ 。在 D3 单元格中输入 $f(x^2)$ 的 Excel 公式"=A3 * C3 * B3"，再将公式粘贴到 D4～D14 中，得到各组的 $f(x^2)$ 。然后在 D15 单元格中输入 Excel 工作表函数"=SUM(D3:D14)"得到 $\sum f(x^2)$ 。

(3) 利用表 3-35 中各特征数的公式，在相应单元格中输入各特征数的相应计算公式，即可得计算结果(图 3-24)。

	G6	▼	f_x	=SQRT((D15-C15^2/B15)/(B15-1))				
	A	B	C	D	E	F	G	H
1		100行大豆产量次数分布表						
2	组中值	频率	$f(x)$	$f(x^2)$				
3	20	2	40	800				
4	35	4	140	4900		平均数=	95.3	
5	50	7	350	17500				
6	65	12	780	50700		标准差=	34.11078	
7	80	17	1360	108800				
8	95	18	1710	162450		方差=	1163.545	
9	110	15	1650	181500				
10	125	11	1375	171875		变异系数=	0.357931	
11	140	6	840	117600				
12	155	6	930	144150		平方和=	115191	
13	170	1	170	28900				
14	185	1	185	34225				
15	合计	100	9530	1023400				

图 3-24　分组资料特征数计算

五、作业

（1）测量本班学生的身高,利用 Excel 计算描述该班学生身高资料的特征数。

（2）利用 Excel 对本班上学期学习成绩资料的次数分布表进行学习成绩资料特征数的计算。

（3）讨论为什么利用 Excel 计算资料的各特征数有时与手工计算的数值有差异?

（4）根据各门成绩的特征数,讨论哪一门或哪几门功课成绩平均数、标准误差或变异系数最大,哪一门或哪几门功课的最小? 各说明什么问题?

技能任务 4　统计假设检验

假设检验就是把随机变量的取值区间划分为两个互不相交的部分,即接受区域与否定区域。当样本的某个统计量属于否定区域时,将否定无效假设。落入否定区域的概率,就是小概率,一般用显著性水平表示。

一、目的要求

了解统计假设检验的意义和基本原理,掌握利用 Excel 进行统计假设检验的方法与步骤。

二、场所与用具

1. 场所

微机室、实验实训室。

2. 用具

练习纸、铅笔、A4 打印纸、装有 Excel 软件的计算机及输出设备或计算器。

三、资料

(1) 研究水稻一次施肥与分次施肥对某水稻品种产量的影响,分别取样调查 5 个点(0.5 m²),得产量如表 3-36 所示,试检验两种施肥方法的小区产量有无显著性差异。

表 3-36   两种施肥方法的各取样点产量

一次施肥 a/[g/(0.5 m²)]	500	535	525	520	550
分次施肥 b/[g/(0.5 m²)]	530	550	545	555	520

(2) 为了明确玉米去雄与不去雄对玉米产量的影响,选面积相等的 5 个小区,每个小区各分成两半,一半去雄,一半不去雄,产量见表 3-37,试检验两种处理产量有无显著性差异。

表 3-37   玉米去雄与不去雄半个小区产量

去雄产量/[kg/(7.5 m²)]	17	15	14	17	16
不去雄产量/[kg/(7.5 m²)]	12.5	15.5	12.5	16	14

四、方法与步骤

1. 成组数据的假设检验

成组数据的计算分析可以直接使用 Excel 数据分析工具中提供的 t 检验:双样本等均值假设检验进行假设检验。

以资料 1 为例,说明利用 Excel 对成组资料进行假设检验的方法与步骤。

(1) 输入原始数据。在 Excel 工作表中输入变量 1 和变量 2 的原始数据(图 3-25)。

(2) 选择计算命令。选择"工具"菜单的"数据分析"菜单,在弹出的"数据分析"对话框中,双击"t-检验:双样本等方差假设"选项,则弹出"t-检验:双样本等方差假设"对话框(图 3-25)。

(3) 填写区域。在变量 1 的区域输入" $A$1:$A$6",在变量 2 的区域输入" $B$1:$B$6",由于进行的是等均值检验,填写假设平均差为 0,数据的首行标志项,选择"标志"选项,再填写显著性水平,α 为 0.05(或 0.01),选择"输出选项",最后点击"确定"按钮,就可以在输出区域显示计算结果(图 3-25)。

(4) 结果分析。如图 3-25 所示,图中分别给出了两组处理的平均值、方差和样本个数。其中,合并方差是样本方差加权之后的平均值,"df"ν 是假设检验的自由度,它等于样本总个数减 2,"t"统计量是两个样本差值减去假设平均差之后再除于标准误差的结果,"P(T<=t)单尾"是单尾检验的显著性水平,"t 单尾临界"是单尾检验 t 的临界值,"P(T<=t)双尾"是双尾检验的显著性水平,"t 双尾临界"是双尾检验 t 的临界值。由图 3-25 的结果可以看出 t 统计量均小于两个临界值,所以,在 5% 显著性水平下,不能拒绝两个总

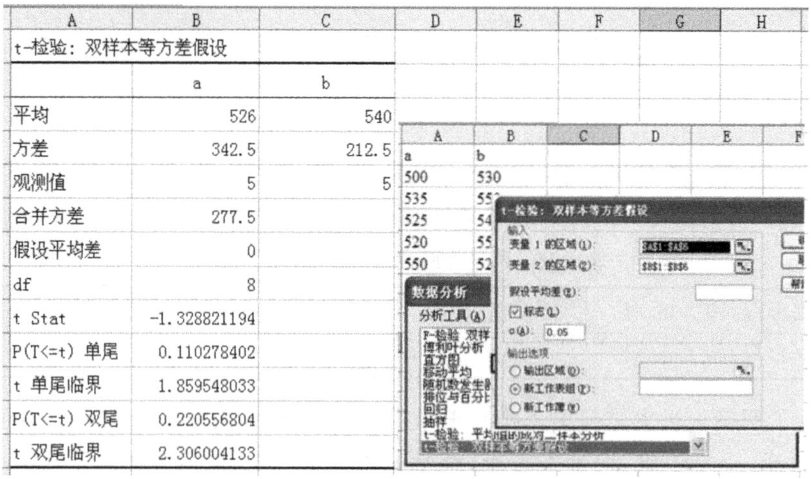

t-检验：双样本等方差假设		
	a	b
平均	526	540
方差	342.5	212.5
观测值	5	5
合并方差	277.5	
假设平均差	0	
df	8	
t Stat	-1.328821194	
P(T<=t) 单尾	0.110278402	
t 单尾临界	1.859548033	
P(T<=t) 双尾	0.220556804	
t 双尾临界	2.306004133	

图 3-25　工具选择与区域输入后结果显示

体均值相等的假设，即一次施肥与分次施肥的小区产量没有显著性差异。

2. 成对数据的假设检验

两个样本的成对数据资料的计算分析，同样可以借助数据分析工具“t-检验：平均值的成对二样本分析”进行。

以资料 2 为例，说明利用 Excel 对成对资料进行假设检验的方法与步骤。

(1) 输入原始数据。在 Excel 工作表中输入变量 1 和变量 2 的原始数据。

(2) 选择计算命令。选择“工具”菜单的“数据分析”菜单，在弹出的“数据分析”对话框中，双击“t-检验：平均值的成对二样本分析”选项，则弹出“t-检验：平均值的成对二样本分析”对话框。

(3) 填写区域。在变量 1 的区域输入“\$B\$1：\$ B\$7”，在变量 2 的区域输入“\$C\$1：\$ C\$7”，由于进行的是等均值检验，填写假设平均差为 0，数据的首行标志项，选择“标志”选项，再填写显著性水平，α 为 0.05(或 0.01)，选择“输出选项”，最后点击“确定”按钮。便可以在输出区域显示计算结果(图 3-26)。

	A	B	C
1	玉米去雄与不去雄的产量(kg)		
2	区号	去雄(χ_1)	不去雄(χ_2)
3	1	17.0	12.5
4	2	15.0	15.5
5	3	14.0	12.5
6	4	17.0	16.0
7	5	16.0	14.0

t-检验：成对二样本均值分析		
	去雄(χ_1)	不去雄(χ_2)
平均	15.8	14.1
方差	1.7	2.675
观测值	5	5
泊松相关系数	0.246191	
假设平均差	0	
df	4	
t Stat	2.084674	
P(T<=t) 单尾	0.052732	
t 单尾临界	2.131847	
P(T<=t) 双尾	0.105464	
t 双尾临界	2.776445	

图 3-26　成对二样本均值分析结果

（4）结果分析。如图 3-26 所示，图中分别给出了两种处理的平均值、方差。其中，"df"(ν)是假设检验的自由度，它等于样本差数总个数减 1。t 统计量是两个样本差数平均数减去假设平均差之后再除以标准误差的结果，"P(T<=t)单尾"是单尾检验的显著性水平，"t 单尾临界"是单尾检验 t 的临界值，"P(T<=t)双尾"是双尾检验的显著性水平，"t 双尾临界"是双尾检验 t 的临界值。由图 3-26 的结果可以看出 2.084674<2.776445，所以，在 5% 显著性水平下，玉米去雄与不去雄的玉米产量无显著性差异。

五、作业

利用 Excel 对教材自测题的资料进行统计假设检验。

技能任务 5　方差分析

一、目的要求

了解方差分析的意义和基本原理，掌握方差分析的步骤，能够利用 Excel 进行方差分析。

二、场所与用具

1. 场所

微机室、实验实训室。

2. 用具

练习纸、铅笔、A4 打印纸、装有 Excel 软件的计算机及输出设备或计算器。

三、资料

以 A、B、C、D 共 4 种药剂处理水稻种子，其中 A 为对照，每一处理各得 5 个苗高观察值（cm），结果如表 3-38 所示，试进行方差分析。

表 3-38　不同药剂处理的水稻苗高

药剂	A	B	C	D
观察值 /cm	19	21	20	22
	23	24	18	25
	21	27	19	27
	19	23	18	24
	13	20	15	22

四、方法与步骤

以上述资料为例，说明利用 Excel 进行方差分析的方法与步骤。

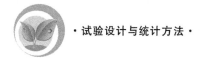
1. 输入数据

将表 3-38 中的数据输入或复制到 Excel 表中,其输入格式如图 3-27 所示。

	A	B	C	D	E
1	药剂	A	B	C	D
2		19	21	20	22
3		23	24	18	25
4	观察值	21	27	19	27
5		19	23	18	24
6		13	20	15	22

图 3-27　数据输入示意图

2. 选择分析工具

在"工具"菜单选择"数据分析"命令,弹出"分析工具"对话框,选中列表中"方差分析:单因素方差分析"选项,单击"确定"按钮,弹出的单因素方差分析对话框如图 3-28 所示。

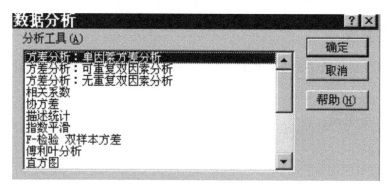

图 3-28　数据分析对话框示意图

3. 填写区域完成分析

在弹出的对话框中"输入区域"输入"＄B＄1:＄E＄6"。分组方式选"列",选择"标志"选项。在 α 区域中输入 0.05(或 0.01),选择"输出选项",最后点击"确定"按钮。便可以在输出区域显示方差分析表,如图 3-29 所示。

	A	B	C	D	E	F	G
1	方差分析:单因素方差分析						
2							
3	SUMMARY						
4	组	观测数	求和	平均	方差		
5	A	5	95	19	14		
6	B	5	115	23	7.5		
7	C	5	90	18	3.5		
8	D	5	120	24	4.5		
9							
10							
11	方差分析						
12	差异源	SS	df	MS	F	P-value	F crit
13	组间	130	3	43.33333	5.875706	0.006657	3.238872
14	组内	118	16	7.375			
15							
16	总计	248	19				

图 3-29　该资料的方差分析示意图

4. 结果分析

计算结果给出各处理的样本容量（观测数）、观察值总和（求和）、样本平均（平均）、样本方差（方差），列出了方差分析表。在方差分析表中，"组间"表示处理间，即不同药剂间，"组内"表示误差，"总计"表示总变异。F12 中 P-value 为 F 分布的单尾概率值，用来判断处理间是否存在显著性差异。本例的 P-value=0.006657<0.05，表明不同药剂处理苗高差异达到显著性水平。同时"F">"F crit"，也表示不同药剂处理苗高差异达到显著性水平，需进一步进行多重比较。多重比较请参考相关书籍。同学们可自行进行比较。

五、作业

（1）根据上述资料，进行验证性上机练习。按照方差分析的方法与步骤，进行方差分析。

（2）讨论单因素方差分析输入区域的输入标题栏，选择"标志"选项，若输入区域不输入标题栏，不选择"标志"选项，结果如何？

技能任务6 卡平方(χ^2)检验

一、目的要求

熟悉 Excel 统计函数的界面；掌握利用 Excel 统计函数对次数资料进行卡平方(χ^2)检验的方法与步骤。

二、场所与用具

1. 场所

微机室、实验实训室。

2. 用具

练习纸、铅笔、A4 打印纸、装有 Excel 软件的计算机及输出设备或计算器。

三、资料

调查吸烟人群和不吸烟人群患支气管炎的结果（表 3-39），试检验吸烟与患支气管炎有无关联？

表 3-39　不同人群患支气管炎的调查结果

不同人群	患病	不患病	总数
吸烟人群	50	250	300
不吸烟人群	5	195	200
总数	55	445	500

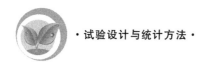

四、方法与步骤

以吸烟人群和不吸烟人群患支气管炎的资料为例,说明利用 Excel 统计函数对次数资料进行卡平方(χ^2)检验的方法与步骤。

1. 输入原始数据

将资料数据输入或复制到 Excel 表中,其输入格式如图 3-30 所示。

	A	B	C	D
	不同人群	患病	不患病	总和
1				
2	吸烟人群	50	250	300
3	不吸烟人群	5	195	200
4	总和	55	445	500

图 3-30　原始数据示意图

2. 编辑公式,计算理论次数

在 B5 单元格内输入公式"＝B4＊D2/D4",将该公式复制到 C5、B6、C6 单元格中。如图 3-31 所示,便可以分别得出理论次数为 33、267、22、178。

B6 　　　f_x　＝B4*D3/D4

	A	B	C	D
	不同人群	患病	不患病	总和
1				
2	吸烟人群	50	250	300
3	不吸烟人群	5	195	200
4	总和	55	445	500
5		33	267	
6		22	178	

图 3-31　理论次数示意图

3. 选择函数参数,求概率 P

单击"插入"菜单中"函数"选项,打开"插入函数"对话框,在"选择类别"中选择"统计"项,在"选择函数"列表中选择 CHITEST 统计函数,然后单击"确定"键,打开 CHITEST 对话框,在 Actual_range 输入框中输入实际次数,单元格引用 B2:C3(先单击单元格 B2,然后按鼠标左键拖至单元格 C3 即可),在 Expected_range 区域中输入理论次数,单元格引用 B5:C6,此时便可得出概率 P 值为"7.05542E-07"(图 3-32)。

4. 计算 χ^2 值

打开 CHIINV 统计函数,在 Probability 区域中输入概率 P 值"7.05542E-07",在 Deg_freedom 区域中输入本例自由度"1",即可以反过来得出 χ^2 值为 24.59993266(图 3-33)。

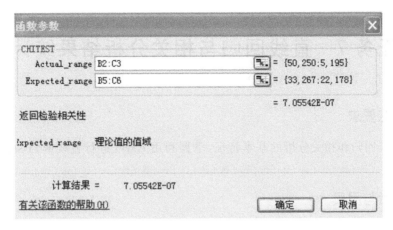

图 3-32　概率 P 值对话框示意图

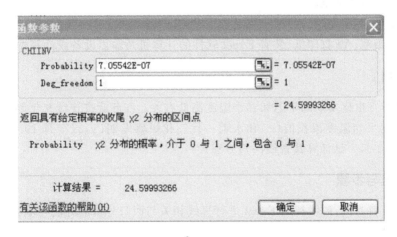

图 3-33　χ^2 值对话框示意图

5. 根据计算结果作出统计推断

本例中 $\chi^2 = 24.5999 > \chi^2_{0.01} = 6.63$，可以推断吸烟与患支气管炎密切相关，吸烟人群患支气管炎的比例极显著地高于不吸烟人群患支气管炎的比例。

6. 说明

Excel 中的统计函数 CHITEST 具有返回检验相关性的功能，利用该函数可以计算出 χ^2 检验的概率 P 值，但未能计算出 χ^2 值；CHIINV 统计函数具有返回给定概率的收尾 χ^2 分布的区间点的功能，利用这一统计函数可以通过统计函数 CHITEST 计算出的概率 P 值，反过来求出 χ^2 值。也就是说，将此两统计函数结合起来应用就可以轻松地完成 χ^2 检验的运算。

五、作业

(1) 将相关教材中的自测习题利用 Excel 进行统计分析。

(2) 讨论利用 Excel 进行 χ^2 检验是否需用考虑连续性矫正？

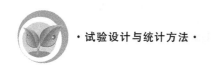

技能任务 7　直线回归与相关分析结果统计

一、目的要求

了解直线回归和相关分析的基本特征,掌握利用 Excel 进行直线回归和相关分析的方法与步骤。

二、场所与用具

1. 场所

微机室、实验实训室。

2. 用具

练习纸、铅笔、A4 打印纸、装有 Excel 软件的计算机及输出设备或计算器。

三、资料

一些夏季害虫盛发期的早迟和春季温度高低有关。江苏武进连续 9 年测定 3 月下旬至 4 月中旬旬平均温度累积值(x)和水稻一代三化螟盛发期(y,以 5 月 10 日为 0)的关系,结果见表 3-31。试计算其直线回归方程。

四、方法与步骤

以上述资料为例,说明利用 Excel 进行直线相关与回归分析的方法与步骤。

1. 输入数据

将上述资料输入某一 Excel 空白工作簿中(图 3-34)。

	A	B	C	D
	编号	x累积温	y盛发期	
1	1	35.5	12	
2	2	34.1	16	
3	3	31.7	9	
4	4	40.3	2	
5	5	36.8	7	
6	6	40.2	3	
7	7	31.7	13	
8	8	39.2	9	
9	9	44.2	-1	

图 3-34　数据输入示意图

2. 数据分析计算

(1) 选择"数据分析"命令。

单击"工具"菜单中的"数据分析"命令;弹出数据分析对话框"分析工具"列表,选中"回归"选项,单击"确定"按钮(图 3-35)。

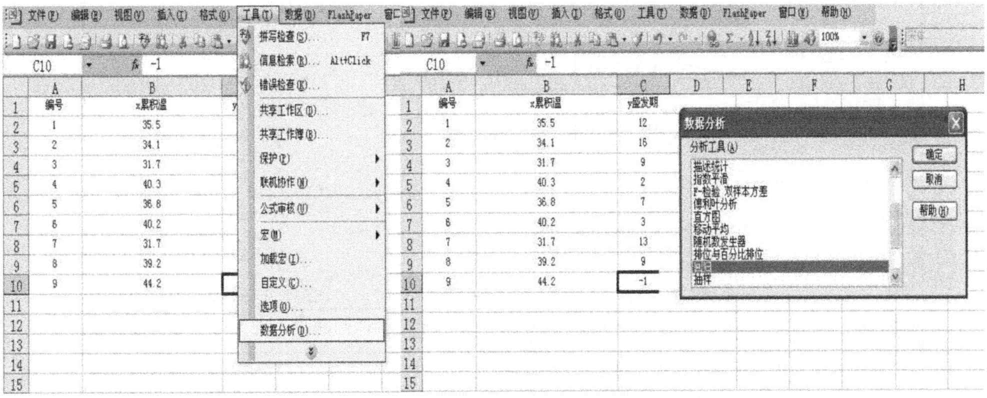

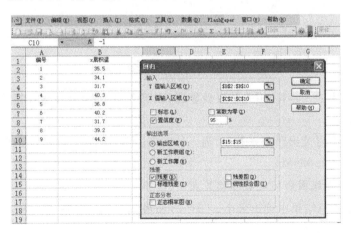

图 3-35 数据分析对话框示意图

(2) 填写区域,数据分析计算。

在"回归"对话框输入选项区中的"Y 值输入区域"输入框中输入数据范围"＄B＄2：＄B＄10",在"X 值输入区域"输入框中输入数据范围"＄C＄2：＄C＄10";选择"置信度",设为"95％"(或 99％);在输出选项区中选择 "输出区域"或"新工作表组"或"新工作簿"之一。本例若选择在本工作表中输出结果,则选择"输出区域";在"残差"选项区选定"残差"选项(图 3-36),然后单击"确定"按钮,即弹出汇总结果(图 3-37)。

图 3-36 回归对话框示意图

(3) 显示结果。

3. 相关系数显著性检验

在输出结果中可读出相关系数 r 为 0.8371、决定系数 r^2 为 0.7008。查 r 值表,当 $\nu = 7$ 时,$r_{0.05} = 0.666$,$r_{0.01} = 0.789$,实得 $|r| = 0.8371 > r_{0.01}$,故 $P < 0.01$,应否定

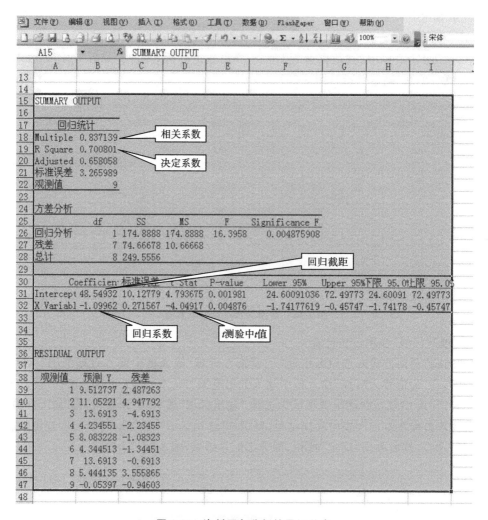

图 3-37　资料回归分析结果汇总表

$H_0: \rho = 0$，接受 $H_A: \rho \neq 0$，相关系数极显著，表明 X 和 Y 呈极显著性相关。

4. 读写数据

在输出结果中可读出回归系数(b)为-1.0996、回归截距(a)为 48.5493，并列回归方程 $\hat{y} = 48.5493 - 1.0996x$。

5. 绘制回归直线图和标定实际相关点

(1) 在数据汇总结果中读出最小 $x(31.7)$ 和最大 $x(44.2)$ 值的两个对应的 $\hat{y}$ 值：$\hat{y}_1 = 13.6913$，$\hat{y}_2 = -0.0540$。

(2) 标定并连接$(31.7, 13.6913)$、$(44.2, -0.0540)$两点。

(3) 标出各实际相关点。

(4) 在直线旁写上回归方程式 $\hat{y} = 48.5493 - 1.0996x$（图 3-38）。

6. 推断

3 月下旬至 4 月中旬旬平均温度累积值(x)和水稻一代三化螟盛发期（y，以 5 月 10

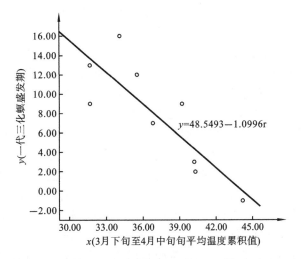

图 3-38　旬平均温度累积值和一代三化螟盛发期的关系

日为 0)存在极显著的回归关系,在适宜的范围内可以利用上述回归方程式和回归直线图预测水稻一代三化螟盛发期。当 3 月下旬至 4 月中旬的积温每提高 1℃时,一代三化螟的盛发期平均将提早 1.1 天。

五、作业

(1) 利用 Excel 对教材中的自测习题进行回归与相关分析练习。

(2) 讨论利用直线回归方程进行预测或控制时,能否扩大预测和控制的范围,为什么?

项 目 回 顾

主要学习试验资料的性质及整理方法和体现试验资料特征的平均数、变异数的计算方法。试验资料经过整理,得出的结论,往往不能反映所属总体的真实结论,需要借助概率的知识与原理,进行统计推断,判断其真伪。同时,当样本较多时需要采用方差分析的方法进行分析。本项目包括概率与概率分布、统计假设检验、方差分析、χ^2 检验及相关与回归分析。

根据所研究的性状不同,试验资料一般分为数量性状资料和质量性状资料。数量性状资料因本身是通过计数或测量得到的,可直接进行统计,而质量性状资料要对其结果作数量化处理后才能进行统计。对于原始资料,可采用单项分组法或组限式分组法将其整理为次数分布表、图的形式显现其内部的联系和规律性,而次数分布表、图仅能定性地看出资料集中和变异的情况。定量反映资料集中情况的特征数为平均数,反映资料变异情况的特征数为极差、方差、标准差、变异系数等变异数。算术平均数能反映变数的集中趋势,是统计中应用最广的平均数。方差和标准差是反映资料中各个变量的变异程度的统计量,标准差应用较广泛,但是它是有单位的,如比较两个或多个资料的变异程度时,由于

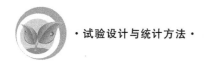

研究的性状不同、单位不同,比较其变异程度就不能采用标准差来比较,而是采用即能表示变异程度又不带单位的变异系数进行比较。

通过研究样本结果推断总体特征,有必要了解总体的分布规律,即理论分布。理论分布主要包括二项分布、正态分布以及样本平均数的抽样分布和 t 分布,为了说明这些理论分布,需要了解概率的知识与原理。概率是衡量随机事件发生的可能性大小的指标,是随机事件在一次试验中某一个结果发生的可能性大小。小概率事件在一次试验中发生的可能性很小,人为地看做是不可能事件,称为小概率事件实际不可能性原理。二项总体是非此即彼的两个对立事件构成的总体,二项总体的概率分布称为二项分布。它是间断性变数资料的理论分布,而正态分布是连续性变数资料的一种理论分布,生物现象中有许多变量是服从或近似服从正态分布的,它是许多统计方法的理论基础,例如 t 分布、F 分布、u 分布等。统计假设检验、方差分析等多种统计方法均要求分析的指标服从正态分布。

在研究总体与样本的关系时,一是从总体到样本——研究抽样分布的问题;二是从样本到总体——统计推断的问题。统计推断是以总体分布和样本抽样分布的理论关系为基础的。

一个或两个样本进行平均数的假设检验的方法很多,常用的有 u 检验、t 检验等。尽管这些检验方法的用途及使用条件不同,但其检验的基本原理是相同的,即依据"小概率原理"作出假设检验结果的统计推断,当总体方差已知,或总体方差未知但是大样本,采用 u 检验,相反,则采用 t 检验。

对多个样本平均数的假设检验,采用方差分析。方差分析就是将试验数据的总变异分解为来源于不同因素的相应变异,并作出数量估计,从而发现各个因素在总变异中的重要程度。将试验的总变异方差分解成各变因方差,并以其中误差方差作为和其他变因方差比较的标准,以推断其他变因所引起变异量是否真实的一种统计分析方法。其基本原理就是将总平方和分解为各变异来源的平方和;将总自由度分解为各变异来源的自由度,得到各类变异的方差,从而判定差异的显著性,最后做出统计推断。对于不同的分组资料可采取不同的方差分析方法。

次数资料或计数资料的统计分析主要采用卡平方(χ^2)检验法。卡平方(χ^2)的检验步骤与平均数的假设检验一样,它包括适合性检验和独立性检验。适合性检验是根据 χ^2 分布的概率值判断实际观察次数与理论次数是否相符的假设检验;独立性检验是分析两个变数相互独立还是彼此相关。

对于有联系的两个及两个以上变数之间的关系,可以采用直线回归与相关分析进行研究。当两个变数呈直线趋势,可以进行直线回归方程式、相关系数、决定系数的计算,并进行直线回归方程、相关系数的显著性检验,以便利用直线回归方程进行预测或控制。

一、概念题

数量性状资料、连续性变数资料、间断性变数资料、质量性状资料、次数分布表、极差(全距)、次数分布图、算术平均数、平方和、方差、标准差、自由度、变异系数、必然事件、不可能事件、随机事件、统计概率、小概率原理、二项分布、二项总体、正态分布的标准化、复置抽样、非复置抽样、统计推断、接受区间、否定区间、两尾检验、方差分析法、χ^2（卡平方）、回归分析、直线回归方程、回归截距、回归系数、相关系数、决定系数、相关分析

二、填空题

1. 在次数分布表中,每组上限与下限值的差,称为（　　）。

2. 间断性变数资料,当变异幅度不大时,一般采用单项式分组法进行整理,用样本的（　　）进行分组,每个组都用一个（　　）观察值来表示。

3. 连续性变数资料采用组距式分组法整理时,其步骤包括计算（　　）,确定（　　）,确定（　　）,然后按大小（　　）。

4. 次数分布表与次数分布图能直观地看出资料的（　　）情况与（　　）情况,但不能定量说明。

5. 资料中最大观察值与最小观察值的差数称为（　　）。

6. 观察值与算术平均数的差数称为（　　）,其总和为（　　）。

7. 小样本是指样本容量 n（　　）30 的样本。

8. 事件 A 与 B 同时发生而构成的新事件,称为事件 A 与事件 B 的（　　）。

9. 正态分布曲线的位置和形状由参数（　　）和（　　）确定。

10. 样本方差与总体方差的关系是（　　）。

11. 统计推断包括（　　）和（　　）。

12. 若无效假设为 $H_0:\mu_1=\mu_2$,那么备择假设为（　　）。

13. 当总体方差 σ^2 已知,或总体方差 σ^2 未知,但样本容量 $n\geqslant 30$ 时,采用（　　）检验法。

14. 大样本平均数的假设检验采用（　　）检验,小样本平均数的假设检验采用（　　）检验。

15. 次数资料的统计分析主要采用（　　）检验法。

16. χ^2 检验的基本公式为（　　）,当 $\nu=1$ 时,必须进行连续性矫正,公式为（　　）。

17. 适合性检验是根据 χ^2 分布的概率值判断（　　）次数与（　　）次数是否相符的假设检验。

18. 相关与回归分析就是研究（　　）之间的关系。

19. 存在因果关系的两个变量,原因变量为（　　）,结果变量为（　　）。

20. 对于同一资料来说,直线回归的显著性和直线相关的显著性必然（　　）。

三、选择题

1. 农业科学试验中应用最多的平均数是（　　）。
A. 算术平均数　　B. 几何平均数　　C. 中数　　D. 众数

2. 描述一个玉米穗长的分布特征时,可以采用的统计图为（　　）。
A. 柱形图　　B. 多边形图　　C. 饼形图　　D. 条形图

3. 比较两个黄芩品种的根长的分布特征时,适宜采用的统计图为（　　）。
A. 多边形图　　B. 柱形图　　C. 条形图　　D. 饼形图

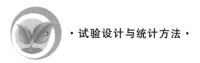

4. 间断性变数资料适用的次数分布图是（　　　）。

A. 条形图　　　　　B. 柱形图　　　　　C. 多边形图　　　　　D. 饼形图

5. 凡是样本容量 $n \geqslant 30$ 的样本，称为（　　　）。

A. 小样本　　　　　B. 有限样本　　　　　C. 大样本　　　　　D. 无限样本

6. 农业试验研究中通常使用的小概率标准为（　　　）。

A. 0.05 或 0.01　　B. 0.05 或 0.1　　C. 0.5 或 0.1　　D. 0.005 或 0.001

7. 一批玉米种子的发芽率为 70%，现每穴播 5 粒种子，每穴发芽 4 粒的概率是（　　　）。

A. 0.0284　　　　　B. 0.1681　　　　　C. 0.3601　　　　　D. 0.3087

8. 决定正态分布曲线在横轴上的位置的参数为（　　　）。

A. μ　　　　　　B. μ 和 σ　　　　　C. σ　　　　　D. μ 或 σ

9. 对于大样本平均数的假设检验，可采用（　　　）。

A. u 检验　　　　B. t 检验　　　　C. F 检验　　　　D. χ^2 检验

10. 检验经过滴灌的大豆产量是否高于未经过滴灌的大豆（小样本），应采用（　　　）。

A. 一尾 u 检验　　B. 一尾 t 检验　　C. 两尾 u 检验　　D. 两尾 t 检验

11. 两尾检验的灵敏度比一尾检验的（　　　）。

A. 高　　　　　　　B. 相等　　　　　　C. 低　　　　　　　D. 不确定

12. F 分布是由（　　　）决定的一系列曲线。

A. μ 和 σ

B. ν 和 σ

C. ν

D. ν_1 和 ν_2

13. 连续性变数资料的统计分析常采用（　　　）。

A. u、t 及 F 检验　　B. u 及 t 检验　　C. t 及 F 检验　　D. F 及 χ^2 检验

14. 对于同一双变数资料，相关系数 r 与回归系数 b 之间的关系为（　　　）。

A. $r = b$　　　　B. $r^2 = b$　　　　C. $\dfrac{r^2}{b^2} = \dfrac{SS_y}{SS_x}$　　　　D. $r = b\sqrt{\dfrac{SS_x}{SS_y}}$

15. 若算得一双变数资料，x 和 y 的直线相关系数 $r = -0.62$，经假设检验接受 H_0：$\beta = 0$ 则表明（　　　）。

A. x 与 y 呈直线负相关　　　　　　B. x 与 y 无直线相关关系

C. y 随 x 的增大而增大　　　　　　D. x 与 y 呈直线正相关

四、判断题

1. 株高、千粒重和产量是间断性变数资料。　　　　　　　　　　　　　　（　　　）

2. 叶形、叶色、花色和穗形等是质量性状资料。　　　　　　　　　　　　（　　　）

3. 条形图适用于表示连续性变数资料的分布；柱形图和多边形图则是表示间断性变数资料和质量性状资料的次数分布。　　　　　　　　　　　　　　　　　　　　　　（　　　）

4. 间断性变数资料，无论变异幅度如何，均采用单项式分组法进行整理。　　（　　　）

5. 常用极差、方差、标准差和变异系数等特征数描述资料的集中情况。　　　（　　　）

6. 平均数和标准差都是表示总体的特征数，也称为参数。　　　　　　　　（　　　）

7. 在一组观测资料中，众数只能有一个。　　　　　　　　　　　　　　　（　　　）

8. 各观测值与平均数之差的总和等于 0。　　　　　　　　　　　　　　　（　　　）

9. 标准差越小,表明观测值越趋于平均数,说明资料变幅越小,整齐度越高。（　　）

10. 样本来自于总体,是组成总体的一部分,所以样本不能估计总体。（　　）

11. 如果事件 A 和 B 不能同时发生,则事件 A 和 B 称为互斥事件。（　　）

12. 二项分布是连续性变数的一种理论分布。（　　）

13. 由非此即彼的两类对立事件构成的总体称为正态总体。（　　）

14. σ 决定正态分布曲线在横轴上的位置,μ 决定曲线的形状。（　　）

15. 样本平均数的总体方差等于原总体方差除以样本容量。（　　）

16. 正态总体分布是由 ν_1 和 ν_2 所决定的一系列曲线。（　　）

17. 统计假设检验就是统计推断。（　　）

18. 如果试验有 k 个处理,n 次重复,则共有 nk 个观测值。（　　）

19. 方差和均方的意义不同。（　　）

20. 在多重比较中最精确的是 LSD 法,其次是 LSR 法。（　　）

21. 方差分析中,$F<1$,无须查 F 值表,即可确定 $P>0.05$,接受 H_0。（　　）

22. 次数资料的 χ^2 检验是一尾检验,其否定区间在 χ^2 分布曲线的右尾。（　　）

23. 同一资料相关系数 r 为正值,而回归系数 b 有可能为负值。（　　）

24. 同一资料相关系数 r 和回归系数 b 都是带有单位的。（　　）

25. 直线回归的估计标准误差 $s_{\bar{x}}^2$ 是回归精确度的重要统计数。$s_{\bar{x}}^2$ 越小,由回归方程估计 y 的精确度越高。（　　）

五、简答题

1. 怎样整理连续性变数资料的次数分布表? 在整理过程中应注意哪些事项?

2. 什么是次数分布图? 常用的次数分布图有哪几类? 绘制次数分布图应注意哪些事项?

3. 样本与总体有什么不同? 怎样使样本更接近总体?

4. 假设检验分为哪几步? 如何根据检验计算结果进行推断?

5. 样本平均数的假设检验常用哪几种方法? 分别在何种情况下应用?

6. 方差分析的基本步骤包括哪几步?

7. 完全随机设计的试验结果分析中,总变异分解为哪几项? 写出各项平方和与自由度的表达式。

8. χ^2 检验与 t 检验、F 检验在应用上有什么区别?

9. 什么是适合性检验和独立性检验? 它们有何区别?

10. 直线回归方程和回归截距、回归系数的统计意义是什么? 如何计算? 如何对直线回归进行假设检验?

11. 相关系数、决定系数各有什么具体意义? 如何计算? 如何对相关系数作假设检验?

六、技能训练题

1. 测定某大豆的小区产量分别为 8.9 kg、6.3 kg、8.7 kg、8.8 kg、9.1 kg、6.2 kg、8.6 kg、7.8 kg、9.2 kg、8.9 kg,试计算平均数和标准差。

2. 测定 A、B 两个玉米品种的果穗重,每品种随机抽取 9 个果穗,A 品种的果穗重分

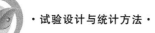

别是 150 g、151 g、160 g、162 g、162 g、168 g、170 g、170 g、171 g;B 品种的果穗重分别是 141 g、149 g、150 g、158 g、160 g、161 g、170 g、171 g、178 g。试分别计算 A、B 两个品种果穗重的平均数、标准差及变异系数,并解释所得结果。

3. 一批玉米种子的发芽率为 $P=0.8$,若每穴播种 5 粒,计算每穴出苗为 3 株、4 株的概率。

4. 测定某水稻品种的千粒重为 34.0 g,对该品种进行叶面喷施磷酸二氢钾的试验,12 个小区的千粒重分别为 32.7 g、36.8 g、36.4 g、31.5 g、35.9 g、34.6 g、35.6 g、37.6 g、33.4 g、35.1 g、33.2 g、34.9 g,试问叶面喷施磷酸二氢钾对水稻的千粒重是否有显著影响?

5. 测定 A、B 两个小麦品种的蛋白质含量各 8 次。A 品种的结果为 14.6%、15.1%、14.1%、14.6%、15.2%、14.3%、15.0%、14.4%;B 品种的结果为 15.1%、15.4%、16.0%、16.3%、15.3%、14.9%、14.7%、15.7%。试检验 A、B 两个小麦品种的蛋白质含量有无显著性差异?

6. 为测定 A、B 两种病毒对番茄的致病力,取 10 株在第 3 片叶上对半接种,测得病斑数结果见表 3-40,试检验 A、B 两种病毒对番茄的致病力是否存在显著性差异?

表 3-40　第 3 片半片叶的病斑数

株号	1	2	3	4	5	6	7	8	9	10
病毒 A	2	1	2	3	3	2	4	2	1	1
病毒 B	3	3	4	4	2	2	3	3	4	3

7. 研究 4 种不同栽培方式对棉花铃重(g)的影响,每种栽培方式均随机选 5 个棉铃,称重,结果见表 3-41,试作方差分析。

表 3-41　4 种不同栽培方式的棉花铃重

栽培方式	铃重/g				
A	3.3	2.9	3.1	3.5	3.3
B	4.4	4.6	4.8	4.2	4.7
C	3.7	4.3	3.9	4.0	4.1
D	4.9	5.1	4.7	4.8	5.0

8. 有一豌豆杂交组合,F_2 代中出现红花与白花两种表现型,观察红花与白花的株数分别为 134、36。试检验观察次数是否符合 3:1 的理论比例?

9. 有一大麦杂交组合,F_2 代的表现型有钩芒、长芒和短芒三种,观察 3 种表现型的株数依次为 348、115、157。试检验大麦芒性状是否符合 9:3:4 的理论比例?

10. 调查 5 个小麦品种感染赤霉病的情况,如表 3-42 所示,试分析不同品种是否与赤霉病的发生有关?

表 3-42　5 个小麦品种感染赤霉病的情况

品种	A	B	C	D	E	总计
健康株数	442	460	478	376	494	2250
病株数	78	39	35	298	50	500
总计	520	499	513	674	544	2750

11. 测得不同浓度的葡萄糖溶液(x,mg/L)在某光电比色计上的吸光度(y),如表 3-43所示。(1)求直线回归方程 $\hat{y} = a+bx$,并作图;(2)对该回归方程作假设检验;(3)测得某样品的吸光度为 0.60,试估算该样品的葡萄糖溶液浓度。

表 3-43　葡萄糖溶液的浓度与吸光度的关系

x/(mg/L)	0	5	10	15	20	25	30
y	0.00	0.11	0.23	0.34	0.46	0.57	0.71

12. 测得广东阳江≤25℃的始日(x)与黏虫幼虫暴食高峰期(y)的关系,如表 3-44 所示(x 和 y 皆以 8 月 31 日为 0)。试分析:(1)温度小于等于 25℃的始日可否用于预测黏虫幼虫的暴食期;(2)回归方程及其估计标准误差;(3)若某年 9 月 5 日是温度小于等于 25℃的始日,则有 95% 可靠度的黏虫暴食期在何期间?

表 3-44　黏虫幼虫暴食高峰期

年份	54	55	56	57	58	59	60
x/日	13	25	27	23	26	1	15
y/日	50	55	50	47	51	29	48

项目四

试验结果分析

━━━━━━ 教 学 目 标 ━━━━━━

知识目标

☆ 掌握顺序排列试验结果的分析过程及方法。

☆ 掌握随机排列试验结果的统计分析方法。

技能目标

☆ 学会顺序排列的试验结果统计分析。

☆ 学会随机区组设计的试验结果的统计分析。

☆ 能够独立正确地使用计算工具。

素质目标

☆ 具有良好的统计素养。

☆ 具有较强的归纳、整理和数据分析能力。

☆ 具有高度的责任感和严谨的科研态度。

━━━━━━ 项 目 描 述 ━━━━━━

　　试验经过调查、搜集等可以得到许多数量性状（尤其产量）资料,其田间试验的产量是最重要的经济性状,一般都要应用生物统计的方法进行统计分析,以判断不同处理在产量上的差异,确定不同处理的优劣,并结合其他调查结果,进行试验总结。由于试验设计方法、精确度要求高低不同,必须采用相应的统计分析方法。本项目主要包括顺序排列试验结果的统计分析和随机排列试验结果的统计分析。

任务1 顺序排列试验结果的统计分析

顺序排列的试验设计主要有对比法设计和间比法设计。此种设计仅遵循重复和局部控制的设计原则,并没有遵循随机的原则,即处理作顺序排列,不能无偏地估计试验误差,难以进行统计假设检验和统计推断,所以不宜采用方差分析法,一般采用百分比法进行试验结果的统计分析。

1.1 对比法设计试验结果的统计分析

对比法设计常用于处理数较少的品种比较试验及示范性试验,是顺序排列的试验设计中最简单、最常用的一种试验设计方法。由于处理顺序排列,不能正确估计试验误差,所以不能进行显著性检验,一般采用百分比法进行试验结果的统计分析,即设对照(CK)的产量(或其他性状)值为100,然后将各处理产量(或其他性状)值与对照进行比较,求其百分数,用以评定处理的优劣。

【例4-1】 有A、B、C、D、E、F、G 7个马铃薯品种比较试验,品种G为CK,采用对比法设计,小区计面积为5 m²,3次重复。田间小区排列和产量[kg/(5 m²)]如图4-1所示,试作分析。

I	A 21	CK 24	B 30	C 26	CK 25	D 26	E 26	CK 21	F 22
II	C 25	CK 25	D 30	E 30	CK 25	F 23	A 31	CK 29	B 27
III	E 29	CK 25	F 24	A 24	CK 26	B 30	C 28	CK 27	D 25

图4-1 马铃薯品种比较试验田间小区排列和产量[kg/(5 m²)]

1.1.1 列制产量分析表

将图4-1的各品种在各重复中的小区产量列成表4-1,并计算小区产量的总和(T_t)和平均产量($\overline{x_t}$)。

各品种的小区产量的总和(T_t)等于各品种在各重复中的小区产量(x)之和,即$T_t = \sum x$。

如品种A的$T_{tA} = \sum x = (21+31+24)$ kg/(5 m²)=76 kg/(5 m²),得5×3 m²=15 m²面积上的产量总和,其他品种的产量总和依此类推。

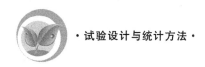

各品种的小区平均产量（$\overline{x_t}$）等于各个品种的小区产量的总和（T_t）除以重复次数，即 $\overline{x_t} = \dfrac{T_t}{n}$。

如品种 A 的小区平均产量 $\overline{x_t} = \dfrac{T_{tA}}{n} = \dfrac{76}{3}$ kg/(5 m^2)=25.33 kg/(5 m^2)，其他品种的平均产量的计算依此类推。

1.1.2　计算各品种对邻近 CK 产量的百分比

某品种对邻近 CK 的产量百分比 $= \dfrac{\text{某品种产量总和}}{\text{邻近 CK 产量总和}} \times 100\%$

或　　　　　　　　　　　　　　$= \dfrac{\text{某品种平均产量}}{\text{邻近 CK 平均产量}} \times 100\%$　　　　　（4-1）

如品种 A 与邻近对照产量百分比为

品种 A 对邻近 CK 的产量百分比 $= \dfrac{\text{品种 A 产量总和}}{\text{邻近 CK 产量总和}} \times 100\% = \dfrac{76}{79} \times 100\% = 96.20\%$

或　　　　　　　　　　　　　　$= \dfrac{\text{某品种平均产量}}{\text{邻近 CK 平均产量}} \times 100\% = \dfrac{25.33}{26.33} \times 100\% = 96.20\%$

其余品种皆依此类推。将计算的各品种对邻近 CK 的百分比填入表 4-1。

1.1.3　计算各品种的矫正产量

以对照品种的平均产量为标准，分别计算各品种在一般肥力条件下的矫正产量（kg/hm^2）。

1）计算对照区平均产量

$$\text{对照区的平均产量} = \dfrac{\text{对照区产量总和}}{\text{对照区总数}} \qquad (4\text{-}2)$$

本例：对照区平均产量 $= \dfrac{\text{对照区产量总和}}{\text{对照区总数}} = \dfrac{79+77+71}{9}$ kg/(5 m^2)=25.22 kg/(5 m^2)

2）计算对照品种每公顷的产量

$$\text{对照品种每公顷的产量} = \text{对照区平均产量} \times \dfrac{10000}{\text{小区面积}} \qquad (4\text{-}3)$$

本例：对照品种每公顷的产量 = 对照区平均产量 $\times \dfrac{10000}{\text{小区面积}}$ =50444.444 kg/hm^2

3）计算各品种的矫正产量

某品种的矫正产量 = 某品种对邻近对照产量的百分比 × 对照品种每公顷的产量

（4-4）

本例：品种 A 的矫正产量 = 品种 A 对邻近对照产量的百分比 × 对照品种每公顷的产量

$$= 96.20\% \times 50444.444 \text{ kg/hm}^2 = 48527.556 \text{ kg/hm}^2$$

依此类推，并将算得的各品种矫正产量填入表 4-1。

表 4-1　马铃薯品比试验(对比法)的产量分析

品种名称	各重复小区产量/[kg/(5 m²)]			总和 T_t /[kg/(5 m²)]	平均 $\bar{x}_t$ /[kg/(5 m²)]	对邻近 CK 的 百分比 /(%)	矫正产量 /(kg/hm²)	位次
	I	II	III					
A	21	31	24	76	25.33	96.20	48527.556	7
CK(G)	24	29	26	79	26.33	100.00	50444.444	(5)
B	30	27	30	87	29.00	110.13	55554.467	2
C	26	25	28	79	26.33	102.60	51756.000	4
CK(G)	25	25	27	77	25.67	100.00	50444.444	(5)
D	26	30	25	81	27.00	105.19	53062.511	3
E	26	30	29	85	28.33	119.72	60392.089	1
CK(G)	21	25	25	71	23.67	100.00	50444.444	(5)
F	22	23	24	69	23.00	97.18	49021.911	6

1.1.4　确定位次

按各品种(包括对照)矫正产量的高低排列位次,见表 4-1。

1.1.5　试验结论

计算各品种对邻近 CK 的百分比是为了得到一个比较精确的、表示各品种相对生产力的指标。相对生产力大于 100% 的品种,其相对生产力越高,就越可能优于对照品种。但是绝不能认为相对生产力大于 100% 的所有品种都是显著地优于对照品种的。由于误差的存在,要判断某品种的生产力确实优于对照品种,其相对生产力一般应超过对照品种10% 以上;相对生产力仅超过对照品种 5% 左右的品种,宜继续试验再作结论。当然,由于不同试验的误差大小不同,上述标准仅具有参考性质。

在本例中,品种 E 产量最高,超过对照品种 19.72%,品种 B 占第二位,超过对照品种10.13%,大体上可以认为这两个品种确实优于对照品种,品种 E、B 可以进行下一年的升级试验。品种 D 占第三位,仅超过对照品种 5.19%;再查看各重复的产量,有两个重复(Ⅰ和Ⅱ)D 超过 CK,一个重复(Ⅲ)D 低于 CK,显然不能作出品种 D 确实优于对照品种的结论,有必要继续进行试验。品种 A、C 与 F 与对照品种持平或低于对照品种,应淘汰。

想一想

对比法设计试验每个处理的邻近均有一个对照区,使得每个处理与邻近对照呈一一对应的关系,构成成对数据资料,因此,对于对比法设计试验的结果,除采用百分比法分析外,还能用何种方法进行结果分析?

1.2　间比法设计试验结果的统计分析

间比法设计常用于供试品系(处理)较多、试验要求较低的育种初期的试验。间比法设计试验各处理仍然顺序排列,也不能正确估计试验误差,其结果的统计分析一般也采用百分比法。它与对比法设计不同,间比法设计的两个对照区中间一般隔4个、9个或更多个处理小区,使得有些处理区与对照区不相邻,造成每个处理区邻近的不一定是对照区,因此,与各处理区相比较的不是相邻的对照区,而是前、后两个对照区产量(其他性状)值的平均数(记作$\overline{\text{CK}}$),简称为理论对照标准。

【例 4-2】 有一小麦新品系的鉴定试验,供试品系 12 个,另设一个对照品种 CK,采用间比法设计,2 次重复,小区计产面积为 15 m²,每隔 4 个品系设一个对照,田间小区排列和产量[kg/(15 m²)]如图 4-2 所示,试作分析。

I	CK 9.8	1 10.2	2 10.7	3 12.3	4 9.8	CK 10.5	5 9.1	6 9.7	7 9.6	8 10.7	CK 10.2	9 9.1	10 8.5	11 11.8	12 10.9	CK 10.4
II	CK 10.8	12 11.1	11 12.4	10 9.0	9 9.4	CK 10.2	8 11.3	7 10.6	6 10.4	5 10.1	CK 9.9	4 10.8	3 11.1	2 11.6	1 10.3	CK 10.2

图 4-2 小麦新品系鉴定试验田间小区排列和产量[kg/(15 m²)]

1.2.1 列制产量分析表

将图 4-2 中各品系及对照品种各重复的小区产量列于表 4-2 中,并计算各品系及对照品种产量的总和 T_t 和平均产量 $\overline{x}_t$。

如对照品种 CK_1 的产量总和 $T_{t,CK_1} = (9.8 + 10.2)\ kg/(15\ m^2) = 20\ kg/(15\ m^2)$;品系 1 的产量总和 $T_{t,1} = (10.2 + 10.3)\ kg/(15\ m^2) = 20.5\ kg/(15\ m^2)$,依此类推,将所得结果填入表 4-2 中。

对照品种 CK_1 的平均产量 $\overline{x}_{t,CK_1} = \dfrac{T_{t,CK_1}}{2} = \dfrac{20.0}{2}\ kg/(15\ m^2) = 10.0\ kg/(15\ m^2)$;品系 1 的平均产量 $\overline{x}_{t,1} = \dfrac{T_{t,1}}{2} = \dfrac{20.5}{2}\ kg/(15\ m^2) = 10.25\ kg/(15\ m^2)$,依此类推,将所得结果填入表 4-2 中。

1.2.2 计算各段对照平均产量($\overline{\text{CK}}$)

$$每段对照品种平均产量 \overline{CK} = \frac{各段前后对照品种平均产量之和}{2} \qquad (4\text{-}5)$$

如品系 1、2、3、4 为第一段,$\overline{CK} = \dfrac{\overline{CK_1} + \overline{CK_2}}{2} = \dfrac{10.00 + 10.20}{2}\ kg/(15\ m^2) = 10.1\ kg/(15\ m^2)$,依此类推,将所得结果填入表 4-2 中。

1.2.3 计算各品系的相对生产力

计算各品系产量相对 $\overline{CK}$ 产量的百分比,即得各品系的相对生产力。

$$该系的相对生产力 = \frac{该品系的平均产量}{该品系所在段的平均对照产量(\overline{CK})} \times 100\% \qquad (4\text{-}6)$$

$$品系 1 的相对生产力 = \frac{品系 1 的平均产量}{品系 1 所在段的平均对照产量(\overline{CK})} \times 100\%$$

$$= \frac{10.25}{10.1} \times 100\% = 101.49\%$$

依此类推,将所得结果填入表 4-2 中。

表 4-2　小麦新品系鉴定试验(间比法)的产量结果与分析

品系	各重复小区产量/[kg/(15 m²)]		总和(T_t)/[kg/(15 m²)]	平均($\overline{x_t}$)/[kg/(15 m²)]	标准对照($\overline{CK}$)/[kg/(15 m²)]	品系对$\overline{CK}$的百分比/(%)
	I	II				
CK₁	9.8	10.2	20.0	10.00		
1	10.2	10.3	20.5	10.25	10.1	101.49
2	10.7	11.6	22.3	11.15	10.1	110.40
3	12.3	11.1	23.4	11.70	10.1	115.84
4	9.8	10.8	20.6	10.30	10.1	101.98
CK₂	10.5	9.9	20.4	10.20		
5	9.1	10.1	19.2	9.60	10.2	94.12
6	9.7	10.4	20.1	10.05	10.2	98.53
7	9.6	10.6	20.2	10.10	10.2	99.02
8	10.7	11.3	22.0	11.00	10.2	107.84
CK₃	10.2	10.2	20.4	10.20		
9	9.1	9.4	18.5	9.25	10.4	88.94
10	8.5	9.0	17.5	8.75	10.4	84.13
11	11.8	12.4	24.2	12.10	10.4	116.35
12	10.9	11.1	22.0	11.00	10.4	105.77
CK₄	10.4	10.8	21.2	10.60		

1.2.4　结论

结果表明,相对生产力超过对照品种10%以上的有2、3和11品系,分别比对照品种增产10.40%、15.84%和16.35%,则这三个品系可进行下一年的品系比较试验;超过对照品种5.0%以上不足10%的有8和12品系,分别比对照品种增产7.84%和5.77%,有必要继续试验作进一步观察;其余品系与对照品种持平或比对照品种减产,予以淘汰。

任务 2　随机区组设计试验结果统计分析

随机区组设计严格遵循设置重复、随机排列和局部控制三大设计原则。小区随机排列,能够估计试验误差,所以,试验结果能够用方差分析法进行统计分析。由于随机区组设计是把各处理随机排列在一个区组中,区组内条件基本一致,区组间允许有适当的差异,这种区组间差异只影响试验误差的大小,并不影响处理间方差,应该从试验误差中分解出区组间变异的方差,从而降低试验误差,提高试验结果分析的精确度和灵敏度。随机区组设计试验根据试验因素的多少分为单因素和复因素两种,下面只介绍单因素和二因素随机区组设计试验结果的方差分析方法。

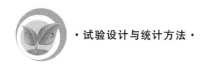

 ## 2.1 单因素随机区组设计试验结果的统计分析

在单因素随机区组设计试验结果的统计分析中,由于从试验误差中分解出区组间变异的方差,所以总变异分解为处理间方差、区组间方差和误差方差三部分。

在单因素随机区组设计试验结果分析时,设有 k 个处理,n 个区组,因此,该资料的产量(或其他每一性状)共有 nk 个观察值。其平方和与自由度分解公式如下:

总平方和(SS_T)＝区组平方和(SS_r)＋处理平方和(SS_t)＋试验误差平方和(SS_e)

$$\sum_1^k \sum_1^n (x - \overline{x})^2 = k \sum_1^n (\overline{x}_r - \overline{x})^2 + n \sum_1^k (\overline{x}_t - \overline{x})^2 + \sum_1^k \sum_1^n (x - \overline{x}_r - \overline{x}_t + \overline{x})^2$$

(4-7)

式中:x 表示每一处理各小区的产量(或其他性状);$\overline{x}_r$ 表示区组平均数;$\overline{x}_t$ 表示处理平均数;$\overline{x}$ 表示全试验平均数。

总自由度(ν_T)＝区组间自由度(ν_r)＋处理间自由度(ν_t)＋误差自由度(ν_e)

$$nk - 1 = (n-1) + (k-1) + (n-1)(k-1)$$

(4-8)

现将单因素随机区组设计试验结果分析的各项平方和和自由度具体公式列于表4-3中。

表 4-3　单因素随机区组设计平方和及自由度

变异来源	自由度(ν)	平方和(SS)
处理间	$\nu_t = k-1$	$SS_t = n \sum_1^k (\overline{x}_t - \overline{x})^2 = \dfrac{\sum T_t^2}{n} - C$
区组间	$\nu_r = n-1$	$SS_r = k \sum_1^n (\overline{x}_r - \overline{x})^2 = \dfrac{\sum T_r^2}{k} - C$
误差	$\nu_e = (n-1)(k-1)$	$SS_e = \sum_1^{nk} (x - \overline{x}_r - \overline{x}_t + \overline{x})^2 = SS_T - SS_t - SS_r$
总变异	$\nu_T = nk-1$	$SS_T = \sum_1^{nk} (x - \overline{x})^2 = \sum x^2 - C$

为了计算平方和,需将 k 个处理和 n 个区组作成处理与区组两向表,计算得 SS_T、SS_t、SS_r 和 SS_e,多重比较时,LSD 法和 LSR 法所用的标准误差分别为 $s_{\overline{x}_1 - \overline{x}_2} = \sqrt{\dfrac{2s_e^2}{n}}$ 和 $s_{\overline{x}} = \sqrt{\dfrac{s_e^2}{n}}$。

【例 4-3】　有一玉米品种比较试验,共有 A、B、C、D、E 5 个品种$(k=5)$,其中 A 是标准品种,采用随机区组设计,重复 4 次$(n=4)$,小区计产面积为 $15\ m^2$,其田间排列与产量 $[kg/(15\ m^2)]$ 结果如图 4-3 所示,试作分析。

2.1.1　列制区组与处理两向表(资料整理)

将图 4-3 数据整理成区组与处理(品种)两向表(表 4-4),并计算各区组总和 T_r、各处理总和 T_t、处理平均数 $\overline{x}_t$ 以及全试验总和 T。

I	E 16.0	D 22.8	B 21.1	A(CK) 18.7	C 26.8
II	D 21.9	B 17.9	A(CK) 19.6	C 18.3	E 14.3
III	C 23.6	A(CK) 19.7	D 25.6	E 16.6	B 24.4
IV	B 19.0	C 24.5	E 17.3	D 24.8	A(CK) 20.3

图 4-3 玉米品种比较试验田间排列及产量[kg/(15 m²)]

表 4-4 玉米品种比较试验的产量[kg/(15 m²)]分析

品种	区 组				T_t	$\overline{x_t}$
	I	II	III	IV		
A(CK)	18.7	19.6	19.7	20.3	78.3	19.58
B	21.1	17.9	24.4	19.0	82.4	20.60
C	26.8	18.3	23.6	24.5	93.2	23.30
D	22.8	21.9	25.6	24.8	95.1	23.78
E	16.0	14.3	16.6	17.3	64.2	16.05
T_r	105.4	92.0	109.9	105.9	$T=413.2$	$\overline{x}=20.66$

2.1.2 自由度和平方和的分解

1) 平方和的分解

根据表 4-4,已知 $n=4$,$k=5$,由表 4-3 内的公式可得

矫正数
$$C = \frac{T^2}{nk} = \frac{413.2^2}{4 \times 5} = 8536.71$$

$$SS_T = \sum x^2 - C = (18.7^2 + 19.6^2 + \cdots + 17.3^2) - 8536.71 = 234.83$$

$$SS_t = \frac{\sum T_t^2}{n} - C = \frac{78.3^2 + 82.4^2 + \cdots + 64.2^2}{4} - 8536.71 = 156.42$$

$$SS_r = \frac{\sum T_r^2}{k} - C = \frac{105.4^2 + 92.0^2 + 109.9^2 + 105.9^2}{5} - 8536.71 = 36.49$$

$$SS_e = SS_T - SS_t - SS_r = 234.83 - 156.42 - 36.49 = 41.92$$

2) 自由度的分解

由表 4-3 内的公式可得

$$\nu_T = nk - 1 = 4 \times 5 - 1 = 19$$

$$\nu_t = k - 1 = 5 - 1 = 4$$

$$\nu_r = n - 1 = 4 - 1 = 3$$

$$\nu_e = (n-1)(k-1) = (4-1)(5-1) = 12$$

2.1.3 列方差分析表,进行 F 检验

将上述计算结果列入表 4-5,并计算各变异来源的 s^2(MS)值,并进行 F 检验。

表 4-5　方差分析表

变异来源	SS	ν	s^2（MS）	F	$F_{0.05}$	$F_{0.01}$
品种间	156.42	4	39.11	11.19**	3.26	5.41
区组间	36.49	3	12.16	3.48	3.49	5.95
误差	41.92	12	3.49			
总变异	234.83	19				

对品种间 s_t^2 作 F 检验，得 $F_t=11.19>F_{0.01}=5.41$，说明 5 个玉米供试品种的总体平均数间有极显著性差异。需进一步作多重比较，以明确哪些品种间有显著性差异或极显著性差异，哪些品种间无显著性差异。

对区组间 s_r^2 作 F 检验，得 $F_r=3.48<F_{0.05}=3.49$，说明 3 个区组间的土壤肥力无显著性差异。由于方差分析的目的是比较处理间差异的显著性，区组间是否有显著性差异，并不影响处理间平均数的比较，所以在一般情况下不进行区组间 F_r 检验。

2.1.4　品种间平均数的多重比较

1）最小显著差数法（LSD 法）

根据品种比较试验的要求，若要检验各供试品种是否与标准对照品种 A（CK）有显著性差异，宜应用 LSD 法。

计算品种间平均数差数的标准误差 $s_{\bar{x}_1-\bar{x}_2}$，有

$$s_{\bar{x}_1-\bar{x}_2}=\sqrt{\frac{2s_e^2}{n}}=\sqrt{\frac{2\times3.49}{4}}=1.321$$

查 t 值表，当误差自由度 $\nu_e=12$ 时，$t_{0.05}=2.179$，$t_{0.01}=3.055$。

计算最小显著差数 LSD_a，有

$$LSD_{0.05}=t_{0.05}s_{\bar{x}_1-\bar{x}_2}=2.179\times1.321=2.878$$
$$LSD_{0.01}=t_{0.01}s_{\bar{x}_1-\bar{x}_2}=3.055\times1.321=4.036$$

进行各处理间平均数的比较时，将各品种与对照品种 A（CK）的差数及显著性，列于表 4-6 中。

表 4-6　玉米各品种与对照品种 A（CK）产量差异比较（LSD 法）

品　　种	平　均　产　量	与对照（A）的差异
D	23.78	4.20**
C	23.30	3.72*
B	20.60	1.02
A（CK）	19.58	—
E	16.05	−3.53*

结果表明，品种 D 比对照品种 A（CK）增产极显著，品种 C 比对照品种 A（CK）增产显著，其余比对照品种 A（CK）增产不显著或减产。

2）最小显著极差法（LSR 法）

如果不仅要检验各品种和对照品种的差异显著性，还要检验各品种相互比较的差异显著性，则宜应用 LSR 法。

计算品种的标准误差 $s_{\bar{x}}$（SE），有

$$s_{\bar{x}}(\text{SE}) = \sqrt{\frac{s_e^2(\text{MS}_e)}{n}} = \sqrt{\frac{3.49}{4}} = 0.934$$

查 SSR 值表，当 $\nu_e = 12$ 时，查 $k = 2,3,4,5$ 的 $\text{SSR}_{0.05}$ 和 $\text{SSR}_{0.01}$ 值，并根据 $\text{LSR}_\alpha = s_{\bar{x}} \times \text{SSR}_\alpha$ 计算 $\text{LSR}_{0.05}$ 和 $\text{LSR}_{0.01}$ 值，列于表 4-7 中。

表 4-7　玉米品种比较试验最小显著极差法检验的 LSR_α 值（$s_{\bar{x}} = 0.934$）

k	2	3	4	5
$\text{SSR}_{0.05}$	3.08	3.23	3.33	3.36
$\text{SSR}_{0.01}$	4.32	4.55	4.68	4.76
$\text{LSR}_{0.05}$	2.88	3.02	3.11	3.14
$\text{LSR}_{0.01}$	4.03	4.25	4.37	4.45

列出品种间平均数的差异显著性表，以表 4-7 的 LSR 值衡量不同品种间的差异显著性，结果见表 4-8、表 4-9。

表 4-8　玉米品种比较试验产量差异（阶梯表）

品　　种	产量（$\bar{x}_t$）	差　　异			
		$\bar{x}_t - 16.05$	$\bar{x}_t - 19.58$	$\bar{x}_t - 20.60$	$\bar{x}_t - 23.30$
D	23.78	7.73**	4.20*	3.18*	0.48
C	23.30	7.25**	3.72*	2.70	
B	20.60	4.55**	1.02		
A(CK)	19.58	3.53*			
E	16.05				

结果表明：品种 D、C、B 比品种 E 增产极显著；品种 A(CK) 比品种 E，品种 D、C 比品种 A(CK)，品种 D 比品种 B 增产显著；其他品种间产量无显著性差异。

表 4-9　玉米品种比较试验产量差异显著性检验结果（字母表）

品　　种	产量（$\bar{x}_t$）	差异显著性			
		5%		1%	
D	23.78	a		A	
C	23.30	a	b	A	
B	20.60		b　c	A	
A(CK)	19.58		c	A	B
E	16.05		d		B

结果与阶梯表的表示方法相同。

 想一想

多重比较时，LSD 法与 LSR 法的差异显著标准哪种高？两者各在何种情况下采用？

2.2 二因素随机区组设计试验结果的统计分析

二因素随机区组设计试验的总变异同样分解为处理间方差、区组间方差和误差方差三部分,由于二因素试验中的处理是由 A 和 B 两个因素的不同水平组合,因此处理间差异又可分为 A 因素水平间差异、B 因素水平间差异和 A 与 B 的交互作用三部分。

设有 A 和 B 两个因素,A 因素具有 a 个水平,B 因素具有 b 个水平,则共有 ab 个水平组合(处理),重复 r 次,则全试验共有 abr 个观察值。因此,自由度和平方和的分解式如下:

总平方和(SS_T)＝区组间平方和(SS_r)＋处理间平方和(SS_t)＋误差平方和(SS_e)

$$\sum_1^{abr}(x-\overline{x})^2 = ab\sum_1^r(\overline{x}_r-\overline{x})^2 + r\sum_1^{ab}(\overline{x}_t-\overline{x})^2 + \sum_1^{abr}(x-\overline{x}_r-\overline{x}_t+\overline{x})^2 \quad (4\text{-}9)$$

总自由度(ν_T)＝区组间自由度(ν_r)＋处理间自由度(ν_t)

＋误差自由度(ν_e)

$$(abr-1)=(r-1)+(ab-1)+(r-1)(ab-1) \quad (4\text{-}10)$$

其中,处理间平方和及自由度可进一步分解:

处理间平方和(SS_t)＝A 的平方和(SS_A)＋B 的平方和(SS_B)＋AB 平方和(SS_{AB})

$$r\sum_1^{ab}(\overline{x}_t-\overline{x})^2 = rb\sum_1^a(\overline{x}_A-\overline{x})^2 + ra\sum_1^b(\overline{x}_B-\overline{x})^2 + r\sum_1^{ab}(\overline{x}_t-\overline{x}_A-\overline{x}_B+\overline{x})^2$$

$$(4\text{-}11)$$

处理间自由度(ν_t)＝A 的自由度(ν_A)＋B 的自由度(ν_B)＋AB 的自由度(ν_{AB})

$$(ab-1)=(a-1)+(b-1)+(a-1)(b-1) \quad (4\text{-}12)$$

现将二因素随机区组设计试验结果分析的平方和和自由度的计算公式列于表 4-10 中。

表 4-10 二因素随机区组设计试验平方和和自由度分解

变异来源	自由度(ν)	平方和(SS)
处理间	$\nu_t=ab-1$	$SS_t = r\sum_1^{ab}(\overline{x}_t-\overline{x})^2 = \dfrac{\sum T_t^2}{r}-C$
A	$\nu_A=a-1$	$SS_A = rb\sum_1^a(\overline{x}_A-\overline{x})^2 = \dfrac{\sum T_A^2}{rb}-C$
B	$\nu_B=b-1$	$SS_B = ra\sum_1^b(\overline{x}_B-\overline{x})^2 = \dfrac{\sum T_B^2}{ra}-C$
AB	$\nu_{AB}=(a-1)(b-1)$	$SS_{AB} = r\sum_1^{ab}(\overline{x}_t-\overline{x}_A-\overline{x}_B+\overline{x})^2 = SS_t-SS_A-SS_B$
区组间	$\nu_r=r-1$	$SS_r = ab\sum_1^r(\overline{x}_r-\overline{x})^2 = \dfrac{\sum T_r^2}{ab}-C$
误差	$\nu_e=(r-1)(ab-1)$	$SS_e = \sum_1^{abr}(x-\overline{x}_r-\overline{x}_t+\overline{x})^2 = SS_T-SS_t-SS_r$
总变异	$\nu_T=abr-1$	$SS_T = \sum_1^{abr}(x-\overline{x})^2 = \sum x^2-C$

为了计算平方和,需将 ab 个处理和 r 个区组作成处理与区组两向表,计算得 SS_T、SS_t、SS_r 和 SS_e;再将 A 因素的 a 个水平和 B 因素的 b 个水平作成 A 因素与 B 因素两向表,计算得 SS_A、SS_B 和 SS_{AB}。多重比较时,所用的标准误差见表 4-11。

表 4-11 二因素随机区组设计试验多重比较所用的标准误差

比较类别	$s_{\bar{x}}$	$s_{\bar{x}_1 - \bar{x}_2}$
$\bar{x}_A$	$\sqrt{\dfrac{s_e^2}{br}}$	$\sqrt{\dfrac{2s_e^2}{br}}$
$\bar{x}_B$	$\sqrt{\dfrac{s_e^2}{ar}}$	$\sqrt{\dfrac{2s_e^2}{ar}}$
$\bar{x}_{AB}$	$\sqrt{\dfrac{s_e^2}{r}}$	$\sqrt{\dfrac{2s_e^2}{r}}$

【例 4-4】 为了研究品种与种植密度对玉米产量的影响。玉米新品种为 A,有甲品种(A_1)、乙品种(A_2)、丙品种(A_3)3 个水平,种植密度为 B,有 60000 株/hm^2(B_1)、67500 株/hm^2(B_2)、75000 株/hm^2(B_3)3 个水平,全试验共有 9 个水平组合,随机区组设计,小区面积为 15 m^2,重复 3 次,田间小区排列与小区产量[kg/(15 m^2)]如图 4-4 所示,试作分析。

I	A_1B_1 14	A_1B_2 14	A_1B_3 11	A_2B_1 19	A_2B_2 19	A_2B_3 14	A_3B_1 13	A_3B_2 15	A_3B_3 19
II	A_2B_2 16	A_3B_1 15	A_1B_1 15	A_3B_2 17	A_1B_3 12	A_3B_3 20	A_1B_2 16	A_2B_3 16	A_2B_1 17
III	A_3B_2 17	A_1B_3 12	A_2B_1 16	A_2B_3 13	A_3B_3 17	A_1B_2 13	A_2B_2 13	A_1B_1 17	A_3B_1 12

图 4-4 玉米品种与种植密度随机区组设计试验田间排列和小区产量[kg/(15 m^2)]

2.2.1 资料整理

1) 列制区组与处理两向表

根据图 4-4 的资料,列制区组与处理两向表(表 4-12)。

表 4-12 玉米品种与种植密度试验区组与处理两向表

处理	区组			处理总和(T_t)	处理平均数($\bar{x}_t$)
	I	II	III		
A_1B_1	14	15	17	46	15.33
A_1B_2	14	16	13	43	14.33
A_1B_3	11	12	12	35	11.67
A_2B_1	19	17	16	52	17.33
A_2B_2	19	16	13	48	16.00
A_2B_3	14	16	13	43	14.33
A_3B_1	13	15	12	40	13.33
A_3B_2	15	17	17	49	16.33
A_3B_3	19	20	17	56	18.67
区组总和(T_r)	138	144	130	$T=412$	$\bar{x}=15.26$

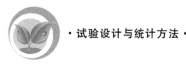
·试验设计与统计方法·

2）列制 A 因素与 B 因素两向表

根据表 4-12 区组与处理两向表中的处理总和,再整理成 A 因素与 B 因素两向表(表 4-13)。

表 4-13　A 因素与 B 因素两向表

种植密度 品种	B₁	B₂	B₃	T_A	$\bar{x}_A$
A₁	46	43	35	124	13.78
A₂	52	48	43	143	15.89
A₃	40	49	56	145	16.11
T_B	138	140	134	$T=412$	
$\bar{x}_B$	15.33	15.56	14.89		

2.2.2　平方和和自由度的分解

1）平方和的分解

已知 $r=3, a=3, b=3$

$$C = \frac{T^2}{abr} = \frac{412^2}{3 \times 3 \times 3} = 6286.81$$

$$SS_T = \sum x^2 - C = (14^2 + 15^2 + \cdots + 17^2) - 6286.81 = 157.18$$

$$SS_t = \frac{\sum T_t^2}{r} - C = \frac{46^2 + 43^2 + \cdots + 56^2}{3} - 6286.81 = 107.85$$

其中
$$SS_t = SS_A + SS_B + SS_{AB}$$

$$SS_A = \frac{\sum T_A^2}{rb} - C = \frac{124^2 + 143^2 + 145^2}{3 \times 3} - 6286.81 = 29.86$$

$$SS_B = \frac{\sum T_B^2}{ra} - C = \frac{138^2 + 140^2 + 134^2}{3 \times 3} - 6286.81 = 2.08$$

$$SS_{AB} = SS_t - SS_A - SS_B = 107.85 - 29.86 - 2.08 = 75.91$$

$$SS_r = \frac{\sum T_r^2}{ab} - C = \frac{138^2 + 144^2 + 130^2}{3 \times 3} - 6286.81 = 10.96$$

$$SS_e = SS_T - SS_t - SS_r = 157.18 - 107.85 - 10.96 = 38.37$$

2）自由度的分解

$$\nu_T = abr - 1 = 3 \times 3 \times 3 - 1 = 26$$

$$\nu_t = ab - 1 = 3 \times 3 - 1 = 8$$

其中
$$\nu_A = a - 1 = 3 - 1 = 2$$

$$\nu_B = b - 1 = 3 - 1 = 2$$

$$\nu_{AB} = (a-1)(b-1) = (3-1)(3-1) = 4$$

$$\nu_r = r - 1 = 3 - 1 = 2$$

$$\nu_e = (ab-1)(r-1) = (3 \times 3 - 1)(3-1) = 16$$

2.2.3 列方差分析表,进行 F 检验

将上述计算结果填入表 4-14,并计算各变异来源的 s^2(MS)值,进而对处理、品种、密度以及品种与密度的交互作用作 F 检验。

表 4-14 方差分析表

变异来源	SS	ν	s^2(MS)	F	$F_{0.05}$	$F_{0.01}$
区组间	10.96	2	5.48	2.28	3.63	6.23
处理间	107.85	8	13.48	5.62**	2.59	3.89
品种(A)间	29.86	2	14.93	6.22*	3.63	6.23
密度(B)间	2.08	2	1.04	0.43	3.63	6.23
AB	75.91	4	18.98	7.91**	3.01	4.77
误差	38.37	16	2.40			
总变异	157.18	26				

F 检验结果表明,区组间、密度间无显著性差异,品种间有显著性差异;处理间、品种与密度间有极显著性差异,说明不同的密度对玉米产量影响不同,而不同玉米品种对密度又有不同的要求,所以需进一步对品种间、品种与密度间进行多重比较。由于处理间差异体现在各个试验因素和因素间的交互作用,一般不必对处理间再进行多重比较。

2.2.4 多重比较

1)品种间平均数的比较(LSR 法)

计算品种间平均数的标准误差 $s_{\bar{x}}$(SE)

$$s_{\bar{x}}(\text{SE}) = \sqrt{\frac{s_e^2}{br}} = \sqrt{\frac{2.40}{3 \times 3}} = 0.516$$

当 $\nu = 16$ 时,查 SSR 值表,查出 $k = 2, 3$ 的 $SSR_{0.05}$ 和 $SSR_{0.01}$ 值,并根据公式 $LSR_\alpha = SSR_\alpha \times s_{\bar{x}}$,计算出相应 k 数的 $LSR_{0.05}$ 和 $LSR_{0.01}$ 值,列于表 4-15 中。

表 4-15 品种间不同 k 数的 LSR_α 值($s_{\bar{x}} = 0.516$)

k	$SSR_{0.05}$	$SSR_{0.01}$	$LSR_{0.05}$	$LSR_{0.01}$
2	3.00	4.13	1.55	2.13
3	3.15	4.34	1.63	2.24

列制不同品种间平均产量的差异显著性表,结果见表 4-16,以表 4-15 中的 LSR_α 值衡量差异显著性。

表 4-16 不同品种间平均产量的差异显著性

品种	产量($\bar{x}_A$)	差异显著性	
		5%	1%
A_3	16.11	a	A
A_2	15.89	a	A B
A_1	13.78	b	B

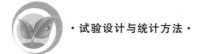

结果表明：丙品种（A_3）比甲品种（A_1）增产极显著；乙品种（A_2）比甲品种（A_1）增产显著；丙品种（A_3）与乙品种（A_2）产量无显著性差异。

2）品种与密度互作间的比较（LSR 法）

F 检验结果表明，品种与密度间的互作极显著，表明不同的品种适宜的密度是不同的，需进一步检验各品种不同密度间差异的显著性。

计算处理间平均数的标准误差 $s_{\bar{x}}$（SE）

$$s_{\bar{x}}(\text{SE}) = \sqrt{\frac{s_e^2}{r}} = \sqrt{\frac{2.40}{3}} = 0.894$$

当 $\nu=16$ 时，查 SSR 值表，查出 $k=2,3,\cdots,9$ 的 $\text{SSR}_{0.05}$ 和 $\text{SSR}_{0.01}$ 值，并根据公式 $\text{LSR}_\alpha = \text{SSR}_\alpha \times s_{\bar{x}}$，计算出相应 k 数的 $\text{LSR}_{0.05}$ 和 $\text{LSR}_{0.01}$ 值，列于表 4-17 中。

表 4-17　处理间不同 k 数的 LSR_α 值（$s_{\bar{x}}=0.894$）

k	2	3	4	5	6	7	8	9
$\text{SSR}_{0.05}$	3.00	3.15	3.23	3.30	3.34	3.37	3.39	3.41
$\text{SSR}_{0.01}$	4.13	4.34	4.45	4.54	4.60	4.67	4.72	4.76
$\text{LSR}_{0.05}$	2.68	2.82	2.89	2.95	2.99	3.01	3.03	3.05
$\text{LSR}_{0.01}$	3.69	3.88	3.98	4.06	4.11	4.17	4.22	4.26

进行互作间的比较，可以比较全部处理的平均数，也可以比较各品种不同密度间的差异显著性，两种方法都能检验出各个品种密度间的差异显著性，现将两种方法分别介绍，以便比较其优缺点。

（1）各品种不同密度间的比较。

列出各品种不同密度产量的差异显著性表，结果见表 4-18，以表 4-17 的 LSR_α 值衡量差异显著性。

表 4-18　各品种在不同密度的差异显著性

（a）甲品种（A_1）　　　　　　（b）乙品种（A_2）　　　　　　（c）丙品种（A_3）

密度	产量（$\bar{x}_t$）	差异显著性 5%	差异显著性 1%	密度	产量（$\bar{x}_t$）	差异显著性 5%	差异显著性 1%	密度	产量（$\bar{x}_t$）	差异显著性 5%	差异显著性 1%
B_1	15.33	a	A	B_1	17.33	a	A	B_3	18.67	a	A
B_2	14.33	a b	A	B_2	16.00	a b	A	B_2	16.33	a	A B
B_3	11.67	b	A	B_3	14.33	b	A	B_1	13.33	b	B

结果表明：甲品种（A_1）、乙品种（A_2）60000 株/hm^2（B_1）比 75000 株/hm^2（B_3）增产显著，其他密度间产量无显著性差异，说明甲品种（A_1）、乙品种（A_2）对种植密度大小不敏感，适于稀植。而丙品种（A_3）75000 株/hm^2（B_3）比 60000 株/hm^2（B_1）增产极显著，67500 株/hm^2（B_2）比 60000 株/hm^2（B_1）增产显著，75000 株/hm^2（B_3）与 67500 株/hm^2（B_2）产量无显著性差异，说明丙品种对种植密度大小非常敏感，适于密植。

（2）处理间平均数的比较。

将各处理平均数 $\bar{x}$ 列入表 4-19，以表 4-17 的 LSR_α 值衡量差异显著性。

表 4-19　处理间的差异显著性检验(LSR 法)

处　　理	平均产量($\overline{x_t}$)	差异显著性	
		5%	1%
A_3B_3	18.67	a	A
A_2B_1	17.33	a b	A B
A_3B_2	16.33	a b c	A B
A_2B_2	16.00	a b c d	A B
A_1B_1	15.33	b c d	A B C
A_1B_2	14.33	c d e	B C
A_2B_3	14.33	c d e	B C
A_3B_1	13.33	d e	B C
A_1B_3	11.67	e	C

检验结果表明,A_3B_3 为最优组合,其次是 A_2B_1,A_3B_2 和 A_2B_2 均与 A_3B_3 产量无显著性差异。A_3B_3 比 A_3B_1 增产极显著,A_3B_2 比 A_3B_1、A_2B_1 比 A_2B_3、A_1B_1 比 A_1B_3 增产显著,说明丙品种(A_3)适于密植,75000 株/hm²(B_3)比 60000 株/hm²(B_1)增产极显著,67500 株/hm²(B_2)比 60000 株/hm²(B_1)增产显著;甲品种(A_1)和乙品种(A_2)适于稀植,60000 株/hm²(B_1)比 75000 株/hm²(B_3)增产显著。

从比较结果看,两种比较结果相同。第一种方法便于比较各品种适宜的密度水平,第二种方法能够全面比较不同处理间的差异,选出最优的水平组合。在实际应用时,可根据情况选择其中一种方法进行比较。

2.2.5　试验结论

该试验密度主效无显著性差异;品种主效有显著性差异,以品种 A_3 产量最高,比 A_1 增产极显著、与 A_2 无显著性差异,A_2 比 A_1 增产显著;品种与密度的互作极显著,以品种 A_3 与 B_3 密度结合,产量最高,品种 A_2、A_1 需 B_1 密度,但不如品种 A_3 产量高。

 想一想

单因素随机区组设计试验与二因素随机区组设计试验结果分析有何区别? 三因素随机区组设计试验的总变异又如何分解呢?

任务3　裂区设计试验结果统计分析

裂区设计试验是多因素试验的一种,是随机区组设计试验的一种特殊形式。因此,总变异仍然分解为处理间方差、区组间方差和误差方差三部分,处理间差异可分解为 A 因素水平间差异、B 因素水平间差异和 A 与 B 的交互作用三部分,由于裂区设计试验在变异来源上有主区和副区之分,所以误差又可分解为主区误差和副区误差。

设有 A 和 B 两个因素,A 因素为主处理,具有 a 个水平,B 因素为副处理,具有 b 个

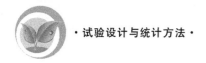

水平,重复 r 次,则该裂区设计试验共有 abr 个观察值。二因素裂区设计的试验各项变异来源相应的平方和和自由度的分解公式见表 4-20。

表 4-20　裂区(二裂区)设计试验平方和与自由度分解

变异来源		自由度(ν)	平方和(SS)
主区部分	区组间 A 主区误差	$\nu_r = r-1$ $\nu_A = a-1$ $\nu_{eA} = (r-1)(a-1)$	$SS_r = \dfrac{\sum T_r^2}{ab} - C$ $SS_A = \dfrac{\sum T_A^2}{br} - C$ $SS_{eA} = SS_M - SS_r - SS_A$
	主区总变异	$\nu_{T_A} = ar-1$	$SS_M = \dfrac{\sum T_M^2}{b} - C$
副区部分	B AB 副区误差	$\nu_B = b-1$ $\nu_{aB} = (a-1)(b-1)$ $\nu_{eB} = a(r-1)(b-1)$	$SS_B = \dfrac{\sum T_B^2}{ar} - C$ $SS_{AB} = SS_t - SS_A - SS_B$ $SS_{eB} = SS_T - SS_M - SS_B - SS_{AB}$ $= SS_e - SS_{eA}$ $= SS_T - SS_t - SS_r - SS_{eA}$
	总变异	$\nu_T = abr-1$	$SS_T = \sum x^2 - C$

二因素裂区设计试验的主区误差和副区误差,分别用于检验主区处理、副区处理和主区与副区互作的差异显著性。同样,为了计算各项平方和与自由度,也需要列制处理与区组两向表,A因素与B因素两向表。表 4-21 为裂区设计试验多重比较时,所用的 $s_{\bar{x}_1-\bar{x}_2}$ 与 $s_{\bar{x}}^2$ 计算公式及查 SSR 值表时所用的自由度。

表 4-21　裂区设计试验多重比较时所有的标准误差

比较类别	$s_{\bar{x}_1-\bar{x}_2}$	$s_{\bar{x}}^2$	ν
主处理(A)	$\sqrt{\dfrac{2s_{eA}^2}{br}}$	$\sqrt{\dfrac{s_{eA}^2}{br}}$	$(a-1)(r-1)$
副处理(B)	$\sqrt{\dfrac{2s_{eB}^2}{ar}}$	$\sqrt{\dfrac{s_{eB}^2}{ar}}$	$a(r-1)(b-1)$
水平组合(A×B) 1. A下B间	$\sqrt{\dfrac{2s_{eB}^2}{r}}$	$\sqrt{\dfrac{s_{eB}^2}{r}}$	$a(r-1)(b-1)$
2. B下A间 或全部处理间		$\sqrt{\dfrac{[(b-1)s_{eB}^2+s_{eA}^2]}{rb}}$	$a(r-1)(b-1)$

【例 4-5】 有一马铃薯施肥量和品种二因素设计试验。施肥量为主处理(A),有 A_1、A_2 和 A_3 3 个水平,品种为副处理(B),有 B_1、B_2、B_3 和 B_4 4 个水平,裂区设计,重复 3 次,副区计产面积为 5 m²,其田间排列和产量[kg/(5 m²)]如图 4-5 所示,试作分析。

	Ⅰ			Ⅱ			Ⅲ		
A_1		A_2	A_3	A_2		A_3	A_1	A_3	A_1	A_2

图 4-5 马铃薯施肥量与品种裂区设计试验田间排列和小区产量[kg/(5 m²)]

3.1 资料整理

3.1.1 列制区组与处理两向表

根据图 4-5 资料,列制区组与处理两向表(表 4-22)。

表 4-22 马铃薯施肥量与品种的裂区设计试验区组和处理两向表

主处理	副处理	区组 Ⅰ	区组 Ⅱ	区组 Ⅲ	$T_t(T_{AB})$	T_A
A_1	B_1	14	14	13	41	13.67
	B_2	13	12	12	37	12.33
	B_3	11	10	11	32	10.67
	B_4	15	18	19	52	17.33
	T_M	53	54	55		
A_2	B_1	19	21	22	62	20.67
	B_2	20	22	21	63	21.00
	B_3	19	23	24	66	22.00
	B_4	25	26	23	74	24.67
	T_M	83	92	90		
A_3	B_1	16	18	19	53	17.67
	B_2	17	16	20	53	17.67
	B_3	21	25	27	73	24.33
	B_4	20	19	21	60	20.00
	T_M	74	78	87		
	T_r	210	224	232	$T=666$	

153

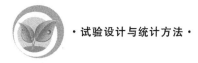

3.1.2 列制 A 因素与 B 因素两向表

根据区组与处理两向表的处理总和,列制 A 因素与 B 因素两向表(表 4-23)。

表 4-23　A 因素与 B 因素两向表

品种　　施肥量	B_1	B_2	B_3	B_4	T_A	$\overline{x}_A$
A_1	41	37	32	52	162	13.50
A_2	62	63	66	74	265	20.08
A_3	53	53	73	60	239	19.92
T_B	156	153	171	186	$T=666$	
$\overline{x}_B$	17.33	17.00	19.00	20.67		$\overline{x}_B=18.50$

注:$\overline{x}_A=\dfrac{T_A}{br}$;$\overline{x}_B=\dfrac{T_B}{ar}$。

3.2　自由度和平方和的分解

3.2.1　平方和的分解

已知 $r=3,a=3,b=4$

矫正数
$$C=\frac{T^2}{abr}=\frac{666^2}{3\times4\times3}=12321$$

1)总平方和
$$SS_T=\sum x^2-C=(14^2+14^2+\cdots+21^2)-12321=739$$

2)处理间平方和
$$SS_t=\frac{\sum T_t^2}{r}-C=\frac{41^2+37^2+\cdots+60^2}{3}-12321=669$$

其中
$$SS_t=SS_A+SS_B+SS_{AB}$$

主区因素 A 平方和
$$SS_A=\frac{\sum T_A^2}{rb}-C=\frac{162^2+265^2+239^2}{3\times4}-12321=478.17$$

副区因素 B 平方和
$$SS_B=\frac{\sum T_B^2}{ra}-C=\frac{156^2+135^2+171^2+186^2}{3\times3}-12321=77$$

A、B 互作平方和
$$SS_{AB}=SS_t-SS_A-SS_B=669-478.17-77=113.83$$

3)区组平方和
$$SS_r=\frac{\sum T_r^2}{ab}-C=\frac{210^2+224^2+232^2}{3\times4}-12321=20.67$$

4)误差平方和
$$SS_e=SS_T-SS_t-SS_r=739-669-20.67=49.33$$

5）主区总平方和

$$SS_M = \frac{\sum T_M^2}{b} - C = \frac{53^2 + 54^2 + \cdots + 87^2}{4} - 12321 = 512$$

主区误差平方和 $\quad SS_{eA} = SS_M - SS_A - SS_r = 512 - 478.17 - 20.67 = 13.16$

其中 $\qquad\qquad\qquad\qquad SS_e = SS_{eA} + SS_{eB}$

副区误差平方和

$$SS_{eB} = SS_e - SS_{eA} = 49.33 - 13.16 = 36.17$$

或 $\qquad\qquad = SS_T - SS_t - SS_r - SS_{eA} = 739 - 669 - 20.67 - 13.16 = 36.17$

或 $\qquad\qquad = SS_T - SS_M - SS_B - SS_{AB} = 739 - 512 - 77 - 113.83 = 36.17$

3.2.2 自由度的分解

（1）$\nu_T = abr - 1 = 3 \times 4 \times 3 - 1 = 35$

（2）$\nu_t = ab - 1 = 3 \times 4 - 1 = 11$

其中 $\qquad\qquad\qquad\qquad \nu_t = \nu_A + \nu_B + \nu_{AB}$

$$\nu_A = a - 1 = 3 - 1 = 2$$

$$\nu_B = b - 1 = 4 - 1 = 3$$

$$\nu_{AB} = (a-1)(b-1) = (3-1)(4-1) = 6$$

或 $\qquad\qquad\qquad = \nu_t - \nu_A - \nu_B = 11 - 2 - 3 = 6$

（3）$\nu_r = r - 1 = 3 - 1 = 2$

（4）$\nu_{T_A} = ar - 1 = 3 \times 3 - 1 = 8$

（5）$\nu_e = (ab - 1)(r - 1) = (3 \times 4 - 1)(3 - 1) = 22$

其中 $\qquad\qquad\qquad\qquad \nu_e = \nu_{eA} + \nu_{eB}$

$$\nu_{eA} = (a-1)(r-1) = (3-1)(3-1) = 4$$

或 $\qquad\qquad\qquad = \nu_{T_A} - \nu_A - \nu_r = 8 - 2 - 2 = 4$

$$\nu_{eB} = a(b-1)(4-1) = 3(4-1)(3-1) = 18$$

或 $\qquad\qquad\qquad = \nu_e - \nu_{eA} = 22 - 4 = 18$

或 $\qquad\qquad\qquad = \nu_T - \nu_r - \nu_t - \nu_{eA} = 35 - 2 - 11 - 4 = 18$

或 $\qquad\qquad\qquad = \nu_T - \nu_{T_A} - \nu_B - \nu_{AB} = 35 - 8 - 3 - 6 = 18$

3.3 列方差分析表，进行 F 检验

将上述计算结果列入表 4-24，求各变异来源的 s^2(MS) 值。

表 4-24 方差分析表

变异来源		SS	ν	s^2(MS)	F	$F_{0.05}$	$F_{0.01}$
主区部分	区组间	20.67	2	10.34	3.14	6.94	18.00
	A	478.17	2	239.09	72.67**	6.94	18.00
	主区误差	13.16	4	3.29			
主区总变异		512.00	8				

变异来源		SS	ν	s^2(MS)	F	$F_{0.05}$	$F_{0.01}$
副区部分	B	77.00	3	25.67	12.77**	3.16	5.09
	AB	113.83	6	18.97	9.44**	2.66	4.01
	副区误差	36.17	18	2.01			
总变异		739.00	35				

F检验结果表明,区组间无显著性差异;各种施肥量(A因素水平)间、各品种(B因素水平)间及 A、B 互作差异均极显著。除区组间以外,各种施肥量间、各品种间及 A、B 互作均需进一步进行差异显著性检验。

3.4 多重比较

3.4.1 施肥量间平均数的比较(LSR 法)

计算施肥量间平均数的标准误差 $s_{\bar{x}A}$(SE)

$$s_{\bar{x}A}(\text{SE}) = \sqrt{\frac{s_{eA}^2}{br}} = \sqrt{\frac{3.29}{4 \times 3}} = 0.524$$

查 SSR 值表,当 $\nu = (a-1)(r-1) = 4$ 时,$k = 2,3$ 的 $SSR_{0.05}$ 和 $SSR_{0.01}$ 值,并根据 $LSR_\alpha = SSR_\alpha \times s_{\bar{x}}$ 计算 $LSR_{0.05}$ 和 $LSR_{0.01}$ 值,列于表 4-25 中。

表 4-25 不同施肥量间比较的 LSR_α 值($s_{\bar{x}} = 0.524$)

k	$SSR_{0.05}$	$SSR_{0.01}$	$LSR_{0.05}$	$LSR_{0.01}$
2	3.93	6.51	2.06	3.41
3	4.01	6.80	2.10	3.56

列制不同施肥量间平均产量的差异显著表,结果见表 4-26。

表 4-26 不同施氮量间平均产量的差异显著性

施肥量	产 量($\bar{x}_A$)	差异显著性	
		5%	1%
A_2	20.08	a	A
A_3	19.92	a	A
A_1	13.50	b	B

结果表明:施肥量 A_2、A_3 的产量极显著高于 A_1;A_2 与 A_3 间产量无显著性差异。

3.4.2 品种间平均数的比较(LSR 法)

计算品种间平均数的标准误差 $s_{\bar{x}B}$(SE):

$$s_{\bar{x}B}(\text{SE}) = \sqrt{\frac{s_{eB}^2}{ar}} = \sqrt{\frac{2.01}{3 \times 3}} = 0.473$$

查 SSR 值表,当 $\nu = a(r-1)(b-1) = 18$ 时,$k = 2,3,4$ 的 $SSR_{0.05}$ 和 $SSR_{0.01}$ 值,并根据 $LSR_\alpha = SSR_\alpha \times s_{\bar{x}}$ 计算 $LSR_{0.05}$ 和 $LSR_{0.01}$ 值,列于表 4-27 中。

表 4-27　不同品种间比较的 LSR_α 值（$s_{\bar{x}} = 0.473$）

k	2	3	4
$SSR_{0.05}$	2.97	3.12	3.21
$SSR_{0.01}$	4.07	4.27	4.38
$LSR_{0.05}$	1.40	1.48	1.52
$LSR_{0.01}$	1.93	2.02	2.07

列制不同品种间平均产量的差异显著性表，结果见表 4-28。

表 4-28　不同品种间平均产量的差异显著性

品　　　种	产　量（$\overline{x_B}$）	差异显著性	
		5%	1%
B_4	20.67	a	A
B_3	19.00	b	A　B
B_1	17.33	c	B
B_2	17.00	c	B

结果表明：品种 B_4 最好，它的产量显著高于品种 B_3，极显著高于品种 B_1、B_2；品种 B_3 显著高于品种 B_1、B_2；而品种 B_1、B_2 之间产量无显著性差异。

由于互作间的 F 检验显著，需进行互作间的多重比较。互作间的多重比较方法主要有 A 下 B 间的简单效应，或 B 下 A 间的简单效应或全处理的比较。

3.4.3　施肥量与品种的互作间比较（LSR 法）

1）各施肥量内不同品种（A 下 B）间的比较

计算处理间平均数的标准误差 $s_{\bar{x}AB}^2$（SE）：

$$s_{\bar{x}AB}^2(\text{SE}) = \sqrt{\frac{s_{eB}^2}{r}} = \sqrt{\frac{2.01}{3}} = 0.819$$

查 SSR 值表，当 $\nu = a(r-1)(b-1) = 18$ 时，$k = 2, 3, 4$ 的 $SSR_{0.05}$ 和 $SSR_{0.01}$ 值，并根据 $LSR_\alpha = SSR_\alpha \times s_{\bar{x}}$ 计算 $LSR_{0.05}$ 和 $LSR_{0.01}$ 值，列于表 4-29 中。

表 4-29　表 4-22 资料的 LSR_α 值（$s_{\bar{x}} = 0.819$）

k	2	3	4
$SSR_{0.05}$	2.97	3.12	3.21
$SSR_{0.01}$	4.07	4.27	4.38
$LSR_{0.05}$	2.43	2.56	2.63
$LSR_{0.01}$	3.33	3.50	3.59

列制各种施肥量下品种间的产量差异显著性表，结果见表 4-30。

表 4-30　各品种在不同施肥量水平下的差异显著性

	(A) A_1 施肥量				(B) A_2 施肥量				(C) A_3 施肥量		
品种	产量 $(\bar{x}_B)$	差异显著性 5%	1%	品种	产量 $(\bar{x}_B)$	差异显著性 5%	1%	品种	产量 $(\bar{x}_B)$	差异显著性 5%	1%
B_2	17.33	a	A	B_4	24.67	a	A	B_3	24.33	a	A
B_1	13.67	b	B	B_3	22.00	b	A B	B_4	20.00	b	B
B_2	12.33	b c	B	B_2	21.00	b	B	B_1	17.67	b	B
B_3	10.67	c	B	B_1	20.67	b	B	B_2	17.67	b	B

结果表明:在 A_1 施肥量下,品种 B_4 极显著高于其他三个品种,品种 B_1 显著高于品种 B_3,其他品种间产量无显著性差异;在 A_2 施肥量下,品种 B_4 极显著高于品种 B_2、B_1,它又显著高于品种 B_3,其他品种间产量无显著性差异;在 A_3 施肥量下,品种 B_3 极显著高于其他三个品种,其他品种间产量无显著性差异。

由此看出,在 A_1、A_2 施肥量下的品种 B_4 表现最优,在 A_3 施肥量下以品种 B_3 表现最好。

2) 各品种内不同施肥量(B 下 A) 间的比较

计算处理间平均数的标准误差 $s_{\bar{x}}$(SE)

$$s_{\bar{x}_{AB}}(SE)=\sqrt{\frac{(b-1)s_{eB}^2+s_{eA}^2}{br}}=\sqrt{\frac{(4-1)\times2.01+3.29}{4\times3}}=0.881$$

查 SSR 值表,当 $\nu_{eA}=4$,$\nu_{eB}=18$ 时,$k=2,3,4,\cdots,12$ 的 $SSR_{0.05}$ 和 $SSR_{0.01}$ 值,并根据下式计算 SSR'_α,再根据 $LSR'_\alpha=SSR'_\alpha\times s_{\bar{x}}$,计算 $LSR'_{0.05}$ 和 $LSR'_{0.01}$ 值,列于表 4-31 中。

$$SSR'_{\alpha(k)}=\frac{(b-1)s_{eB}^2 SSR_{\alpha(\nu_{eB},k)}+s_{eA}^2 SSR_{\alpha(\nu_{eA},k)}}{(b-1)s_{eB}^2+s_{eA}^2}$$

表 4-31　最小显著极差法检验的 LSR_α 值($s_{\bar{x}_{AB}}=0.881$)

K	2	3	4	5	6	7	8	9	10	12
$SSR_{0.05(\nu_{eA},k)}$	3.93	4.01	4.02	4.02	4.02	4.02	4.02	4.02	4.02	4.02
$SSR_{0.01(\nu_{eA},k)}$	6.51	6.8	6.9	7	7.1	7.1	7.2	7.2	7.30	7.30
$SSR_{0.05(\nu_{eB},k)}$	2.97	3.12	3.21	3.27	3.32	3.35	3.37	3.39	3.41	3.43
$SSR_{0.01(\nu_{eB},k)}$	4.07	4.27	4.38	4.46	4.53	4.59	4.64	4.68	4.71	4.76
$SSR'_{0.05}$	3.31	3.34	3.50	3.54	3.57	3.60	3.61	3.62	3.63	3.64
$SSR'_{0.01}$	4.93	5.11	5.20	5.26	5.30	5.30	5.36	5.39	5.62	5.66
$LSR'_{0.05}$	2.92	2.94	3.08	3.12	3.15	3.17	3.18	3.19	3.20	3.21
$LSR'_{0.01}$	4.34	4.50	4.58	4.63	4.67	4.67	4.72	4.75	4.95	4.98

列制各品种在不同施肥量间的差异显著性,结果见表 4-32。

表 4-32 各施肥量在不同品种下的差异显著性

（A）B₁ 品种

品种	产量 ($\bar{x}_A$)	差异显著性 5%	差异显著性 1%
A₂	20.67	a	A
A₃	17.67	b	A
A₁	13.67	c	B

（B）B₂ 品种

品种	产量 ($\bar{x}_A$)	差异显著性 5%	差异显著性 1%
A₂	21.00	a	A
A₃	17.67	b	A
A₁	12.33	c	B

（C）B₃ 品种

品种	产量 ($\bar{x}_A$)	差异显著性 5%	差异显著性 1%
A₃	24.33	a	A
A₂	22.00	a	A
A₁	10.67	b	B

（D）B₄ 品种

品种	产量 ($\bar{x}_A$)	差异显著性 5%	差异显著性 1%
A₂	24.67	a	A
A₃	20.00	b	B
A₁	17.33	b	B

结果表明：品种 B₁、B₂ 下施肥量 A₂、A₃ 的产量均极显著高于施肥量 A₁，同时施肥量 A₂ 的产量显著高于施肥量 A₃；品种 B₃ 下施肥量 A₂、A₃ 的产量均极显著高于施肥量 A₁，同时施肥量 A₃ 的产量与施肥量 A₂ 的产量无显著性差异；品种 B₄ 下施肥量 A₂ 的产量极显著高于 A₃、A₁，施肥量 A₃ 与施肥量 A₁ 的产量无显著性差异。

由此看出，在品种 B₁、B₂ 和 B₄ 下施肥量 A₂ 表现最优，在品种 B₃ 下以 A₃ 施肥量表现最好。

3）全处理间比较

由于全处理间比较时的标准误差计算公式与 B 下 A 间的比较是一样的，因此，各处理间的比较标准仍然是表 4-31。

列制各处理间的差异显著性，结果见表 4-33。

表 4-33 各处理产量的差异显著性

品种	产量 ($\bar{x}$)	差异显著性 5%	差异显著性 1%
A₂B₄	24.67	a	A
A₃B₃	24.33	a	A B
A₂B₃	22.00	a b	A B
A₂B₂	21.00	b	A B
A₂B₁	20.67	b c	A B
A₃B₄	20.00	b c	A B
A₃B₁	17.67	c	B
A₃B₂	17.67	c	B
A₁B₄	17.33	c	B
A₁B₁	13.67	d	B C
A₁B₂	12.33	d	C
A₁B₃	10.67	d	C

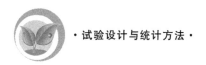

结果表明：最优水平组合 A_2B_4 和 A_3B_3。两者之间产量无显著性差异，但显著（除 A_2B_3 之外）高于其他水平组合。

3.5 试验结论

各种施肥量间差异极显著，以施肥量 A_2 产量最高，施肥量 A_3 的产量也较高，两者极显著高于施肥量 A_1 的产量；施肥量 A_2 与 A_3 间产量无显著性差异。不同品种间有极显著性差异，品种 B_4 最好，显著高于品种 B_3，极显著高于品种 B_1、B_2。A 与 B 互作差异极显著，最优水平组合 A_2B_4 和 A_3B_3，两者之间产量无显著性差异，但显著（除 A_2B_3 之外）高于其他水平组合。

想一想

二因素随机区组设计试验与裂区设计试验结果分析有何异同？

●━━ 技 能 性 工 作 任 务 ━━●

技能任务 1 对比法与间比法设计试验结果统计分析

一、目的要求

熟练掌握顺序排列试验设计结果的统计分析方法，明确对比法与间比法设计试验结果分析中相对生产力的计算方法。

二、场所与用具

1．场所

实验实训室、微机室。

2．用具

练习纸、A4 纸、铅笔、装有 Excel 软件的计算机及输出设备或计算器。

三、资料

（1）有一黄芩品系比较试验，参加试验的品系有 6 个，采用对比法设计，3 次重复，阶梯式排列，小区田间排列和小区根干重［kg/（15 m²）］如图 4-6 所示。试进行产量分析。

（2）有一大豆品系比较试验，参加试验的有 12 个品系（不包括对照品种 CK），其代号分别为 1，2，…，12。间比法设计，每隔四个品系设一对照（CK），4 次重复。所得小区产量［kg/（6.7 m²）］如表 4-34 所示。试作分析。

I	A 16.2	CK 14.2	B 12.7	C 14.5	CK 15.3	D 12.6	E 15.4	CK 12.3	F 12.6
II	C 12.7	CK 13.5	D 11.5	E 13.3	CK 12.5	F 13.9	A 17.7	CK 12.7	B 13.1
III	E 16.1	CK 14.2	F 14.5	A 17.1	CK 14.1	B 14.2	C 13.8	CK 15.2	D 12.9

图 4-6 黄芩品系比较试验田间排列与根干重[kg/(15 m²)]

表 4-34 大豆品系比较试验(间比法)产量[kg/(6.7 m²)]分析

品系代号	重复	
	I	II
CK₁	2.3	2.6
1	2.9	2.4
2	2.1	2.6
3	2.5	2.6
4	2.4	2.3
CK₂	2.5	2.4
5	2.7	2.5
6	2.3	2.4
7	2.2	2.4
8	2.4	2.7
CK₃	2.6	2.3
9	2.9	2.6
10	2.1	2.0
11	2.5	2.6
12	2.4	2.6
CK₄	2.3	2.5

四、方法与步骤

教师讲解对比法与间比法设计试验结果的统计分析方法与步骤。

资料 1 结果分析的方法与步骤。

(1)列制产量分析表。

(2)计算各品种对邻近对照品种产量的百分比。

(3)计算各品种的矫正产量。

(4)确定位次。

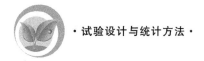

（5）结论。

资料 2　结果分析的方法与步骤。

（1）列制产量分析表。

（2）计算各段平均对照产量$\overline{CK}$。

（3）计算各品系的相对生产力。

（4）结论。

五、作业

（1）按要求对上述两个资料分别进行结果分析。

（2）讨论间比法设计与对比法设计试验结果的统计分析有何异同。

技能任务 2　随机区组设计试验结果统计分析

一、目的要求

熟练掌握随机区组设计试验结果的分析方法。

二、场所与用具

1. 场所

实验实训室、微机室。

2. 用具

练习纸、A4 纸、铅笔、装有 Excel 软件的计算机及输出设备或计算器。

三、资料

（1）有一大豆密度试验，6 个密度（不包括 CK）随机区组设计，重复 3 次，小区计产面积为 60 m²，其田间布置及产量[kg/(60 m²)]如图 4-7 所示。

Ⅰ	A 31.5	CK 21.0	D 24.5	E 23.0	C 26.6	B 29.5	F 22.9
Ⅱ	B 28.6	C 26.0	A 32.7	F 23.6	D 24.2	E 22.9	CK 21.8
Ⅲ	E 23.5	F 20.8	B 28.0	C 28.3	CK 23.0	A 30.6	D 27.4

图 4-7　大豆密度试验田间排列与产量[kg/(60 m²)]

（2）有一马铃薯播种期与密度试验，播种期为 A 因素，分为 A_1、A_2、A_3 3 个水平，密度为 B 因素，分为 B_1、B_2、B_3 3 个水平，随机区组设计，重复 3 次，小区计产面积为 6.7 m²，其田间布置及产量[kg/(6.7 m²)]如图 4-8 所示。

I	A_1B_1 12.5	A_1B_2 15.1	A_1B_3 21.2	A_2B_1 22.1	A_2B_2 22.4	A_2B_3 20.1	A_3B_1 18.2	A_3B_2 15.6	A_3B_3 13.5
II	A_2B_2 21.4	A_3B_2 13.5	A_1B_2 18.0	A_1B_1 17.3	A_3B_1 17.3	A_2B_1 22.8	A_3B_3 14.3	A_1B_3 12.0	A_2B_3 19.6
III	A_3B_2 12.4	A_2B_3 21.0	A_1B_3 11.3	A_2B_1 22.8	A_1B_1 20.3	A_3B_3 12.5	A_3B_1 15.7	A_2B_2 17.3	A_1B_2 17.3

图 4-8　马铃薯播种期与密度试验田间排列及产量[kg/(6.7 m²)]

四、方法与步骤

教师布置、讲解、演示计算过程。

1. 对资料 1 的统计分析

1）资料整理

把整理后的数据输入 Excel 工作簿中（图 4-9）。

	A	B	C	D
1		I	II	III
2	A	31.5	32.7	30.6
3	B	29.5	28.6	28.0
4	C	26.6	26.0	28.3
5	D	24.5	24.2	27.4
6	E	23.0	22.9	23.5
7	F	22.9	23.6	20.8
8	CK	21.0	21.8	23.0

图 4-9　原始数据表

2）方差分析

在"工具"菜单中选择"数据分析"命令，在弹出的"数据分析"对话框中选中"方差分析：无重复双因素分析"选项，单击"确定"按钮，在接着弹出的对话框中的输入区域输入数据范围"＄B＄2：＄D＄8"，α值设为 0.05 或 0.01，选择输出选项，然后，单击"确定"按钮（图 4-10），便得到方差分析结果（图 4-11）。

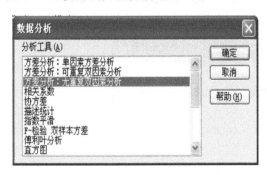 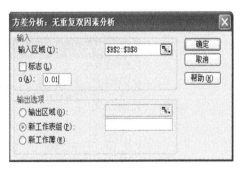

图 4-10　数据分析对话框示意图

从方差分析结果表看出，处理间有极显著性差异，区组间无显著性差异，需对处理间平均数进行多重比较。

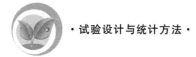

17	方差分析					
18	差异源	SS	df	MS	F	P-value	F crit
19	行	230.8933	6	38.48222	25.06078	4E-06	4.820574
20	列	0.506667	2	0.253333	0.164978	0.849803	6.926608
21	误差	18.42667	12	1.535556			
22							
23	总计	249.8267	20				

图 4-11   方差分析结果示意图

3）多重比较

参考教材。

2. 对资料 2 进行统计分析

1）资料整理

把整理后的数据输入 Excel 工作簿中，如图 4-12 所示。

	A	B	C	D
1		B₁	B₂	B₃
2	A₁	12.5	15.1	21.2
3		17.3	18	12
4		20.3	17.3	11.3
5	A₂	21.1	22.4	20.1
6		22.8	21.4	19.6
7		22.8	17.3	21
8	A₃	18.2	15.6	13.5
9		17.3	13.5	14.3
10		15.7	12.4	12.5

图 4-12   整理后的数据示意图

2）方差分析

在"工具"菜单中选择"数据分析"命令，在弹出的"数据分析"对话框中选中"方差分析：可重复双因素分析"选项，单击"确定"按钮（图 4-13），然后在弹出的对话框中，在输入区域输入数据范围"＄A＄1：＄D＄10"，每一样本的行数输入 3，α 值设为 0.05 或 0.01（本资料 α 确定为 0.01），最后确定输出选项，单击"确定"按钮即可得到方差分析结果（图 4-14）。

图 4-13   数据分析对话框示意图

在差异源（变异来源）栏中，样本为 A 因素（播种期），列为 B 因素（密度），交互为 A 与

29	方差分析						
30	差异源	SS	df	MS	F	P-value	F crit
31	样本	189.5	2	94.75	13.72673	0.00024	6.012905
32	列	29.16667	2	14.58333	2.112733	0.149898	6.012905
33	交互	9.513333	4	2.378333	0.344557	0.844301	4.579036
34	内部	124.2467	18	6.902593			
35							
36	总计	352.4267	26				

图 4-14　方差分析结果示意图

B 互作,内部为误差。F 检验结果表明,A 因素水平间有极显著性差异,B 因素间、A 与 B 互作无显著性差异,需对 A 因素水平间进行多重比较。

3. 多重比较

参考教材,按多重比较的方法进行。

五、作业

(1) 按要求对教材中自测题或例题进行统计分析练习。

(2) 讨论利用 Excel 进行单因素随机区组设计试验结果的统计分析与二因素随机排列试验结果统计分析有何异同。

项 目 回 顾

本项目主要介绍顺序排列的对比法、间比法设计的试验结果分析;随机排列的单因素随机区组设计、二因素随机区组设计和二因素裂区设计的试验结果统计分析。其中,对比法和间比法设计试验为顺序排列,不能正确地估计出无偏的试验误差,因而试验结果不能采用方差分析的方法进行显著性检验。一般采用百分比法,即设对照(CK)的产量(或其他性状)为 100,然后将各处理产量和对照相比较,求其百分比。随机区组设计,由于采用了局部控制的原理,可以从试验的误差方差中分解出区组变异的方差,从而降低试验误差以提高试验结果分析的精确性。二因素裂区设计是将两因素分为主区、副区因素后分别进行安排的试验设计方法。在方差分析时,误差可以分解为主区误差和副区误差,并按主区部分和副区部分进行分析。

自 测 训 练

一、概念题

相对生产力

二、填空题

1. 单因素随机区组设计试验中,总变异可以分解为(　　)、(　　)和(　　)变异三

部分。

2. 在二因素随机区组设计的试验中,总变异可以分解为处理间变异、（　　）和（　　）变异三部分。其中处理间变异又分为（　　）、（　　）和（　　）变异三部分。

3. 在二因素裂区设计的试验中,总变异可以分解为处理间变异、（　　）和误差变异三部分。处理间变异又分为（　　）、（　　）和（　　）变异三部分;误差变异又分为（　　）和（　　）变异两部分。

三、判断题

1. 随机区组设计的试验,区组数等于重复次数。　　　　　　　　　　　（　　）

2. LSD 法用于各处理平均数与对照品种相比较的差异显著性检验。　　（　　）

3. LSR 法用于处理平均数间的差异显著性检验。　　　　　　　　　　（　　）

4. 随机区组设计的试验资料,总变异分解为处理间、区组间和误差变异三部分。
　　　　　　　　　　　　　　　　　　　　　　　　　　　　　　　（　　）

5. 单因素与复因素随机区组设计的试验资料的变异来源不同之处是处理间变异再分解为三部分。　　　　　　　　　　　　　　　　　　　　　　　（　　）

6. 二因素随机区组设计和二因素裂区设计的试验资料的变异来源不同之处是裂区设计的误差又分解为主区误差和副区误差两部分。　　　　　　　　（　　）

7. 在多重比较中最精确的是 LSD 法,其次是 LSR 法。　　　　　　　（　　）

四、选择题

1. F 检验是一个整体检验,只表明（　　）。

A. 处理平均数间是否有显著性差异

B. 平均数两两间有显著性差异

C. 处理平均数间有显著性差异

D. 处理平均数间有显著性差异,并不表明平均数两两间有显著性差异

2. 当 F 检验的结果达到显著性水平时,若试验设有对照,就可以采用（　　）进行多重比较。

A. LSD 法　　　　　B. LSR 法　　　　　C. LSD 法或 LSR 法　D. 百分比法

3. 多重比较时,当用标记字母法进行标记时,凡是有相同的字母（　　）。

A. 有显著性差异　　　　　　　　　　B. 无显著性差异

C. 有极显著性差异　　　　　　　　　D. 有显著性或极显著性差异

五、简答题

1. 为什么对比法和间比法设计试验不能正确估计试验误差?

2. 对比法和间比法设计试验结果如何分析?

3. 单因素随机区组设计试验和二因素随机区组设计试验的分析方法有何异同?二因素随机区组设计试验处理项的平方和与自由度如何分解?

4. 二因素随机区组设计试验和二因素裂区设计试验的统计分析方法有何异同?

六、技能训练题

1. 表 4-35 为黄芩品系比较试验的小区根重结果[kg/（20 m²）],对比法设计,3 次重复,试做分析。

表 4-35　黄芩品系比较试验小区根重结果

品系代号	各重复小区根重 /[kg/(20 m²)]		
	I	II	III
CK	6.7	6.5	6.3
A	6.7	6.6	6.9
B	6.8	7.0	6.8
CK	5.7	5.4	5.4
C	6.2	6.4	6.5
D	6.1	6.1	5.9
CK	5.6	5.6	5.2
E	5.7	5.5	5.7
F	5.7	5.5	5.8
CK	5.2	5.4	5.4

2. 表 4-36 为水稻品系鉴定试验的小区产量[kg/(20 m²)]，间比法设计，3 次重复，试做分析。

表 4-36　水稻品系鉴定试验小区产量

品系代号	各重复小区产量 /[kg/(20 m²)]		
	I	II	III
CK	22.0	21.8	18.9
A	22.9	23.8	22.7
B	24.2	23.8	23.9
C	20.3	20.1	29.3
D	19.5	21.2	21.7
CK	21.6	22.8	23.1
E	21.9	19.8	23.5
F	23.4	24.9	25.7
G	23.5	25.0	24.6
H	19.1	20.7	18.8
CK	20.1	23.8	19.4
I	25.1	27.8	20.2
J	29.1	28.7	30.0
K	25.9	25.1	22.9
L	21.3	22.6	21.0
CK	19.8	20.7	24.4

3. 表 4-37 为谷子品系比较试验的小区产量[(kg/(20 m²)],随机区组设计,3 次重复,试做方差分析。

表 4-37　谷子品系鉴定试验小区产量

品系代号	各重复小区产量 /[(kg/(20 m²)]		
	I	II	III
A	27.1	28.6	29.4
B	23.2	22.6	23.1
C	25.0	22.4	27.8
D	29.0	27.8	30.1
CK	26.0	22.0	25.0

4. 有一大豆品种与密度试验,A 为品种,有 A_1、A_2、A_3 3 个水平,B 为密度,有 B_1、B_2 2 个水平,随机区组设计,3 次重复,表 4-38 为小区计产面积产量[kg/(2.4 m²)],试做方差分析。

表 4-38　大豆品种与密度试验小区计产面积产量

处理	各重复小区产量 /[kg/(2.4 m²)]		
	I	II	III
A_1B_1	0.72	0.75	0.82
A_1B_2	0.80	0.75	0.87
A_2B_1	0.74	0.80	0.77
A_2B_2	0.80	0.87	0.77
A_3B_1	0.95	0.78	0.97
A_3B_2	0.62	0.63	0.65

5. 有一玉米密度与施肥量试验,A 为密度,有 A_1、A_2 2 个水平,B 为施肥量,有 B_1、B_2、B_3 3 个水平,裂区设计,3 次重复,小区面积为 10 m²,表 4-39 为区组与处理两向表,试做方差分析。

表 4-39　玉米密度与施肥量试验的区组与处理两向表

主处理	副处理	各重复小区产量 /[kg/(10 m²)]			处理总和
		I	II	III	
A_1	B_1	9.4	12.0	7.1	28.5
	B_2	10.2	12.8	12.2	35.2
	B_3	11.8	12.4	13.4	37.6
主区总和		31.4	37.2	32.7	
A_2	B_1	14.2	1.6	10.6	36.4
	B_2	12.9	11.1	13.9	37.9
	B_3	14.0	14.5	13.3	41.8
主区总和		41.1	37.2	37.8	
区组总和		72.5	74.4	70.5	

项目五

试验总结(科技论文)撰写

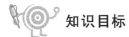

教 学 目 标

知识目标

☆ 熟知试验总结的一般模式。

☆ 掌握试验总结写作的特点与要求。

☆ 熟悉试验总结的写作格式。

技能目标

☆ 能根据所给的资料写出试验总结或科技论文。

☆ 能对试验结果进行总结。

素质目标

☆ 具备良好的职业道德和严谨的工作作风。

☆ 具有实事求是的科学态度,养成耐心、细致的习惯。

☆ 具有较强的归纳、总结能力。

☆ 具有善于使用所学统计知识提出自己见解的能力。

项 目 描 述

试验总结既是对试验资料结果的总结和记录,又有信息交流和资料保存的作用,其本身就是具有学术价值的科技文献,是进行新技术推广的重要依据。本项目主要介绍试验总结写作的特点与要求以及试验总结写作的基本格式。

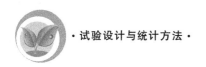

学 习 性 工 作 任 务

任务 1　试验总结（科技论文）的撰写方法

在农业科学研究中，为了创造新品种、探索新技术与新产品的效果、观察植物的生育表现等，在田间调查、观察记载、收获计产、室内鉴定和统计分析等完成后，最后获得的试验结果，一般都要求写一份能表达试验全过程的文字材料，即试验总结（科技论文）。所谓试验总结，就是在介绍试验基本情况的基础上，根据所获得的资料（包括田间调查和室内考种的资料以及产量分析的结果），分析各个处理对于植物生长发育和产量形成的影响，找出各处理增产或减产的原因，从产量高低、品种优劣、经济效果和应用价值等方面对试验的技术措施（或品种）作出正确的评价，作为进一步试验或生产上推广应用的依据。

 1.1　试验总结（科技论文）的一般模式

每篇试验总结（科技论文）的内容尽管千差万别，写作风格各有千秋，但试验总结的模式一般包括以下几方面的内容。

1.1.1　试验题目（标题）

试验题目是试验总结报告内容的高度概括，也是读者窥视全文的窗口，因此一定要下工夫拟好标题。标题的拟定要满足以下几点要求。一是确切，即用词准确、贴切。标题的内涵和外延应能清楚且恰如其分地反映出研究的范围和深度，能够准确地表述论文中最重要的特定的内容，名副其实。二是具体，就是不笼统、不抽象。例如《2010 年中国北方春大豆中早熟组东部区试验总结》。三是精短，即标题要简短精练，文字得当，忌累赘繁琐。四是鲜明，即表述观点不含混，不模棱两可。五是有特色，标题要突出论文中的独创内容，使之别具特色。

拟写标题时还要注意：一要题文相符，若研究工作不多或仅作了平常的试验，却冠以"×××的研究"或"×××机理的探讨"等就不太恰当，如果改成"×××问题的初探"或"对×××观察"等较为合适；二要语言明确，即试验报告的标题要认真推敲，严格限定所述内容的深度和范围；三要新颖简要，标题字数一般以 9 ～ 15 字为宜，不宜过长；四要用语恰当，不宜使用化学式、数学公式及商标名称等；五要居中书写，若字数较多需转行，断开处在文法上要自然，且两行的字数不宜差距过大。

1.1.2　署名及其工作单位

署名写在标题下面，书写顺序是：作者单位 — 作者姓名 — 地区 — 邮政编码。个人论文，个人署名；集体撰写论文，要按贡献大小依次署名。署名人数一般不超过六人，多出者以脚注形式列出，工作单位要写全称，姓名要真实，不用笔名、别名，可注明职称和学位。

1.1.3 摘要

摘要又称提要,一般论文的前面都有摘要。设立该项的目的是为了方便读者概略了解论文的内容,以便确定是否阅读全文或其中一部分,同时也是为了方便科技信息人员编文摘和索引等检索工具。摘要是论文的基本思想的缩影,虽然放在前面,但它是在全文完稿后才撰写的。有时为了便于国际学术交流,还要把中文摘要译成英文或其他文种。

摘要要求做到短、精、准、明、完整和客观。"短"即行文简短扼要,字数一般在 150～300字;"精"即字字推敲,添一字则显多余,减一字则显不足;"准"即忠实于原文,准确、严密地表达论文的内容;"明"即表述清楚明白、不含混;"完整"即应做到结构严谨、语言连贯、逻辑性强;"客观"即如实地浓缩本文内容,不加任何评论。摘要有时在试验总结中可省略。

1.1.4 关键词

为了便于读者从浩如烟海的书刊中寻找文献,特别是适应计算机自动检索的需要,应在文摘后写出能反映文献特征内容,通用性比较强的 3～5 个关键词。

1.1.5 引言

引言是总结的开场白,主要将试验研究的背景、理由、范围、方法、依据等写清楚即可,突出研究目的或要解决的问题;前人的研究成果和重大知识空白;本研究的设想,预期结果和意义。引言一般不分段落,写作时要注意谨慎评价,切忌自我标榜、自吹自擂、抬高自己、贬低别人;不说客套话,长短适宜,一般为 300～500 字。

写引言,一要注意写清楚研究的理由、目的、范围与重要性;二要注意不可详述历史过程和义献资料,不可解释共知的知识和基本理论,不可推导公式;三要注意在介绍前人研究经过与结果时,应引述与本课题密切相关的部分;四要注意用自己的语言进行高度概括,层次分明,言简意赅。

1.1.6 正文

正文是论文的主体,占全篇幅的绝大部分。论文的创造性主要通过本部分表达出来。同时,也反映出论文的学术水平。写好正文要有材料、内容,然后有概念、判断、推理,最终形成观点。也就是说,正文应该按照逻辑思维规律来安排组织结构,这样就能顺理成章。正文一般主要包括材料和方法、结果与分析、结论或讨论等内容。

1) 材料和方法

这部分内容包括试验基本条件和情况,如时间、地点、环境条件、管理水平等;试验设计,如试验因素、处理水平、小区大小、重复次数、小区排列方式等;主要观察记载项目与评价标准;观察分析时的取样方法、样本容量、样品制作及分析等;主要试验仪器及其型号和药品;方法或试验过程等。

试验方法的叙述应采用研究过程的逻辑顺序,并注意连贯性;对已公开发表的方法只需注明出处,列入参考文献内,对自己改进的方法只需说明改进点。

2) 结果与分析

结果与分析是论文的"心脏",其内容包括:一要逐项说明试验结果;二要对试验结果作出定性、定量分析,说明结果的必然性。

在写作时要注意:一要围绕主题,选择典型、最有说服力的材料,紧扣主题来写;二要实事求是反映结果;三要层次分明、条理有序;四要多种表述,配合适宜,要合理使用表、

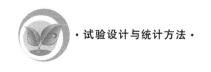

图、公式等。

3）结论或讨论

该部分是整个课题研究的总结，是全篇论文的归宿，起着画龙点睛的作用。结论的主要内容：一是由正文导出事物的本质和规律；二是说明解决了什么问题或理论及其适用范围；三是说明对前人有关本问题的看法做了哪些检验，哪些与本结果一致，哪些不一致，做了哪些修改和补充等；四是说明本文尚未解决的问题和解决这些问题的可能性以及今后的研究方向；五是对结果提出处理意见等。

结论要用肯定的语气和可靠的数字写作，措词严谨，绝不含糊其辞、模棱两可，不能用"大概"、"可能"、"或许"等词语；要实事求是，不可大段议论，甚至提高自己贬低别人。如果确实不能导出任何结论，也可以不另立标题撰写结论。

1.1.7　致谢

科学研究通常需要与他人合作、借助他人帮助或指导。因此，当研究成果以论文形式发表时，应对整个研究过程中，曾给予帮助和支持的单位和个人表示谢意。

特别需要注意的是，对被感谢者不要直书其姓名，而应冠以敬称，如"某教授"、"某博士"等学术头衔，尤其要注意不可把他们的工作单位和姓名写错。表示感谢的词语要体现诚恳的态度和热忱的心情，不能使人有轻浮、吹嘘的感觉。

1.1.8　参考文献

科研论文的文后参考文献，是指为撰写或编辑论著而引用的有关图书资料。参考文献是反映文稿的科学依据和著者尊重他人研究成果而向读者提供文中引用有关资料的出处，或为了节约篇幅和叙述方便，提供在论文中提及而没有展开的有关内容的详尽文本。被列入的论文参考文献应该只限于那些著者亲自阅读过和论文中引用过的，而且正式发表的出版物，或其他有关档案资料，包括专利等文献。

试验总结包括的八部分内容，不是一成不变的，可依据具体情况，有增减、合分，以能够明晰地对试验及结果进行表述为标准。

1.2　试验总结写作的特点与要求

1.2.1　试验总结写作的特点

试验总结既是对试验资料结果的总结和记录，又有信息交流和保存资料的作用，其本身就是具有学术价值的科技文献，是进行新技术推广的重要依据。因此，试验总结在写作时要体现以下特点。

1）尊重客观事实

写试验总结必须尊重客观事实，以试验获得的数据为依据，真正反映客观规律，一般不加入个人见解。对试验的内容，观察到的现象和所作的结论，都要从客观事实出发，不弄虚作假。

2）以叙述说明为主要表达方式

要如实地将试验的全过程，包括方案、方法、结果等进行解说和阐述。切忌用华丽的词语来修饰。

3）兼用图表公式

将试验记载获得的数据资料加以整理、归纳和运算，概括为图、表或经验公式，并附以必要的文字说明,不仅节省篇幅,而且有形象、直观的效果。

1.2.2 试验总结写作的要求

试验总结报告是科技工作者写作时经常使用的文体,因此应熟练掌握其写作要求。试验总结报告的写作要求如下。

1) 读者要明白

在动手写试验报告时,要弄清是为哪些人写的,如果是写给上级领导看的,就应该了解他是否是专家。如果不是,在写作时就要尽可能通俗,少用专门术语,如果使用术语则要加以说明,还可以用比喻、对比等手法使文章更生动。如果文章的读者是本行专家,文章就应尽可能简洁,大量地使用专门的术语、图、表及数字公式。

2) 内容要可靠

试验报告的内容必须忠实于客观实际,向对方提供可靠的报告。无论是陈述研究过程,还是列举出收集到的资料、调查的事实、观察试验所得到的数据,都必须客观、准确无误。

3) 论述要有条理

试验报告的文体重条理、重逻辑性。也就是说只要把情况和结论有条理地、依一定逻辑关系提出来,达到把情况讲清楚的目的即可。

4) 篇幅要短

试验报告的篇幅不要过长,如果内容过多,应用摘要的方式首先说明主要的问题和结论,同时还应把内容分成章节并用适当的标题把主要问题突出出来。

5) 观点要明确

客观材料和别人的思考方法要与作者的见解严格地区分开。作者要在报告中明确地表示出哪些是自己的观点。

任务 2　试验总结(科技论文)的写作格式

根据《科学技术报告、学位论文和学术论文的编写格式》(GB 7713—87)的规定,以及国外学术期刊的基本要求,一篇完整的试验总结(科技论文)应包括标题、署名及工作单位、摘要、关键词、引言、正文(材料与方法、结果与分析、结论或讨论)、致谢和参考文献等部分,每部分内容的书写格式如下。

2.1 标题

标题(包括中文和英文标题)是科技论文的必须组成部分。题名要求简明、具体、确切地反映出本文的特定内容,一般不宜超过 20 个汉字,应包括文章的主要关键词,如果题目语意未尽,用副题补充说明,居中书写。中英文标题一一对应。

2.2 署名及工作单位

署名及工作单位(包括中文和英文署名及工作单位)也是科技论文的必须组成部分,

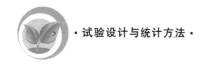

署名的作者是论文的法定权人和责任者,能够对论文的主要内容负责解答的人员,按贡献大小排名,居中书写。若署名不止一人,在署名的右上角采用上标形式的 1,2 等阿拉伯数字标明工作单位的序号,工作单位、地址和邮编按序号写在署名下方的括弧内。中英文署名及工作单位应一一对应。

2.3　摘要

摘要(包括中文和英文摘要)是科技论文的必要附加部分,是对论文的内容不加注释和评论的简短陈述,是一篇具有独立性和完整性的短文,极短的文章可省略。摘要是科技论文的缩影,摘要一般应说明研究工作的目的、方法、结果和结论等,重点是结果和结论。书写时,一般首行缩进 2 个字符,左右再分别缩进 2 个字符。中英文摘要内容应一一对应,中文摘要内容前应冠以"摘要",英文摘要内容前应冠以"Abstract"作为标志。

2.4　关键词

关键词(包括中文和英文关键词)是反映文献特征内容的词。关键词包括主题词和自由词两部分。关键词数量一般为 3～8 个,书写时,首行缩进 2 个字符,每一个关键词之间用分号隔开,最后一个关键词后不用标点符号,中、英文关键词应一一对应,中文关键词前应冠以"关键词",英文关键词前冠以"Key words"作为标志。

2.5　引言

引言(前言、序言、概述)经常作为科技论文的开端,书写时,首行缩进 2 个字符,直接写前言的内容。

2.6　正文

正文是科技论文的核心组成部分,可分层深入,逐层剖析,按层设分层标题。书写时,分层标题采用阿拉伯数字依次编写,多分为 3 级。一级标题序号为 1、2 等,二级标题为 1.1、1.2 等,三级标题为 1.1.1、1.1.2 等,均靠左侧顶格书写。

书写一级标题时,左顶格写一级标题的序号,空一字符,写一级标题名称。如 1　××××;2　×××× 等。每个一级标题下,可以包括若干个二级标题。书写二级标题时,另起一行,左顶格写二级标题的序号,空一字符,写二级标题名称,空一字符,写内容。如 1.1　××××;1.2　×××× 等。若二级标题下,包括三级标题时。书写时,另起一行,左顶格写三级标题的序号,空一字符,写三级标题名称,空一字符,写内容。如 1.1.1　××××;1.1.2　××××;1.1.3　×××× 等。

另外,正文中所有的图都应有编号和图题。图的编号由"图"和从 1 开始的阿拉伯数字组成,图题置于图的编号之后,与编号之前空一格排写,图的编号和图题置于图下方的居中位置,如图 1 ××××,图 2 ×××× 等。正文中所有的表都应有编号和表题。表的编号由"表"和从 1 开始的阿拉伯数字组成,表题置于表的编号之后,与编号之前空一格排写。表的编号和表题应置于表上方的居中位置,如"表 1 ××××"、"表 2 ××××" 等。正文中的公式书写应在文中另起一行,并缩格书写,多个公式可从"1"开始的阿拉伯数字进行编号,并将编号置于括号内。标点符号应遵守《标点符号用法》(GB/T 15834—1995)的规定。数字使用应执行《出版物上数字用法的规定》(GB/T 15835—1995)的规定。注释采用文中编号(在正文中需要说明字、词或短语的位置采用上标形式的1、2等阿拉伯数字标明)加脚注的方式标注。

2.7 致谢

致谢放在论文最后部分,"致谢"居中放置,字体设置要求同一级标题设置相同。有时也可以写在文章第一页的页角处。

2.8 参考文献

文中直接引用的公开发表的主要参考文献,以顺序编码制著录,即按文献在文中出现的先后顺序连续编码,在正文引用处加注上角标(如:××[1])等,文后按引用顺序依次列出。具体著录格式如下。

[期刊] 序号 作者(不超过3人者全部写出,超过者只写前3名,后加"等"). 文章名[J]. 期刊名,出版年,卷(期)号:起止页码

[书籍] 序号 作者. 书名[M]. 译者. 版次(第1版不写). 出版地:出版单位(国外出版单位可用标准缩写不加缩写点),出版年:起止页码

[论文集] 序号 作者. 题名. // 主编. 论文集名[C]. 出版地:出版者,出版年. 起止页码

[学位论文] 序号 作者. 题名[D]. 保存地点:保存单位,年份. 起止页码

另外,参考的资料还有报纸文章(N)、报告(R)、标准(S)、专利(P)等。

同一作者的同一文献被多次引用时,在文后的文献表中只出现一次,其中不注页码;在正文中标注首次引用的文献序号,并在序号的角标外著录引文页码。

试验总结(科技论文)的一般格式如图5-1所示。

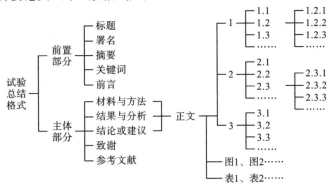

图 5-1 试验总结格式

注意,标题、署名、正文是试验总结(科技论文)必须有的内容,而摘要、关键词、引言、致谢、参考文献等可以没有。

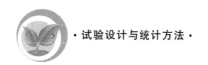

技 能 性 工 作 任 务

技能任务 1 试验总结

一、目的要求

(1) 了解试验总结(科技论文)的基本格式,掌握试验总结(科技论文)写作的方法。
(2) 能根据所提供的资料撰写试验总结(科技论文)。
(3) 提高学生试验总结(科技论文)的写作能力。

二、场所与用具

1. 场所
实验实训室、微机室。

2. 用具
微机、统计软件、试验的相关数据资料、计算器等。

三、资料

(1) 可根据当年各指导教师的试验研究项目,或在教师指导下由学生自拟试验研究项目的基本原始数据资料。

(2) 某地区农科院为了评选出优于当前推广品种的高产玉米品种,于2007年进行了五个玉米品种(包括对照)的产量比较试验,试验结果见表5-1。试验设计采用随机区组设计,重复4次,小区面积为20 m²,小区宽3.33 m,长6 m,5行区,行距0.67 m。试验地为沙壤土,肥力中等。底肥:复合肥900 kg/hm²,播种日期为4月6日,密度为60000株/hm²,生育期间追肥两次,第一次3～4片叶时追施苗肥,施尿素150 kg/hm²,第二次12～13片叶时追施穗肥,施尿素450 kg/hm²,中耕三遍。

表5-1 5个玉米品种的小区产量[kg/(20 m²)]

品 种 名 称	区 组				小区平均产量 /[kg/(20 m²)]
	I	II	III	IV	
中试503	13.46	11.56	9.89	10.88	11.45
正大9号	15.91	14.19	11.25	15.52	14.22
荆玉试1号	8.94	9.10	8.91	10.10	9.26
恩试703	13.57	14.02	13.12	14.14	13.70
华玉4号(CK)	12.66	11.54	10.50	12.77	11.88

四、方法与步骤

(1)教师布置,讲解试验总结的格式、撰写要求等。

(2)对自拟的试验研究项目的基本原始数据资料或教师所给试验资料进行分析,根据试验目的找出写作的切入点。

(3)按要求对试验数据进行分析,得出结论。

(4)按照试验总结的基本格式撰写。

五、作业

(1)根据所提供的试验资料,每人拟写一份试验总结(科技论文)。

(2)讨论试验总结(科技论文)撰写的要求、格式、注意事项,写作的切入点是否准确?

项目回顾

试验总结是指能表达试验全过程的文字材料。拟定标题要求确切、具体、精短、鲜明和有特色。试验总结要体现尊重客观事实、以叙述说明为主要表达方式、兼用图表公式的特点;写作时还要求读者明白、内容可靠、论述有条理、篇幅短、观点明确。试验总结的基本模式由标题、署名、摘要、关键词、引言、正文、致谢、参考文献等八部分组成。

自测训练

一、概念题

试验总结

二、填空题

1.试验题目是试验( )的高度概括,也是读者窥视全文的( )。

2.拟定试验题目应满足( )、( )、( )、( )和( )5个要求。

3.试验总结在写作时,要求( )、( )、( )、( )和( )。

三、判断题

1.引言是试验总结的核心。 ( )

2.摘要是论文的心脏。 ( )

3.试验总结的正文一般包括引言、材料与方法、结果与分析、结论或讨论。 ( )

四、选择题

1.试验总结的基本格式主要由( )等几部分组成。

A.题目、正文、参考文献、致谢

B.题目、正文、结果分析、参考文献、致谢

C.题目、署名、摘要、关键词、引言、正文、参考文献、致谢

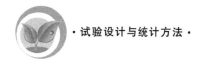
D. 题目、试验目的、研究内容、试验条件、结果与分析、结论

2. 试验总结在写作时要体现( )等特点。

A. 尊重客观事实、以叙述说明为主、兼用图表公式

B. 论述要有条理、以叙述说明为主、观点要明确

C. 尊重客观事实、内容可靠、兼用图表公式

D. 论述要有条理、以叙述说明为主、兼用图表公式

五、简答题

1. 试验总结的一般模式包括哪几个方面的内容?

2. 试验题目作为读者窥视全文的窗口,拟定试验题目要满足哪几个方面的要求?

六、技能训练题

利用校内的试验实训基地,结合本院指导教师科研课题或学生参与的试验课题资料,进行分析,按试验总结的写作要求,写一篇科技论文。

附录

附录 A　农作物种子繁育员国家职业标准

(一) 职业概况

1. 职业名称

农作物种子繁育员。

2. 职业定义

从事一年生作物种子及种苗繁殖、生产和试验的人员。

3. 职业等级

本职业共设五个等级,分别为:初级(国家职业资格五级)、中级(国家职业资格四级)、高级(国家职业资格三级)、技师(国家职业资格二级)、高级技师(国家职业资格一级)。

4. 职业环境条件

室内、外,常温。

5. 职业能力特征

具有一定的学习和表达能力,手指、手臂灵活,动作协调,嗅觉、色觉正常。

6. 基本文化程度

初中毕业。

7. 培训要求

(1) 培训期限:全日制职业学校教育,根据其培养目标和教学计划确定。晋级培训期限:初级不少于 120 标准学时;中级不少于 120 标准学时;高级不少于 120 标准学时;技师少于 100 标准学时;高级技师不少于 100 标准学时。

(2) 培训教师:培训初级、中级的教师,应具有本职业技师及以上的职业资格证书或相关专业中级及以上专业技术职务任职资格;培训高级、技师的教师,应具有本职业高级技师职业资格证书或相关专业高级专业技术职务任职资格;培训高级技师的教师应具有本职业高级技师职业资格证书 2 年以上或相关专业高级专业技术职务任职资格。

(3) 培训场地设备:满足教学需要的标准教室、实验室和教学基地,具有相关的仪器设备及教学用具。

8. 鉴定要求

(1) 适用对象。

从事或准备从事本职业的人员。

(2) 申报条件。

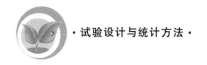

① 初级（具备以下条件之一者）

经本职业初级正规培训达到规定标准学时数，并取得结业证书。

在本职业连续工作1年以上。

从事本职业学徒期满。

② 中级（具备以下条件之一者）

取得本职业初级职业资格证书后，连续从事本职业工作2年以上，经本职业中级正规培训达规定标准学时数，并取得结业证书。

取得本职业初级职业资格证书后，连续从事本职业工作4年以上。

连续从事本职业工作5年以上。

取得经劳动保障行政部门审核认定的、以中级技能为培养目标的中等以上职业学校本职业（专业）毕业证书。

③ 高级（具备以下条件之一者）

取得本职业中级职业资格证书后，连续从事本职业工作2年以上，经本职业高级正规培训达规定标准学时数，并取得结业证书。

取得本职业中级职业资格证书后，连续从事本职业工作4年以上。

大专以上本专业或相关专业毕业生取得本职业中级职业资格证书后，连续从事本职业工作2年以上。

④ 技师（具备以下条件之一者）

取得本职业高级职业资格证书后，连续从事本职业工作5年以上，经本职业技师正规培训达规定标准学时数，并取得结业证书。

取得本职业高级职业资格证书后，连续从事本职业工作8年以上。

大专以上本专业或相关专业毕业生，取得本职业高级职业资格证书后，连续从事本职业工作2年以上。

⑤ 高级技师（具备以下条件之一者）

取得本职业技师职业资格证书后，连续从事本职业工作3年以上，经本职业高级技师正规培训达规定标准学时数，并取得结业证书。

取得本职业技师职业资格证书后，连续从事本职业工作5年以上。

（3）鉴定方式。

分为理论知识考试和技能操作考核。理论知识考试采用闭卷笔试方式，技能操作考核采用现场实际操作方式。理论知识考试和技能操作考核均采用百分制，成绩皆达60分以上者为合格。技师、高级技师还须进行综合评审。

（4）考评人员与考生配比。

理论知识考试考评人员与考生配比为1∶15，每个标准考场不少于2名考评人员；技能操作考核考评员与考生配比为1∶5，且不少于3名考评员。综合评审不少于3人。

（5）鉴定时间。

初级、中级、高级理论知识考试时间为90分钟，技能操作考核时间为120分钟。技师、高级技师理论知识考试为120分钟，技能操作考核时间为150分钟。

（6）鉴定场所设备。

理论知识考试在标准教室里进行。技能考核须有相应的实验室、考种室、实验田（地）及仪器、设施、设备、农机具等。

（二）基本要求

1. 职业道德

（1）职业道德基本知识。

（2）职业守则。

① 爱岗敬业，依法繁种；② 掌握技能，精益求精；③ 保证质量，诚实守信；④ 立足本职，服务农民。

2. 基础知识

（1）专业知识。

① 农作物种子知识；② 农作物栽培知识；③ 植物学；④ 植物保护知识；⑤ 土壤知识；⑥ 肥料知识；⑦ 农业机械知识；⑧ 气象知识。

（2）法律知识。

① 农业法；② 农业技术推广法；③ 种子法；④ 植物新品种保护条例；⑤ 产品质量法；⑥ 经济合同法等相关的法律法规。

（3）安全知识。

① 安全使用农机具知识；② 安全用电知识；③ 安全使用农药知识。

（三）工作要求

本标准对初级、中级、高级、技师和高级技师的技能要求依次递进，高级别涵盖低级别的要求。

1. 初级

职业功能	工作内容	技能要求	相关知识
一、播前准备	（一）种子（苗）准备	1. 能按要求备好、备足种子（苗） 2. 能按要求进行晒种、浸种、催芽等一般种子处理	种子处理 用药知识
	（二）生产资料准备	1. 能按要求准备农药、化肥、农膜等生产资料 2. 能正确使用常用农具	农机具常识
	（三）整地施肥	1. 能进行一般的耕地、平整土地 2. 能施用基肥	耕作常识

续表

职业功能	工作内容	技能要求	相关知识
二、田间管理	（一）规格种植	能做到播种均匀、深浅一致	了解株、行距、行比等种植规格
	（二）水肥管理	会追肥和排灌水	
	（三）病虫害防治	1.能按要求配制药液 2.能正确使用药械	
	（四）适时收获（出圃）	1.能进行收获、脱粒、清选、晾晒等工作 2.能安全保管种子（苗）	种子保管知识
三、质量控制	（一）防杂保纯	1.能按要求防止生物混杂 2.能按要求防止机械混杂	种子防杂知识
	（二）去杂去劣	能按要求识别并去除杂劣株	

2. 中级

职业功能	工作内容	技能要求	相关知识
一、播前准备	（一）种子（苗）准备	1.能独立备好、备足种子 2.能独立完成较复杂的种子（苗）处理	1.种子处理知识 2.品种特性
	（二）种植安排	能按要求落实地块及种植方式	
	（三）生产资料准备	1.能根据繁种方案准备所需化肥农药、农膜等生产资料 2.能准备、维修常用农具	
	（四）整地施肥	能完成较复杂的整地施肥工作	耕作知识
二、田间管理	（一）规格种植	能进行规格种植	
	（二）水肥管理	能根据作物生长发育状况进行水肥管理	农作物生理知识
	（三）病虫害防治	1.能及时发现病、虫、草、鼠害 2.能正确使用农药	
	（四）适时收获（出圃）	能进行较为复杂的收获、脱粒、晾晒、清选等工作	
三、质量控制	（一）防杂保纯	1.能防止生物学混杂 2.能防止机械混杂	作物生殖生长知识
	（二）去杂去劣	能准确去除杂劣株	品种标准
四、田间观察	（一）营养观察	能准确判断作物群体生长、营养、发育状况	作物营养生长知识
	（二）生育观察	1.能观察记载作物生育时期 2.能观察记载作物花期相遇情况	

3. 高级

职业功能	工作内容	技能要求	相关知识
一、播前准备	（一）种子（苗）准备	能正确进行种子（苗）的分发和登记	
	（二）种植安排	1. 能落实田间种植安排 2. 能按方案进行品种试验	1. 不同作物的隔离要求 2. 气象知识
	（三）整地施肥	1. 能指导备足农用物质 2. 能指导整地施肥	
二、田间管理	（一）规格种植	能选择适当的种植时期	农时常识
	（二）水肥管理	能进行作物营养、生长诊断	
	（三）病虫害防治	1. 能采用合理的病虫草鼠害防治措施 2. 能指导使用农药、药械	田间常见病虫害识别知识
	（四）适时收获（出圃）	能准确确定收获期	
三、质量控制	（一）防杂保纯	1. 能指导防止生物学混杂 2. 能指导防止机械混杂	作物生长发育规律
	（二）去杂去劣	能指导田间去杂去劣	
	（三）质量检验	1. 能进行田间检验 2. 能通过外观对种子（苗）质量进行初步评价 3. 能测定种子水分、净度、发芽率等	
四、观察记载	（一）田间记载	1. 能进行气候条件的记载 2. 能进行特殊情况的记载	田间试验知识
	（二）生育预测	1. 能较准确地预测花期、育性、成熟期 2. 能进行田间测产	生物统计知识
	（三）建立档案	能记载生产地点、生产地块环境、前茬作物、亲本种子来源和质量、技术负责人等	种子档案知识
五、包装贮藏	（一）种子包装	能包装种子（苗）	种子包装知识
	（二）种子贮藏	能防止种子（苗）混杂、霉变、鼠害等	种子贮藏知识

4. 技师

职业功能	工作内容	技能要求	相关知识
一、起草方案	（一）明确任务	能起草具体的实施方案	
	（二）选择基地	能落实地块	
	（三）制订技术措施	能合理运用技术措施	
	（四）人员分工	能合理确定人员	管理知识

续表

职业功能	工作内容	技能要求	相关知识
二、播前准备	（一）种子（苗）准备	1.能根据种子（苗）特性、特征辨别品种 2.能及时发现和解决种子（苗）处理中的问题	
	（二）检查指导	1.能检查评价整地施肥质量 2.能检查农用物资和农机具准备情况	1.土壤分类知识 2.肥料知识
三、田间管理	（一）水肥管理	能制订必要的水肥等促控措施	作物栽培知识
	（二）病虫害防治	能制订科学合理的防治措施	病虫测报及防治知识
	（三）适时收获（出圃）	能精选种子（苗）	
四、质量控制	（一）保持种性	能进行提纯操作	种子提纯操作规程
	（二）去杂去劣	能确定去杂去劣的关键时期	
	（三）质量检验	1.能进行田间质量检查、评定 2.能进行室内检验法	种子检验知识
五、观察记载	（一）田间记载	能调查田间病虫害并记载	病虫害调查方法
	（二）生育预测	1.能调节花期相遇 2.能组织田间测产	
	（三）建立档案	能制订相应的调查记载标准和要求	档案管理知识
六、包装贮藏	（一）种子（苗）包装	能检查指导种子（苗）包装	
	（二）种子（苗）贮藏	能检查指导种子（苗）贮藏	
七、组培脱毒	（一）组织培养	1.能正确选用培养基 2.能进行无菌操作	组培知识
	（二）无毒苗生产	1.会脱毒 2.能进行无毒繁殖	脱毒原理
八、技术培训	（一）起草培训计划	能起草繁种人员的培训计划	
	（二）实施培训	1.能对繁种人员进行现场指导 2.能对初、中级繁育人员进行技术培训	

5. 高级技师

职业功能	工作内容	技能要求	相关知识
一、制订方案	（一）明确任务	能确定繁种任务	1.土壤学 2.肥料学 3.作物栽培学
	（二）确定基地	能选定合适的地块	
	（三）制订技术措施	能制订合理的技术措施	
二、质量控制	（一）保持种性	能组织、指导提纯工作	种子学
	（二）质量检验	能组织田间质量检查、评定	
三、组培脱毒	（一）组织培养	能配制培养基	1.培养基特性 2.植物病毒学
	（二）无毒苗生产	1.能指导无毒繁殖 2.能鉴定脱毒	

续表

职业功能	工作内容	技能要求	相关知识
四、技术培训	（一）制订培训计划	能制订完善的培训计划	1.心理学 2.行为学
	（二）编写讲义	能编写培训讲义或教材	
	（三）技术培训	1.能阶段性地对繁种人员进行技术培训 2.能对繁种人员进行系统的技术培训	

（四）比重表

1. 理论知识

项　目		初级（%）	中级（%）	高级（%）	技师（%）	高级技师（%）
基本要求	职业道德	10	10	10	10	10
	基础知识	35	25	25	5	5
相关知识	播前准备	15	15	10	5	—
	田间管理	20	15	15	5	—
	质量控制	20	20	15	15	25
	田间观察	—	15			
	观察记载	—	—	15	5	
	包装贮藏	—	—	10	5	
	组培脱毒	—	—	—	10	10
	制订（起草）方案	—	—	—	20	20
	技术培训	—	—	—	20	30
合计		100	100	100	100	100

2. 技能操作

项　目		初级（%）	中级（%）	高级（%）	技师（%）	高级技师（%）
技能要求	播前准备	35	25	15	5	—
	田间管理	35	30	30	5	—
	质量控制	30	30	30	20	20
	田间观察	—	15	—	—	—
	观察记载	—	—	15	5	
	包装贮藏	—	—	10	5	
	组培脱毒	—	—	—	20	20
	制订（起草）方案	—	—	—	20	20
	技术培训	—	—	—	20	40
合计		100	100	100	100	100

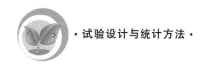

附录 B　农作物植保员国家职业标准

（一）职业概况

1. 职业名称

农作物植保员。

2. 职业定义

从事预防和控制有害生物对农作物及其产品的危害，保护安全生产的人员。

3. 职业等级

本职业共设五个等级，分别为：初级（国家职业资格五级）、中级（国家职业资格四级）、高级（国家职业资格三级）、技师（国家职业资格二级）、高级技师（国家职业资格一级）。

4. 职业环境

室内、外，常温。

5. 职业能力特征

具有一定的学习能力、计算能力、颜色与气味辨别能力、语言表达和分析判断能力，手眼动作协调。

6. 基本文化程度

初中毕业。

7. 培训要求

（1）培训期限。

全日制职业学校教育，根据其培养目标和教学计划确定。晋级培训期限：初级不少于150标准学时；中级不少于120标准学时；高级不少于100标准学时；技师不少于100标准学时；高级技师不少于80标准学时。

（2）培训教师。

培训初级、中级人员的教师，应具有本职业技师以上职业资格证书或本专业中级以上专业技术职务任职资格；培训高级、技师的教师，应具有本职业高级技师职业资格证书或本专业高级专业技术职务任职资格；培训高级技师的教师，应具有本职业高级技师职业资格证书2年以上或本专业高级专业技术职务任职资格。

（3）培训场地与设备。

满足教学需要的标准教室、实验室和教学基地，具有观测有害生物的仪器设备及相关的教学用具。

8. 鉴定要求

（1）适用对象。

从事或准备从事本职业的人员。

（2）申报条件。

① 初级（具备以下条件之一者）

经本职业初级正规培训达规定标准学时数，并取得毕（结）业证书。

在本职业连续工作 1 年以上。

② 中级(具备以下条件之一者)

取得本职业初级职业资格证书后,连续从事本职业工作 2 年以上,经本职业中级正规培训达规定标准学时数,并取得毕(结)业证书。

取得本职业初级职业资格证书后,连续从事本职业工作 4 年以上。

连续从事本职业工作 5 年以上。

取得主管部门审核认定的,以中级技能为培养目标的中等以上职业学校本职业(专业)毕业证书。

③ 高级(具备以下条件之一者)

取得本职业中级职业资格证书后,连续从事本职业工作 2 年以上,经本职业高级正规培训达规定标准学时数,并取得毕(结)业证书。

取得本职业中级职业资格证书后,连续从事本职业工作 4 年以上。

大专以上本专业或相关专业毕业生取得本职业中级职业资格证书后,连续从事本职业工作 2 年以上。

④ 技师(具备以下条件之一者)

取得本职业高级职业资格证书后,连续从事本职业工作 5 年以上,经本职业技师正规培训达规定标准学时数,并取得毕(结)业证书。

取得本职业高级职业资格证书后,连续从事本职业工作 8 年以上。

大专以上本专业或相关专业毕业生,取得本职业高级职业资格证书后,连续从事本职业工作 2 年以上。

⑤ 高级技师(具备以下条件之一者)

取得本职业技师职业资格证书后,连续从事本职业工作 3 年以上,经本职业高级技师正规培训达规定标准学时数,并取得毕(结)业证书。

取得本职业技师职业资格证书后,连续从事本职业工作 5 年以上。

(3)鉴定方式。

分为理论知识考试和技能操作考核。理论知识考试采用笔试方式,技能操作考核采用现场实际操作方式,并分项目进行,由考评小组成员分项打分。两项考试(考核)均采用百分制,皆达到 60 分及以上为合格。

(4)考评人员与考生配比。

理论知识考试考评员与考生配比为 1∶15,每个标准教室不少于 2 名考评人员;技能操作考核考评员与考生配比 1∶5,且不少于 3 名考评员。

(5)鉴定时间。

理论知识考试时间与技能操作考核时间各为 90 分钟。

(6)鉴定场所及设备。

理论知识考试在标准教室里进行,技能操作考核在具有必要设备的植保实验室及田间现场进行。

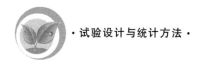

（二）基本要求

1. 职业道德

（1）职业道德基本知识。

（2）职业守则。

① 敬业爱岗，忠于职守；② 认真负责，实事求是；③ 勤奋好学，精益求精；④ 热情服务，遵纪守法；⑤ 规范操作，注意安全。

2. 基础知识

（1）专业知识。

① 植物保护基础知识；② 作物病虫草鼠害调查与测报基础知识；③ 有害生物综合防治知识；④ 农药及药械应用基础知识；⑤ 植物检疫基础知识；⑥ 作物栽培基础知识；⑦ 农业技术推广知识；⑧ 计算机应用知识。

（2）安全知识。

① 安全使用农药知识；② 安全用电知识；③ 安全使用农机具知识。

（3）法律知识。

① 农业法；② 农业技术推广法；③ 种子法；④ 植物新品种保护条例；⑤ 产品质量法；⑥ 经济合同法等相关的法律法规。

（三）工作要求

本标准对初级、中级、高级、技师、高级技师的技能要求依次递进，高级别包括低级别的要求。

1. 初级

职业功能	工作内容	技能要求	相关知识
一、预测预报	（一）田间调查	1. 能识别当地主要病虫草鼠害和天敌15种以上 2. 能进行常发性病虫发生情况调查	1. 病虫草种类识别知识 2. 田间调查方法
	（二）整理数据	能进行简单的计算	百分率、平均数和虫口密度的计算方法
	（三）传递信息	能及时、准确传递病虫信息	传递信息的注意事项
二、综合防治	（一）阅读方案	读懂方案并掌握关键点	1. 综防原则 2. 综防技术要点
	（二）实施综防措施	1. 能利用抗性品种和健身栽培措施防治病虫 2. 能利用灯光、黄板和性诱剂等诱杀害虫	物理、化学方法诱杀害虫知识

续表

职业功能	工作内容	技能要求	相关知识
三、农药（械）使用	（一）准备农药（械）	1.能根据农药施用技术方案，正确备好农药（械） 2.能辨别常用农药外观质量	农药（械）知识
	（二）配制药液、毒土	能按药、水（土）配比要求配制药液及毒土	常用农药使用常识和注意事项
	（三）施用农药	1.能正确施用农药 2.能正确使用手动喷雾器	1.常见病虫草害发生特点 2.手动喷雾器构造及使用方法 3.安全施药方法和注意事项
	（四）清洗药械	能正确处理清洗药械的污水和用过的农药包装物	药械保管与维护常识
	（五）保管农药（械）	能按规定正确保管农药（械）	农药贮存及保管常识

2. 中级

职业功能	工作内容	技能要求	相关知识
一、预测预报	（一）田间调查	1.能识别当地主要病虫草鼠害和天敌25种以上 2.能独立进行主要病虫发生情况调查	
	（二）整理数据	能进行常规计算	普遍率和虫口密度的计算方法
	（三）传递信息	能对病虫发生动态作出初步判断	病虫发生规律一般知识
二、综合防治	（一）起草综防计划	能结合实际对一种主要病虫提出综防计划	主要病虫发生规律基本知识
	（二）实施综防措施	1.能利用天敌进行生物防治 2.能合理使用农药控害保益	生物防治基本知识
三、农药（械）使用	（一）配制药液、毒土	能批量配制农药	农药配制常识
	（二）施用农药	1.能使用背负式机动喷雾器 2.能排除背负式机动喷雾器一般故障	1.农药使用方法 2.背负式机动喷雾器使用及维修方法 3.农药中毒急救方法
	（三）维修保养药械	1.能维修手动喷雾器 2.能保养背负式机动喷雾器	

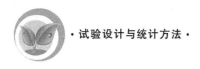

3. 高级

职业功能	工作内容	技能要求	相关知识
一、预测预报	（一）田间调查	1.能识别当地主要病虫草鼠害和天敌 50 种以上 2.能对主要病虫进行发生期和发生量的调查	1.昆虫形态、病害诊断及杂草识别的一般知识 2.显微镜、解剖镜的操作使用方法 3.主要病虫系统调查方法
	（二）数据分析	1.能使用计算工具做简单的统计分析 2.能编制统计图表	统计分析的一般方法
	（三）预测分析	1.能使用计算机查看病虫发生信息 2.能确定防治适期和防治田块	1.主要病虫的防治指标 2.昆虫的世代和发育进度
二、综合防治	（一）起草综防计划	能结合实际对三种主要病虫害提出综防计划	主要病虫发生规律
	（二）实施综防措施	能组织落实综防技术措施	主要病虫综防技术规程
三、农药（械）使用	（一）配制药液、毒土	能进行多种剂型农药的配制	主要农药的性能
	（二）施用农药	能正确使用主要类型的机动药械	1.农药安全使用常识和农药中毒急救方法 2.主要药械的结构、性能及使用、养护方法
	（三）维修保养药械	能保养主要类型的机动药械	
	（四）代销农药	能代销农药	

4. 技师

职业功能	工作内容	技能要求	相关知识
一、预测预报	（一）田间调查	1.能对当地主要病虫进行系统调查 2.能安装、使用、维护常用观测器具	1.病虫测报调查规范 2.观测器具的使用方法和注意事项
	（二）预测分析	1.能整理归纳病虫调查数据及相关气象资料 2.能使用综合分析方法对主要病虫作出短期预测	1.病虫害发生、消长规律 2.生物统计基础知识 3.农业气象基础知识
	（三）编写预报	1.能编写短期预报 2.能在计算机网上发布预报	科技应用文写作基本知识
二、综合防治	（一）制订综防计划	能以一种作物为对象制订有害生物综防计划	1.病虫草鼠害发生规律 2.作物品种与栽培技术
	（二）协助建立综防示范田	1.能正确选点 2.能协调组织农户落实综防措施	农业技术推广知识

职业功能	工作内容	技能要求	相关知识
三、农药（械）使用	（一）制订药剂防治计划	能提出农药（械）需求品种和数量	农药（械）信息
	（二）指导科学用药	1.能诊断和识别主要病虫草鼠的种类 2.能合理使用农药	1.植物病害诊断和昆虫分类及杂草鉴别知识 2.主要病虫草鼠害防治技术 3.农药管理法规
	（三）承办植物医院	能根据诊断结果和农药使用技术要求开方卖药	
四、植物检疫	（一）疫情调查	1.能熟练调查检疫对象 2.能进行室内镜检	植物检疫基础知识
	（二）疫情封锁控制	在植物检疫专业技术人员的指导下，能对危险性病虫进行消毒处理	1.危险性病虫消毒处理方法 2.检疫对象封锁控制技术
五、培训	（一）制订培训计划	能够制订初、中级植保员职业培训计划	农业技术培训方法
	（二）实施培训	能联系实际进行室内和现场培训	

5. 高级技师

职业功能	工作内容	技能要求	相关知识
一、预测预报	（一）预测分析	能对主要病虫害进行数理统计分析	1.病害流行基础知识 2.昆虫生态基础知识 3.生物统计基础知识 4.计算机应用技术
	（二）编写预报	能简明、准确地编写中期预报	
二、综合防治	（一）审核综防计划	能对综防计划的科学性、可行性和可操作性作出判断	经济效益评估基本知识
	（二）检查指导综防实施情况	1.能解决综防实施中较复杂的技术问题 2.能根据病虫预测信息，对综防措施提出调整意见 3.能撰写综防总结	病虫害预测预报知识
三、农药（械）使用	（一）制订药剂防治技术方案	能确定农药（械）需求品种和数量	1.有害生物综合防治原则 2.环境保护知识
	（二）检查指导药剂防治工作	1.能解决药剂防治中难度较大的技术问题 2.能根据病虫预测信息，对药剂防治计划提出调整意见	
	（三）承办植物医院	能解决病虫草鼠种类识别和防治技术中的疑难问题	植物病害诊断知识

续表

职业功能	工作内容	技能要求	相关知识
四、植物检疫	（一）疫情调查	能较熟练地识别新的检疫对象	
	（二）疫情封锁控制	能封锁控制检疫对象	检疫对象封锁控制技术
五、培训	（一）制订培训计划	能制订中、高级植保员培训计划	教育学基本知识
	（二）编制教材	能编写培训讲义及教材	
	（三）实施培训	能联系实际进行室内和现场培训	

（四）比重表

1. 理论知识

项目			初级（%）	中级（%）	高级（%）	技师（%）	高级技师（%）
基本要求		职业道德	5	5	5	5	5
		基础知识	35	30	25	20	20
相关知识	预测预报	田间调查	8	8	8	4	—
		整理数据	6	6	—	—	—
		传递信息	2	2	—	—	—
		数据分析	—	—	6	—	—
		预测分析	—	—	10	6	8
		编写预报	—	—	—	5	4
	综合防治	起草（阅读、制订、审核）综防计划	6	16	10	8	5
		实施综防措施	10	10	12	—	—
		检查指导综防实施情况（协助建立综防试验田）				6	6
	农药（械）使用	准备农药（械）	4	—	—	—	—
		配制药液、毒土	6	6	5	—	—
		施用农药	10	10	8	—	—
		清洗（维修）药械	4	7	5	—	—
		保管农药（械）	4	—	—	—	—
		代销农药	—	—	6	—	—
		制订药剂防治方案（计划）	—	—	—	6	10
		承办植物医院	—	—	—	6	5
		检查指导药剂防治工作	—	—	—	6	5
	植物检疫	疫情调查	—	—	—	8	5
		疫情封锁控制	—	—	—	8	5
	培训	制订培训计划	—	—	—	6	5
		编写教材	—	—	—	—	12
		实施培训	—	—	—	6	5
合计			100	100	100	100	100

2. 技能操作

		项目	初级（%）	中级（%）	高级（%）	技师（%）	高级技师（%）
工作要求	预测预报	田间调查	14	14	14	14	—
		整理数据	8	8	—	—	—
		传递信息	6	6	—	—	—
		数据分析	—	—	8	—	—
		预测分析	—	—	8	6	8
		编写预报	—	—	—	4	4
	综合防治	起草（阅读、制订、审核）综防计划	8	14	14	10	10
		实施综防措施	14	14	14	—	—
		检查指导综防实施情况（协助建立综防试验田）	—	—	—	8	12
	农药（械）使用	准备农药（械）	8	8	—	—	—
		配制药液、毒土	12	12	12	—	—
		施用农药	14	14	14	—	—
		清洗（维修）药械	8	10	10	—	—
		保管农药（械）	8	—	—	—	—
		代销农药	—	—	6	—	—
		制订药剂防治方案（计划）	—	—	—	6	5
		承办植物医院	—	—	—	8	5
	植物检疫	检查指导药剂防治工作	—	—	—	8	10
		疫情调查	—	—	—	8	5
	培训	疫情封锁控制	—	—	—	8	6
		制订培训计划	—	—	—	10	10
		编写教材	—	—	—		15
		实施培训	—	—	—	10	10
合计			100	100	100	100	100

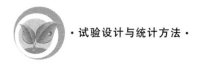

附录C　相关数据表

附表 C-1　1000 个随机数字表

```
8 2 0 3 1 4 5 8 2 1 7 2 7 3 8 5 5 2 9 0 6 3 1 6 4
0 8 7 3 3 1 9 7 5 2 5 7 6 9 8 0 3 6 2 5 1 2 7 5 2
2 3 3 8 6 1 4 2 4 0 2 6 1 8 9 5 2 6 9 8 3 4 0 1 0
4 7 5 5 6 3 0 7 7 1 9 1 6 1 7 4 1 7 1 3 7 9 3 3 7
1 9 3 9 5 3 4 9 5 5 2 7 5 8 0 3 4 8 8 1 2 7 5 3 4
2 8 7 8 1 4 1 4 9 4 2 4 1 5 2 9 4 6 2 1 5 2 8 1 9
8 4 8 5 1 3 9 6 6 0 7 2 1 9 0 2 0 6 7 0 6 0 1 3 0
0 3 8 8 4 7 5 1 5 1 7 3 4 5 2 0 7 4 7 9 6 6 7 7 4
3 5 3 1 9 3 7 4 9 5 0 2 0 1 4 9 2 5 4 5 8 5 0 9 2
3 4 5 9 5 2 7 9 8 9 0 5 5 8 5 1 7 7 3 5 5 4 7 7 2
4 1 5 3 0 9 1 3 7 2 5 8 7 7 1 3 6 3 9 7 8 7 9 1 7
7 2 9 5 6 7 8 5 4 5 3 4 5 4 1 9 8 6 7 5 7 9 3 1 8
5 9 2 8 9 8 6 4 4 1 5 3 7 7 0 8 0 2 5 6 0 6 1 2 0
1 3 3 3 9 0 5 2 8 7 4 0 9 0 3 7 3 1 7 9 4 5 5 2 8
4 6 0 1 0 8 6 2 1 0 0 5 0 3 1 5 4 9 0 3 7 4 7 0 1
7 7 0 6 6 3 2 8 8 5 8 9 5 6 4 0 5 9 1 8 0 5 4 9 4
3 3 8 5 7 5 7 4 3 4 5 7 9 6 9 5 0 7 7 6 6 8 8 5 9
9 1 7 1 3 6 9 2 2 9 1 9 4 2 3 3 0 8 1 8 7 7 6 4 7 2
6 2 2 8 0 9 4 5 3 7 2 5 4 6 6 5 6 6 5 0 4 6 2 6 8
1 7 5 9 0 0 2 0 5 6 5 8 5 1 9 5 3 3 7 4 0 5 8 2 4
0 3 9 6 9 4 7 3 5 7 0 5 4 7 1 1 8 5 3 2 8 0 9 8
3 0 8 2 8 1 4 4 1 6 7 6 6 9 9 9 7 5 8 9 6 4 5 9 0
9 4 9 1 2 2 0 1 3 2 4 6 7 9 1 8 8 2 9 8 3 2 6 2 9
7 5 2 1 4 4 9 6 5 2 2 8 5 5 1 0 8 2 6 2 0 6 9 2 3
9 9 2 5 7 4 3 2 2 3 6 4 1 5 2 4 0 4 2 2 8 7 1 8 2
2 0 9 1 8 9 4 4 6 1 4 8 6 7 9 2 5 0 6 9 3 3 0 1 2
6 5 2 6 1 2 1 7 7 1 4 7 8 1 4 2 7 3 7 4 0 0 1 2 9
1 2 9 9 6 4 2 5 3 2 7 4 3 2 3 3 8 5 3 3 6 5 5 3 2
3 2 8 3 7 9 6 0 4 8 6 0 5 4 1 1 4 9 0 5 0 9 4 4 1
0 9 3 4 1 1 0 5 8 3 4 4 6 7 3 4 4 9 2 3 7 2 5 7 8
6 7 5 3 4 2 1 5 5 0 1 2 4 7 5 5 2 6 8 7 8 2 8 0 3
9 6 0 1 3 0 5 3 6 6 2 9 6 0 3 4 7 6 1 1 9 1 6 5 3
4 6 9 9 6 7 8 5 8 1 2 9 2 6 2 4 4 9 0 5 5 4 5 2 0
9 7 7 1 9 2 6 5 6 3 3 6 3 6 8 3 9 9 8 7 7 2 7 9 7
7 5 3 3 3 3 7 3 7 6 7 3 9 1 1 2 3 9 0 9 5 9 6 5 7
2 8 1 3 1 3 4 2 1 0 3 1 2 3 2 0 2 3 9 7 7 5 0 6 9
6 0 9 4 8 8 5 5 2 7 9 0 0 0 0 0 1 9 8 0 6 1 5 8 4 2
3 5 9 0 7 7 0 1 8 1 2 9 3 4 6 9 2 6 9 8 9 8 2 5 5
4 4 8 1 1 7 4 4 7 4 4 4 1 6 5 9 3 6 5 9 8 3 6 4 3
6 3 9 7 0 6 2 5 3 3 2 6 0 5 1 2 4 2 7 1 0 7 8 2 1
```

附表 **C-2**　累积正态分布函数 $F_N(x)$ 值表

u	-0.09	-0.08	-0.07	-0.06	-0.05	-0.04	-0.03	-0.02	-0.01	-0.00
-3.0	0.00100	0.00104	0.00107	0.00111	0.00114	0.00118	0.00122	0.00126	0.00131	0.00135
-2.9	0.00140	0.00144	0.00149	0.00154	0.00159	0.00164	0.00169	0.00175	0.00181	0.00187
-2.8	0.00193	0.00199	0.00205	0.00212	0.00219	0.00226	0.00233	0.00240	0.00248	0.00256
-2.7	0.00264	0.00272	0.00280	0.00289	0.00298	0.00307	0.00317	0.00326	0.00336	0.00347
-2.6	0.00357	0.00368	0.00379	0.00391	0.00402	0.00415	0.00427	0.00437	0.00453	0.00466
-2.5	0.00480	0.00494	0.00508	0.00523	0.00539	0.00554	0.00570	0.00587	0.00604	0.00621
-2.4	0.00639	0.00657	0.00676	0.00695	0.00714	0.00734	0.00755	0.00776	0.00798	0.00820
-2.3	0.00842	0.00866	0.00889	0.00914	0.00939	0.00964	0.00990	0.01017	0.01044	0.01072
-2.2	0.01101	0.01130	0.01160	0.01191	0.01222	0.01255	0.01287	0.01321	0.01355	0.01390
-2.1	0.01426	0.01463	0.01500	0.01539	0.01578	0.01618	0.01659	0.01700	0.01743	0.01786
-2.0	0.01831	0.01876	0.01923	0.01970	0.02018	0.02068	0.02118	0.02169	0.02222	0.02275
-1.9	0.02330	0.02385	0.02442	0.02500	0.02559	0.02619	0.02680	0.02743	0.02807	0.02872
-1.8	0.02938	0.03005	0.03074	0.03144	0.03216	0.03288	0.03362	0.03438	0.03515	0.03593
-1.7	0.03673	0.03754	0.03836	0.03920	0.04006	0.04093	0.04182	0.04272	0.04363	0.04457
-1.6	0.04551	0.04648	0.04746	0.04846	0.04947	0.05050	0.05155	0.05262	0.05370	0.05480
-1.5	0.05592	0.05705	0.05821	0.05938	0.06057	0.06178	0.06301	0.06426	0.06552	0.06681
-1.4	0.06811	0.06944	0.07078	0.07215	0.07353	0.07493	0.07636	0.07780	0.07927	0.08076
-1.3	0.08226	0.08279	0.08534	0.08691	0.08851	0.09012	0.09176	0.09342	0.09510	0.09680
-1.2	0.09853	0.10027	0.10204	0.10383	0.10565	0.10749	0.10935	0.11123	0.11314	0.11507
-1.1	0.11702	0.11900	0.12100	0.12302	0.12507	0.12714	0.12924	0.13136	0.13350	0.13567
-1.0	0.13786	0.14007	0.14231	0.14457	0.14686	0.14917	0.15151	0.15386	0.15625	0.15866
-0.9	0.16109	0.16354	0.16602	0.16853	0.17106	0.17361	0.17619	0.17879	0.18141	0.18406
-0.8	0.18673	0.18943	0.19215	0.19489	0.19766	0.20045	0.20327	0.20611	0.20897	0.21186
-0.7	0.21476	0.21770	0.22065	0.22363	0.22663	0.22965	0.23270	0.23576	0.23885	0.24196
-0.6	0.24510	0.24825	0.25143	0.25463	0.25785	0.26109	0.26435	0.26763	0.27093	0.27425
-0.5	0.27760	0.28096	0.28434	0.28774	0.29116	0.29460	0.29806	0.30153	0.30503	0.30854
-0.4	0.31207	0.31561	0.31918	0.32276	0.32636	0.32997	0.33360	0.33724	0.34090	0.34458
-0.3	0.34827	0.35179	0.35569	0.35942	0.36317	0.36693	0.37070	0.37448	0.37828	0.38209
-0.2	0.38591	0.38974	0.39358	0.39743	0.40129	0.40517	0.40905	0.41294	0.41683	0.42074
-0.1	0.42465	0.42858	0.43251	0.43644	0.44038	0.44433	0.44828	0.45224	0.45620	0.46017
-0.0	0.46414	0.46812	0.47210	0.47608	0.48006	0.48405	0.48803	0.49202	0.49601	0.50000
0.0	0.50000	0.50399	0.50798	0.51197	005159	0.51994	0.52392	0.52790	0.53188	0.53586
0.1	0.53983	0.54380	0.54776	0.55172	0.55567	0.55962	0.56356	0.56749	0.57142	0.57535
0.2	0.57936	0.58317	0.58706	0.59105	0.59483	0.59871	0.60257	0.60642	0.61026	0.61409
0.3	0.61791	0.62172	0.62552	0.62930	0.63307	0.63683	0.64058	0.64431	0.64803	0.65173
0.4	0.65542	0.65910	0.66276	0.66640	0.67003	0.67364	0.67724	0.68082	0.68439	0.68793
0.5	0.69146	0.69597	0.69847	0.70194	0.70540	0.70884	0.71226	0.71566	0.71904	0.72240
0.6	0.72575	0.72907	0.73237	0.73565	0.73891	0.74215	0.74537	0.74857	0.75175	0.75490
0.7	0.75804	0.76115	0.76424	0.76730	0.77035	0.77337	0.77637	0.77935	0.78230	0.78524

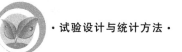

u	0.00	0.01	0.02	0.03	0.04	0.05	0.06	0.07	0.08	0.09
0.8	0.78814	0.79103	0.79389	0.79673	0.79955	0.80234	0.80511	0.80785	0.81057	0.81327
0.9	0.81594	0.81859	0.82121	0.82381	0.82639	0.82894	0.83147	0.83398	0.83646	0.83891
1.0	0.84134	0.84375	0.84614	0.84849	0.85083	0.85314	0.85543	0.85769	0.85993	0.86214
1.1	0.86433	0.86650	0.86864	0.87076	0.87286	0.87493	0.87698	0.87900	0.88100	0.88298
1.2	0.88493	0.88686	0.88877	0.89065	0.89251	0.89435	0.89617	0.89796	0.89973	0.90147
1.3	0.90320	0.90490	0.90658	0.90824	0.90988	0.91149	0.91309	0.91466	0.91621	0.91774
1.4	0.91924	0.92073	0.92220	0.92364	0.92507	0.92647	0.92785	0.92922	0.93056	0.93189
1.5	0.93319	0.93448	0.93574	0.93699	0.93822	0.93943	0.94062	0.94179	0.94295	0.94408
1.6	0.94520	0.94630	0.94738	0.94845	0.94950	0.95053	0.95154	0.95254	0.95252	0.95449
1.7	0.95543	0.95637	0.95728	0.95818	0.95907	0.95994	0.96080	0.96164	0.96246	0.96327
1.8	0.96407	0.96485	0.96562	0.96638	0.96712	0.96784	0.96856	0.96926	0.96995	0.97062
1.9	0.97128	0.97193	0.97257	0.97320	0.97381	0.97441	0.97500	0.97558	0.97615	0.97670
2.0	0.97725	0.97778	0.97831	0.97882	0.97932	0.97982	0.98030	0.98077	0.98124	0.98169
2.1	0.98214	0.98257	0.98300	0.98341	0.98382	0.98422	0.98461	0.98500	0.98537	0.98574
2.2	0.98610	0.98645	0.98679	0.98713	0.98745	0.98778	0.98809	0.98840	0.98870	0.98899
2.3	0.98928	0.98956	0.98983	0.99010	0.99036	0.99063	0.99086	0.99111	0.99134	0.99158
2.4	0.99180	0.99202	0.99224	0.99245	0.99266	0.99286	0.99305	0.99324	0.99343	0.99361
2.5	0.99379	0.99396	0.99413	0.99430	0.99446	0.99461	0.99477	0.99492	0.99506	0.99520
2.6	0.99534	0.99547	0.99560	0.99573	0.99586	0.99598	0.99609	0.99621	0.99632	0.99643
2.7	0.99653	0.99664	0.99674	0.99683	0.99693	0.99702	0.99711	0.99720	0.99728	0.99736
2.8	0.99744	0.99752	0.99760	0.99767	0.99774	0.99781	0.99788	0.99795	0.99801	0.99807
2.9	0.99813	0.99819	0.99825	0.99831	0.99836	0.99841	0.99846	0.99851	0.99856	0.99861
3.0	0.99865	0.99869	0.99874	0.99878	0.99882	0.99886	0.99889	0.99893	0.99896	0.99900

注：$F_N(x) = \dfrac{1}{\sqrt{2\pi}} \int_{-\infty}^{x} e^{\frac{u^2}{2}} \mathrm{d}u$ 。

附表 C-3　正态离差 u_α 值表（两尾）

α	0.01	0.02	0.03	0.04	0.05
0.0	2.575829	2.326348	2.170090	2.063749	1.959964
0.1	1.598193	1.554774	1.514102	1.475791	1.439531
0.2	1.253565	1.226528	1.200359	1.174987	1.150349
0.3	1.015222	0.994458	0.974114	0.954165	0.934589
0.4	0.823894	0.806421	0.789192	0.772193	0.755415
0.5	0.658838	0.643345	0.628006	0.612813	0.597760
0.6	0.510073	0.495850	0.481727	0.467699	0.453762
0.7	0.371856	0.358459	0.345126	0.331853	0.318639
0.8	0.240426	0.227545	0.214702	0.201893	0.189118
0.9	0.113039	0.100434	0.087845	0.075270	0.062707

α	0.06	0.07	0.08	0.09	0.10
0.0	1.880794	1.811911	1.750686	1.695398	1.644854
0.1	1.405072	1.372204	1.340755	1.310579	1.281552
0.2	1.126391	1.103063	1.080319	1.058122	1.036433
0.3	0.915365	0.896473	0.877896	0.859817	0.841621
0.4	0.738847	0.722479	0.706303	0.690309	0.674490
0.5	0.582841	0.567051	0.553385	0.538836	0.524401
0.6	0.439913	0.426148	0.412463	0.398855	0.385320
0.7	0.305481	0.292375	0.279319	0.266311	0.253347
0.8	0.176374	0.163658	0.150969	0.138304	0.125661
0.9	0.050154	0.037608	0.025069	0.012533	0.000000

附表 C-4 t 分布临界值表（两尾）

自由度（ν）	概 率 值（P）								
	0.500	0.400	0.200	0.100	0.050	0.025	0.010	0.005	0.001
1	1.000	1.376	3.078	6.314	12.706	25.452	63.657	127.321	636.919
2	0.816	1.061	1.886	2.920	4.303	6.205	9.925	14.089	31.598
3	0.765	0.978	1.638	2.353	3.182	4.176	5.841	7.453	12.941
4	0.741	0.941	1.533	2.132	2.776	3.495	4.604	5.598	8.610
5	0.727	0.920	1.476	2.015	2.571	3.163	4.032	4.773	6.859
6	0.718	0.906	1.440	1.943	2.447	2.969	3.707	4.317	5.959
7	0.711	0.896	1.415	1.895	2.365	2.841	3.499	4.029	5.405
8	0.706	0.889	1.397	1.860	2.306	2.752	3.355	3.832	5.041
9	0.703	0.883	1.383	1.833	2.262	2.685	3.250	3.690	4.781
10	0.700	0.879	1.372	1.812	2.228	2.634	3.169	3.581	4.587
11	0.697	0.876	1.363	1.796	2.201	2.593	3.106	3.497	4.437
12	0.695	0.873	1.356	1.782	2.179	2.560	3.055	3.428	4.318
13	0.694	0.870	1.350	1.771	2.160	2.533	3.012	3.372	4.221
14	0.692	0.868	1.345	1.761	2.145	2.510	2.977	3.326	4.140
15	0.691	0.866	1.341	1.753	2.131	2.490	2.947	3.286	4.073
16	0.690	0.865	1.337	1.746	2.120	2.473	2.921	3.252	4.015
17	0.689	0.863	1.333	1.740	2.110	2.458	2.898	3.222	3.965
18	0.688	0.862	1.330	1.734	2.101	2.445	2.878	3.197	3.922
19	0.688	0.861	1.328	1.729	2.093	2.433	2.861	3.174	3.883
20	0.687	0.860	1.325	1.725	2.086	2.423	2.845	3.153	3.850
21	0.686	0.859	1.323	1.721	2.080	2.414	2.831	3.135	3.819
22	0.686	0.858	1.321	1.717	2.074	2.406	2.819	3.119	3.792
23	0.685	0.858	1.319	1.714	2.069	2.398	2.807	3.104	3.767

自由度(ν)	概率值(P)								
	0.500	0.400	0.200	0.100	0.050	0.025	0.010	0.005	0.001
24	0.685	0.857	1.318	1.711	2.064	2.391	2.797	3.090	3.745
25	0.684	0.856	1.316	1.708	2.060	2.385	2.787	3.078	3.725
26	0.684	0.856	1.315	1.706	2.056	2.379	2.779	3.067	3.707
27	0.684	0.855	1.314	1.703	2.052	2.373	2.771	3.057	3.690
28	0.683	0.855	1.313	1.701	2.048	2.368	2.763	3.047	3.674
29	0.683	0.854	1.311	1.699	2.045	2.364	2.756	3.038	3.659
30	0.683	0.854	1.310	1.697	2.042	2.360	2.750	3.030	3.646
35	0.682	0.852	1.306	1.690	2.030	2.342	2.724	2.996	3.591
40	0.681	0.851	1.303	1.684	2.021	2.329	2.704	2.971	3.551
45	0.680	0.852	1.301	1.680	2.014	2.319	2.690	2.952	3.520
50	0.680	0.849	1.299	1.676	2.008	2.310	2.678	2.937	3.496
55	0.679	0.849	1.297	1.673	2.004	2.304	2.669	2.925	3.476
60	0.679	0.848	1.296	1.671	2.000	2.299	2.660	2.915	3.460
70	0.678	0.847	1.294	1.667	1.994	2.291	2.648	2.899	3.435
80	0.678	0.847	1.292	1.664	1.989	2.284	2.639	2.887	3.416
90	0.678	0.846	1.291	1.662	1.987	2.280	2.632	2.878	3.402
100	0.677	0.845	1.290	1.660	1.984	2.276	2.626	2.871	3.390
110	0.677	0.845	1.289	1.659	1.982	2.272	2.621	2.865	3.381
120	0.677	0.845	1.289	1.658	1.980	2.270	2.617	2.860	3.373
∞	0.6745	0.8416	1.2816	1.6448	1.9600	2.2414	2.5758	2.8070	3.2905

附表 C-5　F 分布右尾临界值表(上 $F_{0.05}$)(下 $F_{0.01}$)

分母自由度(ν₂)	分子自由度(ν₁)											
	1	2	3	4	5	6	7	8	9	10	11	12
1	161.45	199.50	215.71	224.58	230.16	233.99	236.77	238.88	240.54	241.88	242.98	243.91
	4052.18	499.50	5403.35	5624.58	5763.65	5858.99	5928.36	5981.07	6022.47	6055.85	6083.32	6106.32
2	18.51	19.00	19.16	19.25	19.30	19.33	19.35	19.37	19.38	19.40	19.40	19.41
	98.50	99.00	99.17	99.25	99.30	99.33	99.36	99.37	99.39	99.40	99.41	99.42
3	10.13	9.55	9.28	9.12	9.01	8.94	8.89	8.85	8.81	8.79	8.76	8.74
	34.42	30.82	29.46	28.71	28.24	27.91	27.67	27.49	27.35	27.23	27.13	27.06
4	7.71	6.94	6.59	6.39	6.26	6.16	6.09	6.04	6.00	5.96	5.94	5.91
	21.20	18.00	16.69	15.98	15.52	15.21	14.98	14.80	14.66	14.55	14.45	14.37
5	6.61	5.79	5.41	5.19	5.05	4.95	4.88	4.82	4.77	4.74	4.70	4.68
	16.26	13.27	12.06	11.39	10.97	10.67	10.46	10.29	10.16	10.05	9.96	9.89
6	5.99	5.14	4.76	4.53	4.39	4.28	4.21	4.15	4.10	4.06	4.03	4.00
	13.75	10.92	9.78	9.15	8.75	8.47	8.26	8.10	7.98	7.87	7.79	7.72
7	5.59	4.74	4.35	4.12	3.97	3.87	3.79	3.73	3.68	3.64	3.60	3.57
	12.25	9.55	8.45	7.85	7.46	7.19	6.99	6.84	6.72	6.62	6.54	6.47

续表

分母自由度 (ν_2)	分子自由度 (ν_1)											
	1	2	3	4	5	6	7	8	9	10	11	12
8	5.32	4.46	4.07	3.84	3.69	3.58	3.50	3.44	3.39	3.35	3.31	3.28
	11.26	8.65	7.59	7.01	6.63	6.37	6.18	6.03	5.91	5.81	5.73	5.67
9	5.12	4.26	3.86	3.63	3.48	3.37	3.29	3.23	3.18	3.14	3.10	3.07
	10.56	8.02	6.99	6.42	6.06	5.81	5.61	5.47	5.35	5.26	5.18	5.11
10	4.96	4.10	3.71	3.48	3.33	3.22	3.14	3.07	3.02	2.98	2.94	2.91
	10.04	7.56	6.55	5.99	5.64	5.39	5.20	5.06	4.94	4.85	4.77	4.71
11	10.84	3.98	3.59	3.36	3.20	3.09	3.01	2.95	2.90	2.85	2.82	2.79
	9.65	7.21	6.22	5.67	5.32	5.07	4.89	4.74	4.63	4.54	4.46	4.40
12	4.75	3.89	3.49	3.26	3.11	3.00	2.91	2.85	2.80	2.75	2.72	2.69
	9.33	6.93	5.95	5.41	5.06	4.82	4.64	4.50	4.39	4.30	4.22	4.16
13	4.67	3.81	3.41	3.18	3.03	2.92	2.83	2.77	2.71	2.67	2.63	2.60
	9.07	6.70	5.74	5.21	4.86	4.62	4.44	4.30	4.19	4.10	4.02	3.96
14	4.60	3.74	3.34	3.11	2.96	2.85	2.76	2.70	2.65	2.60	2.57	2.53
	8.86	6.51	5.56	5.04	4.69	4.46	4.28	4.14	4.03	3.94	3.86	3.80
15	4.54	3.68	3.29	3.04	2.90	2.79	2.71	2.64	2.59	2.54	2.51	2.48
	8.68	6.36	5.42	4.89	4.56	4.32	4.14	4.00	3.89	3.80	3.73	3.67
16	4.94	3.63	3.24	3.01	2.85	2.74	2.66	2.59	2.54	2.49	2.46	2.42
	8.53	6.23	5.29	4.77	4.44	4.20	4.03	3.89	3.78	3.69	3.62	3.55
17	4.45	3.59	3.20	2.96	2.81	2.70	2.61	2.55	2.49	2.45	2.41	2.38
	8.40	6.11	5.18	4.67	4.84	4.10	3.93	3.79	3.68	3.59	3.52	3.46
18	4.41	3.55	3.16	2.93	2.77	2.66	2.58	2.51	2.46	2.41	2.37	2.34
	8.29	6.01	5.09	4.58	4.25	4.01	3.84	3.71	3.60	3.51	3.43	3.37
19	4.38	4.52	3.13	2.90	2.74	2.63	2.54	2.48	2.42	2.38	2.34	2.31
	8.18	5.93	5.01	4.50	4.17	3.94	3.77	3.63	3.52	3.43	3.36	3.30
20	4.35	3.49	3.10	2.87	2.71	2.60	2.51	2.45	2.39	2.35	2.31	2.28
	8.10	5.85	4.94	4.43	4.10	3.87	3.70	2.56	3.46	3.37	3.29	3.23
21	4.32	3.47	3.07	2.84	2.68	2.57	2.49	2.42	2.39	2.32	2.28	2.25
	8.02	5.78	4.87	4.37	4.04	3.81	3.64	3.51	3.40	3.31	3.24	3.17
22	4.30	3.44	3.05	2.82	2.66	2.55	2.46	2.40	2.34	2.30	2.26	2.23
	7.95	5.72	4.82	4.31	3.99	3.76	3.59	3.45	3.35	3.26	3.38	3.12
23	4.28	3.42	3.03	2.80	2.64	2.53	2.44	2.37	2.32	2.27	2.24	2.20
	7.88	5.06	4.76	4.26	3.94	3.71	3.54	3.41	3.30	3.20	3.14	3.07
24	4.26	3.40	3.01	2.78	2.62	2.51	2.42	2.36	2.30	2.25	2.22	2.18
	7.82	5.61	4.72	4.22	3.90	3.67	3.50	3.36	3.26	3.17	3.09	3.03
25	4.24	3.39	2.99	2.76	2.60	2.49	2.40	2.34	2.28	2.24	2.20	2.16
	7.77	5.57	4.68	4.18	3.85	3.63	3.46	3.32	3.22	3.13	3.06	2.99

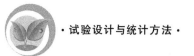

续表

分母自由度 (ν_2)	分子自由度 (ν_1)											
	1	2	3	4	5	6	7	8	9	10	11	12
26	4.23	3.37	2.98	2.74	2.59	2.47	2.39	2.32	2.27	2.22	2.18	2.15
	7.72	5.53	4.64	4.14	3.82	3.59	3.42	3.29	3.18	3.09	3.02	2.96
27	4.21	3.35	2.96	2.73	2.57	2.46	2.37	2.31	2.25	2.20	2.17	2.13
	7.68	5.49	4.60	4.11	3.78	3.56	3.39	3.26	3.15	3.06	2.99	2.93
28	4.20	3.34	2.95	2.71	2.56	2.45	2.36	2.29	2.24	2.19	2.15	2.12
	7.64	5.45	4.57	4.07	3.75	3.53	3.36	3.23	3.12	3.03	2.96	2.90
29	4.18	3.33	2.93	2.70	2.55	2.43	2.35	2.28	2.22	2.18	2.14	2.10
	7.60	5.42	4.54	4.04	3.73	3.50	3.33	3.20	3.09	3.00	2.93	2.87
30	4.17	3.32	2.92	2.69	2.53	2.42	2.33	2.27	2.21	2.16	2.13	2.09
	7.56	5.39	4.51	4.02	3.70	3.47	3.30	3.17	3.07	2.98	2.91	2.84
32	4.15	3.29	2.9	2.67	2.51	2.40	2.31	2.24	2.19	2.14	2.10	2.07
	7.5	5.34	4.46	3.97	3.65	3.43	3.26	3.13	3.02	2.93	2.86	2.80
34	4.13	3.28	2.88	2.65	2.49	2.38	2.29	2.23	2.17	2.12	2.08	2.05
	7.44	5.29	4.42	3.93	3.61	3.39	3.22	3.09	2.98	2.89	2.82	2.76
36	4.11	3.26	2.87	2.63	2.48	2.36	2.28	2.21	2.15	2.11	2.07	2.03
	7.40	5.25	4.38	3.89	3.57	3.35	3.18	3.05	2.95	2.86	2.79	2.72
38	4.10	3.24	2.85	2.62	2.46	2.35	2.26	2.19	2.14	2.09	2.05	2.02
	7.35	5.21	4.34	3.86	3.54	3.32	3.15	3.02	2.92	2.83	2.75	2.69
40	4.08	3.23	2.84	2.61	2.45	2.34	2.25	2.18	2.12	2.08	2.04	2.00
	7.31	5.18	4.31	3.83	3.51	3.29	3.12	2.99	2.89	2.80	2.73	2.66
42	4.07	3.22	2.83	2.59	2.44	2.32	2.24	2.17	2.11	2.06	2.03	1.99
	7.28	5.15	4.29	3.80	3.49	3.27	3.10	2.97	2.86	2.78	2.70	2.64
44	4.06	3.21	2.82	2.58	2.43	2.31	2.23	2.16	2.10	2.05	2.01	1.98
	7.25	5.12	4.26	3.78	3.47	3.24	3.08	2.95	2.84	2.75	2.68	2.62
46	4.05	3.20	2.81	2.57	2.42	2.30	2.22	2.15	2.09	2.04	2.00	1.97
	7.22	5.10	4.24	3.76	3.44	3.22	3.06	2.93	2.82	2.73	2.66	2.60
48	4.04	3.19	2.80	2.57	2.41	2.29	2.21	2.14	2.08	2.03	1.99	1.96
	7.19	5.08	4.22	3.74	3.43	3.20	3.04	2.91	2.80	2.71	2.64	2.58
50	4.03	3.18	2.79	2.56	2.40	2.29	2.20	2.13	2.07	2.03	1.99	1.95
	7.17	5.06	4.20	3.72	3.41	3.19	3.02	2.89	2.78	2.70	2.63	2.56
55	4.02	3.16	2.77	2.54	2.38	2.27	2.18	2.11	2.06	2.01	1.97	1.93
	7.12	5.01	4.16	3.68	3.37	3.15	2.98	2.85	2.75	2.66	2.59	2.53
60	4.00	3.15	2.76	2.53	2.37	2.25	2.17	2.10	2.04	1.99	1.95	1.92
	7.08	4.98	4.13	3.65	3.34	3.12	2.95	2.82	2.72	2.63	2.56	2.50
65	3.99	3.14	2.75	2.51	2.36	2.24	2.15	2.08	2.03	1.98	1.94	1.90
	7.04	4.95	4.10	3.62	3.31	3.09	2.93	2.80	2.69	2.61	2.53	2.47

分母自由度 (ν_2)	分子自由度 (ν_1)											
	1	2	3	4	5	6	7	8	9	10	11	12
70	3.98	3.13	2.74	2.50	2.35	2.23	2.14	2.07	2.02	1.97	1.93	1.89
	7.01	4.92	4.07	3.60	3.29	3.07	2.91	2.78	2.67	2.59	2.51	2.45
80	3.96	3.11	2.72	2.49	2.33	2.21	2.13	2.06	2.05	1.95	1.91	1.88
	6.96	4.88	4.04	3.56	3.26	3.04	2.87	2.74	2.64	2.55	2.48	2.42
90	3.94	3.19	2.70	2.46	2.31	2.19	2.10	2.03	1.97	1.93	1.89	1.85
	6.90	4.82	3.98	3.51	3.21	2.99	2.82	2.69	2.59	2.50	2.43	2.37
125	3.92	3.07	2.68	2.44	2.29	2.17	2.08	2.01	1.96	1.91	1.87	1.83
	6.84	4.78	3.94	3.47	3.17	2.95	2.79	2.66	2.55	2.47	2.39	2.33
150	3.90	3.06	2.66	2.43	2.27	2.16	2.07	2.00	1.94	1.89	1.85	1.82
	6.81	4.75	3.91	3.45	3.14	2.92	2.76	2.03	2.53	2.44	2.37	2.31
200	3.89	3.04	2.65	2.42	2.26	2.14	2.06	1.98	1.93	1.88	1.84	1.80
	6.76	4.71	3.88	3.41	3.11	2.89	2.73	2.60	2.50	2.41	2.34	2.27
400	3.86	3.02	2.63	2.39	2.24	2.12	2.03	1.96	1.90	1.85	1.81	1.78
	6.70	4.66	3.83	3.37	3.06	2.85	2.68	2.56	2.45	2.37	2.29	2.23
1000	3.85	3.00	2.61	2.38	2.22	2.11	2.02	1.95	1.89	1.84	1.80	1.76
	6.66	4.63	3.80	3.34	3.04	2.82	2.66	2.53	2.43	2.34	2.27	2.20
∞	3.84	3.00	2.61	2.37	2.22	2.10	2.01	1.94	1.88	1.83	1.79	1.76
	6.64	4.61	3.79	3.33	3.02	2.81	2.65	2.52	2.41	2.33	2.25	2.19

分母自由度 (ν_2)	分子自由度 (ν_1)											
	14	16	20	24	30	40	50	75	100	200	500	2000
1	245.36	246.46	248.01	249.05	250.10	251.42	251.77	252.62	253.04	253.68	254.06	254.19
	6142.67	6170.10	6208.73	6234.63	6260.65	6286.78	6302.52	6323.56	6334.11	6349.97	6359.50	6362.68
2	19.42	19.43	19.45	19.45	19.46	19.47	19.48	19.48	19.49	19.49	19.49	19.49
	99.43	99.44	99.45	99.46	99.47	99.47	99.48	99.49	99.49	99.49	99.50	99.50
3	8.71	8.69	8.66	8.64	8.62	8.59	8.58	8.56	8.55	8.54	8.53	8.53
	26.92	26.83	26.69	26.60	26.50	26.41	26.35	26.28	26.24	26.18	26.15	26.14
4	5.87	5.84	5.80	5.77	5.75	5.72	5.70	5.68	5.66	5.65	5.64	5.63
	14.25	14.15	14.02	13.93	13.84	13.75	13.69	13.61	13.58	13.52	13.49	13.47
5	4.64	4.60	4.56	4.53	4.50	4.46	4.44	4.42	4.41	4.39	4.37	4.37
	9.77	9.68	9.55	9.47	9.38	9.29	9.24	9.17	9.13	9.08	9.04	9.03
6	3.96	3.92	3.87	3.84	3.81	3.77	3.75	3.73	3.71	3.69	3.68	3.67
	7.60	7.52	7.40	7.31	7.23	7.14	7.09	7.02	6.99	6.93	6.90	6.89
7	3.53	3.49	3.44	3.41	3.38	3.34	3.32	3.29	3.27	3.25	3.24	3.23
	6.36	6.28	6.16	6.07	5.99	5.91	5.86	5.79	5.75	5.70	5.67	5.66
8	3.24	3.20	3.15	3.12	3.08	3.04	3.02	2.99	2.97	2.95	2.94	2.93
	5.56	5.48	5.36	5.28	5.20	5.12	5.07	5.00	4.96	4.91	4.88	4.87

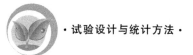

·试验设计与统计方法·

续表

分母自由度 (ν_2)	分子自由度（ν_1）											
	14	16	20	24	30	40	50	75	100	200	500	2000
9	3.03	2.99	2.94	2.90	2.86	2.83	2.80	2.77	2.76	2.73	2.72	2.71
	5.01	4.92	4.81	4.73	4.65	4.57	4.52	4.45	4.41	4.36	4.33	4.32
10	2.86	2.83	2.77	2.74	2.70	2.66	2.64	2.60	2.59	2.56	2.55	2.54
	4.60	4.52	4.41	4.33	4.25	4.17	4.12	4.05	4.01	3.96	3.93	3.92
11	2.74	2.70	2.65	2.61	2.57	2.53	2.51	2.47	2.46	2.43	2.42	2.41
	4.29	4.21	4.10	4.02	3.94	3.86	3.81	3.74	3.71	3.66	3.62	3.61
12	2.64	2.60	2.54	2.51	2.47	2.43	2.40	2.37	2.35	2.32	2.31	2.30
	4.05	3.97	3.86	3.78	3.70	3.62	3.57	3.50	3.47	3.41	3.38	3.37
13	2.55	2.51	2.46	2.42	2.38	2.34	2.31	2.28	2.26	2.23	2.22	2.21
	3.83	3.78	3.66	3.59	3.51	3.43	3.38	3.31	3.27	3.22	3.19	3.18
14	2.48	2.44	2.39	2.35	2.31	2.27	2.24	2.21	2.19	2.16	2.14	2.14
	3.70	3.62	3.51	3.43	3.35	3.27	3.22	3.15	3.11	3.06	3.03	3.02
15	2.42	2.38	2.33	2.29	2.25	2.20	2.18	2.14	2.12	2.10	2.08	2.07
	3.56	3.49	3.37	3.29	3.21	3.13	3.08	3.01	2.98	2.92	2.89	2.88
16	2.37	2.33	2.28	2.24	2.19	2.15	2.12	2.09	2.07	2.04	2.02	2.02
	3.45	3.37	3.26	3.18	3.10	3.02	2.97	2.90	2.86	2.81	2.78	2.76
17	2.33	2.29	2.23	2.19	2.15	2.10	2.08	2.04	2.02	1.99	1.97	1.97
	3.35	3.27	3.16	3.08	3.00	2.92	2.87	2.80	2.76	2.71	2.68	2.66
18	2.29	2.25	2.19	2.15	2.11	2.06	2.04	2.00	1.98	1.95	1.93	1.92
	3.27	3.19	3.08	3.00	2.92	2.84	2.78	2.71	2.68	2.62	2.59	2.58
19	2.62	2.21	2.16	2.11	2.07	2.03	2.00	1.96	1.94	1.91	1.89	1.88
	3.19	3.12	3.00	2.92	2.84	2.76	2.71	2.64	2.60	2.55	2.51	2.50
20	2.22	2.18	2.12	2.08	2.04	1.99	1.97	1.93	1.91	1.88	1.86	1.85
	3.13	3.05	2.94	2.86	2.78	2.69	2.64	2.57	2.54	2.48	2.44	2.43
21	2.20	2.16	2.10	2.05	2.01	1.96	1.94	1.90	1.88	1.84	1.83	1.82
	3.07	2.99	2.88	2.86	2.72	2.64	2.58	2.51	2.48	2.42	2.38	2.37
22	2.17	2.13	2.07	2.03	1.98	1.94	1.91	1.87	1.85	1.82	1.80	1.79
	3.02	2.94	2.83	2.75	2.67	2.58	2.53	2.46	2.42	2.36	2.33	2.32
23	2.15	2.11	2.05	2.01	1.96	1.91	1.88	1.84	1.82	1.79	1.77	1.76
	2.97	2.89	2.78	2.70	2.62	2.54	2.48	2.41	2.37	2.32	2.28	2.27
24	2.13	2.09	2.03	1.98	1.94	1.89	1.86	1.82	1.80	1.77	1.75	1.74
	2.93	2.85	2.74	2.66	2.58	2.49	2.44	2.37	2.33	2.27	2.24	2.22
25	2.11	2.07	2.01	1.96	1.92	1.87	1.84	1.80	1.78	1.75	1.73	1.72
	2.89	2.81	2.70	2.62	2.54	2.45	2.40	2.33	2.29	2.23	2.19	2.18
26	2.09	2.05	1.99	1.95	1.90	1.85	1.82	1.78	1.76	1.73	1.71	1.70
	2.86	2.78	2.66	2.58	2.50	2.42	2.36	2.29	2.25	2.19	2.16	2.14
27	2.08	2.04	1.97	1.93	1.88	1.84	1.81	1.76	1.74	1.71	1.69	1.68
	2.82	2.75	2.63	2.55	2.47	2.38	2.33	2.26	2.22	2.16	2.12	2.11

202

续表

分母自由度 (ν_2)	分子自由度 (ν_1)											
	14	16	20	24	30	40	50	75	100	200	500	2000
28	2.06	2.02	1.96	1.91	1.87	1.82	1.79	1.75	1.73	1.69	1.67	1.66
	2.79	2.72	2.60	2.52	2.44	2.35	2.30	2.23	2.19	2.13	2.09	2.08
29	2.05	2.01	1.94	1.90	1.85	1.81	1.77	1.73	1.71	1.67	1.65	1.65
	2.77	2.69	2.57	2.49	2.41	2.33	2.27	2.20	2.16	2.10	2.06	2.05
30	2.04	1.99	1.93	1.89	1.84	1.79	1.76	1.72	1.70	1.66	1.64	1.63
	2.74	2.66	2.55	2.47	2.39	2.30	2.25	2.17	2.13	2.07	2.03	2.02
32	2.01	1.97	1.91	1.86	1.82	1.77	1.74	1.69	1.67	1.63	1.61	1.60
	2.70	2.62	2.50	2.42	2.34	2.25	2.20	2.12	2.08	2.02	1.98	1.97
34	1.99	1.95	1.89	1.84	1.80	1.75	1.71	1.67	1.65	1.61	1.59	1.58
	2.66	2.58	2.46	2.38	2.30	2.21	2.16	2.08	2.04	1.98	1.94	1.92
36	1.98	1.93	1.87	1.82	1.78	1.73	1.69	1.65	1.62	1.59	1.56	1.56
	2.62	2.54	2.43	2.35	2.26	2.18	2.12	2.04	2.00	1.94	1.90	1.89
38	1.96	1.92	1.85	1.81	1.76	1.71	1.68	1.63	1.61	1.57	1.54	1.54
	2.59	2.51	2.40	2.32	2.23	2.14	2.09	2.01	1.97	1.90	1.86	1.85
40	1.95	1.90	1.84	1.79	1.74	1.69	1.66	1.61	1.59	1.55	1.53	1.52
	2.56	2.48	2.37	2.29	2.20	2.21	2.06	1.98	1.94	1.87	1.83	1.82
42	1.94	1.89	1.83	1.78	1.73	1.68	1.65	1.60	1.57	1.53	1.51	1.50
	2.54	2.46	2.34	2.26	2.18	2.09	2.03	1.95	1.91	1.85	1.80	1.79
44	1.92	1.88	1.81	1.77	1.72	1.67	1.63	1.59	1.56	1.52	1.49	1.49
	2.52	2.44	2.32	2.24	2.15	2.07	2.01	1.93	1.89	1.82	1.78	1.76
46	1.91	1.87	1.80	1.76	1.71	1.65	1.62	1.57	1.55	1.51	1.48	1.47
	2.50	2.42	2.30	2.22	2.13	2.04	1.99	1.91	1.86	1.80	1.76	1.74
48	1.90	1.86	1.79	1.75	1.70	1.64	1.61	1.56	1.54	1.49	1.47	1.46
	2.48	2.40	2.28	2.20	2.12	2.02	1.97	1.89	1.84	1.78	1.73	1.72
50	1.89	1.85	1.78	1.74	1.69	1.63	1.60	1.55	1.52	1.48	1.46	1.45
	2.46	2.38	2.27	2.18	2.10	2.01	1.95	1.87	1.82	1.76	1.71	1.70
55	1.88	1.83	1.76	1.72	1.67	1.61	1.58	1.53	1.50	1.46	1.43	1.42
	2.42	2.34	2.23	2.15	2.06	1.97	1.91	1.83	1.78	1.71	1.67	1.65
60	1.86	1.82	1.75	1.70	1.65	1.59	1.56	1.51	1.48	1.44	1.41	1.40
	2.39	2.31	2.20	2.12	2.03	1.94	1.88	1.79	1.75	1.68	1.63	1.62
65	1.85	1.80	1.73	1.69	1.63	1.58	1.54	1.49	1.46	1.42	1.39	1.38
	2.37	2.29	2.17	2.09	2.00	1.91	1.85	1.77	1.72	1.65	1.60	1.59
70	1.84	1.79	1.72	1.67	1.62	1.57	1.53	1.48	1.45	1.40	1.37	1.36
	2.35	2.27	2.15	2.07	1.98	1.89	1.83	1.74	1.70	1.62	1.57	1.56
80	1.82	1.77	1.70	1.65	1.60	1.54	1.51	1.45	1.43	1.38	1.35	1.34
	2.31	2.23	2.12	2.03	1.94	1.85	1.79	1.70	1.65	1.58	1.53	1.51

分母自由度 (ν_2)	分子自由度 (ν_1)											
	14	16	20	24	30	40	50	75	100	200	500	2000
100	1.79	1.75	1.68	1.63	1.57	1.52	1.48	1.42	1.39	1.34	1.31	1.30
	2.27	2.19	2.07	1.98	1.89	1.80	1.74	1.65	1.60	1.52	1.47	1.45
125	1.77	1.73	1.66	1.60	1.55	1.49	1.45	1.40	1.36	1.31	1.27	1.26
	2.23	2.15	2.03	1.94	1.85	1.76	1.69	1.60	1.55	1.47	1.41	1.39
150	1.76	1.71	1.64	1.59	1.54	1.48	1.44	1.38	1.34	1.29	1.25	1.24
	2.20	2.12	2.00	1.92	1.83	1.73	1.66	1.57	1.52	1.43	1.38	1.35
200	1.74	1.69	1.62	1.57	1.52	1.46	1.41	1.35	1.32	1.26	1.22	1.21
	2.17	2.09	1.97	1.89	1.79	1.69	1.63	1.53	1.48	1.39	1.33	1.30
400	1.72	1.67	1.60	1.54	1.49	1.42	1.38	1.32	1.28	1.22	1.17	1.15
	2.13	2.05	1.92	1.84	1.75	1.64	1.58	1.48	1.42	1.32	1.25	1.22
1000	1.70	1.65	1.58	1.53	1.47	1.41	1.36	1.30	1.26	1.19	1.13	1.11
	2.10	2.02	1.90	1.81	1.72	1.61	1.54	1.44	1.38	1.28	1.19	1.16
∞	1.70	1.60	1.57	1.52	1.46	1.40	1.35	1.29	1.25	1.18	1.12	1.09
	2.09	2.01	1.88	1.80	1.70	1.60	1.53	1.43	1.37	1.26	1.17	1.13

附表 C-6 SSR 值表 (两尾)

自由度 ν	α	检验极差的平均个数 (k)													
		2	3	4	5	6	7	8	9	10	12	14	16	18	20
1	0.05	18.00	18.00	18.00	18.00	18.00	18.00	18.00	18.00	18.00	18.00	18.00	18.00	18.00	18.00
	0.01	90.00	90.00	90.00	90.00	90.00	90.00	90.00	90.00	90.00	90.00	90.00	90.00	90.00	90.00
2	0.05	6.09	6.09	6.09	6.09	6.09	6.09	6.09	6.09	6.09	6.09	6.09	6.09	6.09	6.09
	0.01	14.00	14.00	14.00	14.00	14.00	14.00	14.00	14.00	14.00	14.00	14.00	14.00	14.00	14.00
3	0.05	4.50	4.50	4.50	4.50	4.50	4.50	4.50	4.50	4.50	4.50	4.50	4.50	4.50	4.50
	0.01	8.26	8.50	8.60	8.70	8.80	8.90	8.90	9.00	9.00	9.00	9.10	9.20	9.30	9.30
4	0.05	3.93	4.01	4.02	4.02	4.02	4.02	4.02	4.02	4.02	4.02	4.02	4.02	4.02	4.02
	0.01	6.51	6.80	6.90	7.00	7.10	7.10	7.20	7.20	7.30	7.30	7.40	7.40	7.50	7.50
5	0.05	3.64	3.74	3.79	3.83	3.83	3.83	3.83	3.83	3.83	3.83	3.83	3.83	3.83	3.83
	0.01	5.70	5.96	6.11	6.18	6.26	6.33	6.40	6.44	6.50	6.60	6.60	6.70	6.70	6.80
6	0.05	3.46	3.58	3.64	3.68	3.68	3.68	3.68	3.68	3.68	3.68	3.68	3.68	3.68	3.68
	0.01	5.24	5.51	5.65	5.73	5.81	5.88	5.95	6.00	6.00	6.10	6.20	6.20	6.30	6.30
7	0.05	3.35	3.47	3.54	3.58	3.60	3.61	3.61	3.61	3.61	3.61	3.61	3.61	3.61	3.61
	0.01	4.95	5.22	5.37	5.45	5.53	5.61	5.69	5.73	5.80	5.80	5.90	5.90	6.00	6.00
8	0.05	3.26	3.39	3.47	3.52	3.55	3.56	3.56	3.56	3.56	3.56	3.56	3.56	3.56	3.56
	0.01	4.74	5.00	5.14	5.23	5.32	5.40	5.47	5.51	5.50	5.60	5.70	5.70	5.80	5.80
9	0.05	3.20	3.34	3.41	3.47	3.50	3.52	3.52	3.52	3.52	3.52	3.52	3.52	3.52	3.52
	0.01	4.60	4.86	4.99	5.08	5.17	5.25	5.32	5.36	5.40	5.50	5.50	5.60	5.70	5.70
10	0.05	3.15	3.29	3.37	3.43	3.46	3.47	3.47	3.47	3.47	3.47	3.47	3.47	3.47	3.48
	0.01	4.48	4.73	4.88	4.96	5.06	5.13	5.20	5.24	5.28	5.36	5.42	5.48	5.54	5.55

续表

自由度 ν	α	检验极差的平均个数(k)													
		2	3	4	5	6	7	8	9	10	12	14	16	18	20
11	0.05	3.11	3.27	3.34	3.39	3.43	3.44	3.45	3.46	3.46	3.46	3.46	3.46	3.47	3.48
	0.01	4.39	4.63	4.77	4.86	4.94	5.01	5.06	5.12	5.15	5.24	5.28	5.34	5.38	5.39
12	0.05	3.08	3.23	3.33	3.36	3.40	3.42	3.44	3.44	3.46	3.46	3.46	3.46	3.47	3.48
	0.01	4.32	4.55	4.68	4.76	4.84	4.92	4.96	5.02	5.07	5.13	5.17	5.22	5.24	5.26
13	0.05	3.06	3.21	3.30	3.35	3.38	3.41	3.42	3.44	3.45	3.45	3.46	3.46	3.47	3.47
	0.01	4.26	4.48	4.62	4.69	4.74	4.84	4.88	4.96	4.98	5.04	5.08	5.13	5.14	5.15
14	0.05	3.03	3.18	3.27	3.33	3.37	3.39	3.41	3.42	3.44	3.45	3.46	3.46	3.47	3.47
	0.01	4.21	4.42	4.55	4.63	4.70	4.78	4.83	4.87	4.91	4.96	5.08	5.04	5.06	5.07
15	0.05	3.01	3.16	3.25	3.31	3.36	3.38	3.40	3.42	3.43	3.44	3.45	3.46	3.47	3.47
	0.01	4.17	4.37	4.50	4.58	4.64	4.72	4.77	4.81	4.84	4.90	4.94	4.97	4.99	5.00
16	0.05	3.00	3.15	3.23	3.30	3.34	3.37	3.39	3.41	3.43	3.44	3.45	3.46	3.47	3.47
	0.01	4.13	4.34	4.45	4.54	4.60	4.67	4.72	4.76	4.79	4.84	4.88	4.91	4.93	4.94
17	0.05	2.98	3.13	3.22	3.28	3.33	3.36	3.38	3.40	3.42	3.44	3.45	3.46	3.47	3.47
	0.01	4.10	4.30	4.41	4.50	4.56	4.63	4.68	4.72	4.75	4.80	4.83	4.86	4.88	4.89
18	0.05	2.97	3.12	3.21	3.27	3.32	3.35	3.37	3.39	3.41	3.43	3.45	3.46	3.47	3.47
	0.01	4.07	4.27	4.38	4.46	4.53	4.59	4.64	4.68	4.71	4.76	4.79	4.82	4.84	4.85
19	0.05	2.96	3.11	3.19	3.26	3.31	3.35	3.37	3.39	3.41	3.43	3.44	3.46	3.47	3.47
	0.01	4.05	4.24	4.35	4.43	4.50	4.56	4.61	4.64	4.67	4.72	4.76	4.79	4.81	4.82
20	0.05	2.95	3.1	3.18	3.25	3.3	3.34	3.36	3.38	3.4	3.43	3.44	3.46	3.46	3.47
	0.01	4.02	4.22	4.33	4.40	4.47	4.53	4.58	4.61	4.65	4.69	4.73	4.76	4.78	4.79
22	0.05	2.93	3.08	3.17	3.24	3.29	3.32	3.35	3.37	3.39	3.42	3.44	3.46	3.46	3.47
	0.01	3.99	4.17	4.28	4.36	4.42	4.48	4.53	4.57	4.6	4.65	4.68	4.71	4.74	4.75
24	0.05	3.92	3.07	3.15	3.22	3.28	3.31	3.34	3.37	3.38	3.41	3.43	3.45	3.46	3.47
	0.01	3.96	4.14	4.24	4.33	4.39	4.44	4.49	4.53	4.57	4.62	4.62	4.67	4.7	4.72
26	0.05	2.91	3.06	3.14	3.21	3.27	3.3	3.34	3.36	3.38	3.41	3.43	3.45	3.46	3.47
	0.01	3.93	4.11	4.21	4.3	4.36	4.41	4.46	4.5	4.53	4.58	4.6	4.65	4.67	4.69
28	0.05	2.9	3.01	3.13	3.2	3.26	3.3	3.33	3.35	3.37	3.4	3.43	3.45	3.46	3.47
	0.01	3.91	4.08	4.18	4.28	4.34	4.39	4.43	4.47	4.51	4.56	4.58	4.62	4.65	4.67
30	0.05	2.89	3.04	3.12	3.2	3.25	3.29	3.32	3.35	3.37	3.4	3.42	3.44	3.46	3.47
	0.01	3.89	4.06	4.16	4.22	4.32	4.36	4.41	4.45	4.48	4.54	4.51	4.61	4.63	4.65
40	0.05	2.86	3.04	3.1	3.17	3.22	3.27	3.3	3.33	3.35	3.39	3.4	3.44	3.46	3.47
	0.01	3.82	3.99	4.1	4.17	4.24	4.3	4.34	4.37	4.41	4.44	4.46	4.54	4.57	4.59
60	0.05	2.83	2.98	3.08	3.14	3.2	3.24	3.28	3.31	3.33	3.37	3.4	3.43	3.45	3.47
	0.01	3.76	3.92	3.03	4.12	4.17	4.23	4.27	4.31	4.34	4.39	4.44	4.47	4.5	4.53
100	0.05	2.8	2.95	3.05	3.12	3.18	3.22	3.26	3.29	3.32	3.36	3.4	3.42	3.45	3.47
	0.01	3.71	3.96	3.98	4.06	4.11	4.17	4.21	4.25	4.29	4.35	4.38	4.42	4.45	4.48
∞	0.05	2.77	2.92	3.02	3.09	3.15	3.19	3.23	3.26	3.29	3.34	3.38	3.41	3.44	3.48
	0.01	3.64	3.8	3.9	3.98	4.04	4.09	4.14	4.17	4.2	4.26	4.31	4.34	4.38	4.41

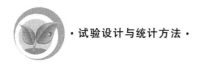

附表 C-7 χ^2 分布临界值表（右尾）

自由度 (ν)	α												
	0.995	0.990	0.975	0.950	0.900	0.750	0.500	0.250	0.100	0.050	0.025	0.010	0.005
1	0.00	0.00	0.00	0.00	0.02	0.10	0.45	1.32	2.71	3.84	5.02	6.63	7.88
2	0.01	0.02	0.05	0.10	0.21	0.58	1.39	2.77	4.61	5.99	7.38	9.21	10.60
3	0.07	0.11	0.22	0.35	0.58	1.21	2.37	4.11	6.25	7.81	9.35	11.34	12.84
4	0.21	0.30	0.48	0.71	1.06	1.92	3.36	5.39	7.78	9.49	11.14	13.28	14.86
5	0.41	0.55	0.83	1.15	1.61	2.67	4.35	6.63	9.24	11.07	12.83	15.09	16.75
6	0.68	0.87	1.24	1.64	2.20	3.45	5.35	7.84	10.64	12.59	14.45	16.81	18.55
7	0.99	1.24	1.69	2.17	2.83	4.25	6.35	9.04	12.02	14.07	16.01	18.48	20.28
8	1.34	1.65	2.18	2.73	3.49	5.07	7.34	10.22	13.36	15.51	17.53	20.09	21.96
9	1.73	2.09	2.70	3.33	4.17	5.90	8.34	11.39	14.68	16.92	19.02	21.67	23.59
10	2.16	2.56	3.25	3.94	4.87	6.74	9.34	12.55	15.99	18.31	20.48	23.21	25.19
11	2.60	3.05	3.82	4.57	5.58	7.58	10.34	13.70	17.28	19.68	21.92	24.72	26.76
12	3.07	3.57	4.40	5.23	6.30	8.44	11.34	14.85	18.55	21.03	23.34	26.22	28.30
13	3.57	4.11	5.01	5.89	7.04	9.30	12.34	15.98	19.81	22.36	24.74	27.69	29.82
14	4.07	4.66	5.63	6.57	7.79	10.17	13.34	17.12	21.06	23.68	26.12	29.14	31.32
15	4.60	5.23	6.27	7.26	8.55	11.04	14.34	18.25	22.31	25.00	27.49	30.58	32.80
16	5.14	5.81	6.91	7.96	9.31	11.91	15.34	19.37	23.54	26.30	28.85	32.00	34.27
17	5.70	6.41	7.56	8.67	10.09	12.79	16.34	20.49	24.77	27.59	30.19	33.41	35.72
18	6.26	7.01	8.23	9.39	10.86	13.68	17.34	21.60	25.99	28.87	31.53	34.81	37.16
19	6.84	7.63	8.91	10.12	11.65	14.56	18.34	22.72	27.20	30.14	32.85	36.19	38.58
20	7.43	8.26	9.59	10.85	12.44	15.45	19.34	23.83	28.41	31.41	34.17	37.57	40.00
21	8.03	8.90	10.28	11.59	13.24	16.34	20.34	24.93	29.62	32.67	35.48	38.93	41.40
22	8.64	9.54	10.98	12.34	14.04	17.24	21.34	26.04	30.81	33.92	36.78	40.29	42.80
23	9.26	10.20	11.69	13.09	14.85	18.14	22.34	27.14	32.01	35.17	38.08	41.64	44.18
24	9.89	10.86	12.40	13.85	15.66	19.04	23.34	28.24	33.20	36.42	39.36	42.98	45.56
25	10.52	11.52	13.12	14.61	16.47	19.94	24.34	29.34	34.38	37.65	40.65	44.31	46.93
26	11.16	12.20	13.84	15.38	17.29	20.84	25.34	30.43	35.56	38.89	41.92	45.64	48.29
27	11.81	12.88	14.57	16.15	18.11	21.75	26.34	31.53	36.74	40.11	43.19	49.16	49.64
28	12.46	13.56	15.31	16.93	18.94	22.66	27.34	32.62	37.92	41.34	44.46	48.28	50.99
29	13.12	14.26	16.05	17.71	19.77	23.57	28.34	33.71	39.09	42.56	45.72	49.59	52.34
30	13.79	14.95	16.79	18.49	20.60	24.48	29.34	34.80	40.26	43.77	46.98	50.89	53.67
40	20.71	22.16	24.43	26.51	29.05	33.66	39.34	45.62	51.80	55.76	59.34	63.69	66.77
50	27.99	29.71	32.36	34.76	37.69	42.94	49.33	56.33	63.17	67.50	71.42	76.15	79.49
60	35.53	37.48	40.48	43.19	46.46	52.29	59.33	66.98	74.40	79.08	83.30	88.38	91.95
80	51.17	53.54	57.15	60.39	64.28	71.14	79.33	88.13	96.58	101.88	106.63	112.33	116.32
100	67.33	70.06	74.22	77.93	82.36	90.13	99.33	109.14	118.50	124.34	129.56	135.81	140.17

附表 C-8   r 值表

ν	0.05	0.01	ν	0.05	0.01
1	0.997	1.000	21	0.413	0.526
2	0.950	0.990	22	0.404	0.515
3	0.878	0.959	23	0.396	0.505
4	0.811	0.917	24	0.388	0.496
5	0.754	0.874	25	0.381	0.487
6	0.707	0.834	26	0.374	0.478
7	0.666	0.798	27	0.367	0.470
8	0.632	0.765	28	0.361	0.463
9	0.602	0.735	29	0.355	0.456
10	0.576	0.708	30	0.349	0.449
11	0.553	0.684	35	0.239	0.417
12	0.532	0.661	40	0.304	0.393
13	0.514	0.641	45	0.288	0.372
14	0.497	0.623	50	0.273	0.354
15	0.482	0.606	60	0.250	0.325
16	0.468	0.590	70	0.232	0.302
17	0.456	0.575	80	0.217	0.283
18	0.444	0.561	100	0.195	0.254
19	0.433	0.649	200	0.138	0.181
20	0.423	0.537	300	0.113	0.148

主要参考文献

[1]　贵州农学院.生物统计附试验设计[M].2版.北京:中国农业出版社,1989.

[2]　明道绪.生物统计[M].北京:中国农业科技出版社,1998.

[3]　方萍.实用农业试验设计与统计分析指南[M].北京:中国农业出版社,2000.

[4]　方开泰,许建伦.统计分布[M].北京:科学出版社,1987.

[5]　董时富.生物统计学[M].北京:科学出版社,2002.

[6]　明道绪.兽医统计方法[M].成都:成都科技大学出版社,1991.

[7]　明道绪.生物统计附试验设计[M].3版.北京:中国农业出版社,2007.

[8]　莫惠栋.农业试验设计[M].上海:上海科学技术出版社,1984.

[9]　莫惠栋,胡雪华.实用农业试验方法[M].南京:江苏科学技术出版社,1987.

[10]　南京农业大学.田间试验与统计方法[M].2版.北京:中国农业出版社,1988.

[11]　高惠璇.应用多元统计分析[M].北京:北京大学出版社,2005.

[12]　吴仲贤.生物统计[M].北京:北京农业大学出版社,1993.

[13]　俞渭江,郭卓元.畜牧试验统计[M].贵阳:贵州科技出版社,1995.

[14]　中国科学院数学研究所统计组.常用数理统计方法[M].北京:科学出版社,1973.

[15]　中国科学院数学研究所数理统计组.方差分析[M].北京:科学出版社,1977.

[16]　中国科学院数学研究所概率统计室.常用数理统计用表[M].北京:科学出版社,1974.

[17]　郭祖超.医用数理统计方法[M].3版.北京:人民卫生出版社,1988.

[18]　盖钧益.试验统计方法[M].北京:中国农业出版社,2000.

[19]　李春喜,王文林.生物统计学[M].北京:科学出版社,1997.

[20]　杨纪珂,齐翔林.现代生物统计[M].合肥:安徽教育出版

社,1985.

[21] 刘来福,程书肖. 生物统计[M]. 北京:北京师范大学出版社,1988.

[22] 高山林. 生物统计学[M]. 北京:中国农业出版社,1994.

[23] 上海第一医学院卫生统计教研组. 医用统计方法[M]. 上海:上海科学技术出版社,1979.

[24] 徐继初. 生物统计及试验设计[M]. 北京:中国农业出版社,1992.

[25] 赵仁熔,余松烈. 田间试验方法[M]. 北京:中国农业出版社,1979.

[26] 董大钧. SAS统计分析软件应用指南[M]. 北京:电子工业出版社,1993.

[27] 高惠璇,李东风,耿直. SAS系统与基础统计分析[M]. 北京:北京大学出版社,1995.

[28] 王芳,李传仁. 田间试验与生物统计[M]. 北京:化学工业出版社,2009.

[29] 刘来福. 生物统计[M]. 北京:北京师范大学出版社,2007.

[30] 李春喜,邵云,姜丽娜. 生物统计学[M]. 北京:科学出版社,2008.

[31] 刘权. 果树试验设计及统计[M]. 北京:中国农业出版社,1992.

[32] 朱明哲. 田间试验与生物统计[M]. 北京:中国农业出版社,1999.

[33] 朱孝达. 田间试验与生物统计[M]. 重庆:重庆大学出版社,2000.

[34] 范濂. 农业试验统计方法[M]. 郑州:郑州科学技术出版社,1983.

[35] 金益. 试验设计与统计分析[M]. 北京:中国农业出版社,2007.

[36] 马育华. 田间试验和生物统计[M]. 2版. 北京:中国农业出版社,1985.

[37] 马育华. 试验统计[M]. 北京:中国农业出版社,1982.

[38] 裴喜春,薛河儒. SAS及应用[M]. 北京:中国农业出版社,1998.